Moderne Rosen

'William and Mary', eine moderne Rose im Stil alter Rosen

Moderne Rosen

Praktisch · Bewährt · Schön

Peter Beales

DUMONT

Collins Harvill

DIE ABBILDUNGEN

Die Mehrzahl der Bilder in diesem Buch hat der Verfasser in verschiedenen Rosengärten rund um die Welt (siehe Danksagung) und in dem Schaugarten seiner Rosenschule in Attleborough (Norfolk) aufgenommen. Weitere Aufnahmen wurden freundlicherweise zur Verfügung gestellt von:
Mrs Anne Cocker, Cocker's Roses, Aberdeen (Schottland): 'Clydebank Centenary', 'Conservation', 'Little Prince', ‚Remember Me'
Patrick Dickson, Dickson's Roses, Newtownards (Nordirland): 'Ards Beauty', 'Anisley Dickson' ('Münchner Kindl'), 'Cider Cup', 'Disco Dancer', 'Len Turner', 'Lovely Lady', 'Peek a Boo', 'Petit Four', 'Sweet Magic', 'Wishing'
Gareth Fryer, Fryer's Roses, Knutsford (Cheshire): 'Mini Metro' ('Finstar'), 'Sweet Dream'
Douglas und Rosemary Gandy, Gandy's Roses, Lutterworth (Leicestershire): 'Fergie'
Betty Harkness, Harkness Roses, Hitchin (Hertfordshire): 'Armada', 'Radox Bouquet'
Chris und Keith Jones, Tarvin (Chester): 'Lincoln Cathedral'
Hazel Le Rougetel, Liphook (Hampshire): 'Corylus'
The Limes New Roses, Lifton (Devon): 'Geraldine'
Mike Lowe, Nashua, New Hampshire (USA): 'Alexandre Girault'
Meilland's Universale Rosen-Auswahl, Antibes (Frankreich): 'Air France', 'Meillandina', 'Poppy Flash' ('Rusticana'), 'Scherzo', 'Yorkshire Sunblaze'
Vincent Page, Bracknell (Berkshire): 'Albertine', 'Anna Ford', 'Buff Beauty', 'Clarissa', 'Max Graf', 'Nymphenburg', 'Royal William' ('Duftzauber 84')

Die Deutsche Bibliothek – CIP-Einheitsaufnahme
Moderne Rosen : praktisch – bewährt – schön / Peter Beales.
[Übers. aus dem Engl. und Bearb. der dt. Ausg. Helga und Klaus Urban]. – Köln : DuMont, 1996
Einheitssacht.: Twentieth-century roses <dt.>
ISBN 3-7701-2935-0
NE: Beales, Peter; Urban, Helga [Bearb.]; EST

Übersetzung aus dem Englischen und Bearbeitung der deutschen Ausgabe:
Helga und Klaus Urban

Titel der englischen Originalausgabe: Twentieth-Century Roses

Redaktion der deutschen Ausgabe: Gaile & Partner, Wiesbaden
Satz der deutschen Ausgabe: Das DTP-Studio Moeres und Karg, Wiesbaden

Printed and bound in France.

ISBN 3-7701-2935-0

Meiner Mutter Evelyn May gewidmet

Umherschweifend, bei meinem Spaziergang in die Vergangenheit,
fand ich bei der Sonnenuhr, der Stein gealtert und grün,
eine einsame Rose, verlassen an ihrem Stengel,
die mir zeigt, wo ein Garten gewesen ist.
Wie ein Einsiedler, der letzte seines Geschlechts,
immer wild in dem Schweigen der Natur, ließ sie sich
von jedem wandernden Sonnenstrahl umarmen,
denn Nachtschatten und Dornen haben den Ort überwuchert,
wo die Blumen meiner Vorfahren wuchsen.

CAMPBELL

'Nevada' von Pedro Dot, Spanien

Inhaltsverzeichnis

Danksagung

Wie viel schwerer es gewesen wäre, dieses Buch ohne die Hilfe der Familie und von Freunden, Kollegen sowie anderen Rosenliebhabern zu schreiben, merkt man nicht erst, wenn das letzte Wort geschrieben und die endgültige Bildauswahl getroffen ist.

Hilfe bot sich mir auf vielfältige Weise. Besonderer Dank gebührt Jack Harkness für seine Unterstützung und Aufmunterung, auch für seine Hilfe beim Korrekturlesen. Auf sein Buch „The Makers of Heavenly Roses" habe ich vielfach zurückgegriffen; ferner Christopher MacLehose von Collins Harvill, er hatte überhaupt die Idee zu diesem Buch, überzeugte mich und half mir über mancherlei Schwierigkeiten hinweg; auch Marc Crean, der alles äußerst einfühlsam bis aufs I-Tüpfelchen ausführte und Vera Brice, die meiner Arbeit mit Liebe und Geschick diese Form gab. Schließlich danke ich meiner Frau Joan, meiner Tochter Amanda und meinem Sohn Richard für ihre Unterstützung in vielfacher Weise und meinen Mitarbeitern, vor allem meinen leitenden Mitarbeitern Heather Friend und Ian Limmer. Sie haben für ihren abwesenden Chef die Stellung gehalten.

Für die Möglichkeit, in ihren oder in ihrer Obhut stehenden Gärten Aufnahmen machen zu können – mit oder ohne Erlaubnis – danke ich:

Humphrey Brooke, Lime Kiln, Claydon (Suffolk)
Henry und Julie Cecil, Warren Place, Newmarket (Suffolk)
Donna Fuss, Beraterin von The Elizabeth Park Rose Garden, Hartford (Connecticut)
Ken Grapes, The Royal National Rose Society's Gardens (St Albans)
Trevor und Dixie Griffiths, Timaru (Neuseeland)
Mike und Irene Lowe, Nashua (New Hampshire)
Clair G. Martin III, The Huntington Botanic Gardens (Kalifornien)
Bill und Lorna Mercer (Bermuda)
Keith Money, Carbrooke (Norfolk)
Raymond J. Rogers, The Rudolf van der Groot Rose Gardens (New Jersey)
Deane und Maureen Ross, Willunga (South Australia)
James Russell, Castle Howard (Yorkshire)
David Ruston, Renmark (South Australia)
Elizabeth Scholtz und Stephen Scaniello, The Brooklyn Botanic Gardens (New York)
David Steen, Auckland (Neuseeland)
Toni Sylvester, Auckland (Neuseeland)
Graham Thomas und David Stone, Mottisfont Abbe (Hampshire)
Lord und Lady Tollemache, Helmingham Hall (Suffolk)
Robin und Laurel Walpole, Mannington Hall (Norfolk)
Pat Wiley, Roses of Yesterday and Today, Watsonville (Kalifornien)
Miriam Wilkins, El Cerrito (Kalifornien)
Barbara Worl, Palo Alto (Kalifornien)
Außerdem den Eigentümern, Verwaltern und Obergärtnern folgender Gärten:
Blickling Hall, Aylsham (Norfolk); Harlow Carr, Harrogate (Yorkshire); Hidcote Mano (Gloucestershire); Leeds Castle (Kent); Sissinghurst Castle (Kent); The Royal Horticultural Society, Wisley (Surrey); Queen Mary's Rose Gardens, Regents Park (London).

Weiterhin bin ich den Kollegen verschiedener Rosengesellschaften zu Dank verpflichtet, die ihre wertvolle Zeit geopfert haben, um mich umherzufahren, besonders denen der Heritage Rose Society von South Australia, der Heritage Rose Society von Neuseeland, der Southwest Regional Heritage Rose Group in den USA, der Bermuda Rose Society und der Canadian Rose Society.

Vielen Dank schließlich John Adlam für seine Mitwirkung an dem Abschnitt über Mikrovermehrung sowie allen übrigen, die mir Bildmaterial zur Verfügung gestellt haben und die ich an anderer Stelle erwähnt habe.

'Armada' von Jack Harkness

Vorwort

Liebe Rosenfreunde,

Die Rose in ihrer Vielfältigkeit und Schönheit hat seit Jahrhunderten den Menschen fasziniert und ihn dazu gebracht, sich überaus ausgiebig mit ihr zu beschäftigen. Auch Peter Beales ist dem Charme der „Königin der Blumen“ erlegen und hat seinem Buch *Klassische Rosen* nun dieses vorliegende Werk *Moderne Rosen* folgen lassen.

Gegliedert in vier Teile, stellt es eine einzigartige Enzyklopädie dar, die in mühevoller Kleinarbeit erstellt worden ist. Meisterhaft hat es der Autor verstanden, uns die Herkunft und Entwicklung der Rose bis hin zu ihrer Kultur nahezubringen. Das ergänzende Sortenlexikon zeigt einen ausgewogenen Querschnitt der gegenwärtig im Handel befindlichen Sorten.

Auch auf die Züchtungsschwerpunkte der verschiedenen Rosenzüchter ist er eingegangen, wobei er vorbildlich recherchiert hat. Für mich als Züchter, der sich tagtäglich mit der Rose befaßt, ist dies eines der interessantesten Kapitel, zeigt es doch deutlich die immerwährende Herausforderung, nach neuen Sorten zu „suchen“. Es ist freilich schwierig, stets den Geschmack der Kunden im voraus zu erahnen, da eine Neuzüchtung erst nach einer 8-10jährigen Testphase in den Handel kommt. Außer der Farbe der Rosen gibt es noch viele weitere Kriterien, die es gilt zu verbessern, und so sind wir Rosenzüchter niemals hundertprozentig mit einer Neuheit zufrieden. Aus diesem Grund ist unsere Arbeit auch niemals fertig.

Den Übersetzern ist es wie schon bei *Klassische Rosen* gelungen, den typischen Beales-Stil auch in der deutschen Ausgabe zu bewahren. Auch daß die zahlreichen Abweichungen bei den Namen der Rosen und bei den Gruppenbezeichnungen durchgängig an die deutschen Verhältnisse angepaßt wurden, werden die Leser im deutschsprachigen Raum begrüßen.

Freuen Sie sich auf *Moderne Rosen* – ein einzigartiges Werk, in liebevoller Weise zusammengetragen und mit Fachkompetenz wiedergegeben von einem Mann, der sich der Rose verschrieben hat – PETER BEALES.

Wilhelm Kordes,
Sparrieshoop
März 1996

Rosa foetida persiana

Vorwort des Autors

Als ich gebeten wurde, den *Klassischen Rosen* einen Band über moderne Rosen folgen zu lassen, habe ich zunächst abgelehnt. Wie sollte ich das bewerkstelligen, dachte ich, hatte ich doch in diesem Buch meine Vorliebe für die älteren Sorten offen gestanden – sollte ich meiner ersten Liebe nun untreu werden?

„Ach was", sagte mein Verleger. „Schreiben Sie einfach über Rosen!" Doch ich blieb bei meinem Nein und fuhr fort, alte und neue Rosen zu kultivieren. Später dann sagte ich zu, allerdings mit einiger Unruhe, denn es hatte mir gedämmert, daß ich es bin, der ein Vorurteil hatte. Seit Jahren ist mein Garten voller Rosen, sowohl moderner als auch alter, die sich alle gegenseitig ergänzen. Obwohl im Juni mein umherschweifendes Auge immer noch nach 'Maiden's Blush' und 'Fantin Latour' Ausschau hält, sind bis September diese beiden nur noch liebe Erinnerungen; dann flirte ich mit modernen Sorten, die mich in den Winter hinein begleiten. Vielleicht bin ich jetzt mündig geworden und habe trotz meiner Vorliebe für zarte Farben und trotz meiner weiteren Verbundenheit mit den älteren Sorten erkannt, daß das Neue nicht minder interessant sein muß.

Ohnehin handelt dieses Buch nicht nur von „modernen Rosen", es behandelt vielmehr das ganze 20. Jahrhundert – ein Jahrhundert, das mehr Veränderungen in der Entwicklung der Gattung erlebt hat als die Züchter des 18. und 19. Jahrhunderts sich wohl vorgestellt haben. Nun habe ich die Gelegenheit, meiner seit langem gehegten Bewunderung für moderne Züchter Ausdruck zu geben dafür, daß sie eine ausgesprochen vielseitige Familie von Gartenpflanzen geschaffen haben. Es geht bei Rosen nicht nur um die Blütenform, ihre Farbe und den Duft, es geht auch um Gärten und um Gartengestaltung. Indem moderne Züchter sich so viele Eigenschaften der Rose nutzbar machten, haben sie ihre Verwendungsmöglichkeiten so weit ausgedehnt, daß sie nun für fast alle Problemstellungen der Gartengestaltung nützlich ist.

Im ersten Teil dieses Buches habe ich versucht, die Entwicklung der Rose seit etwa 1900 aufzuzeigen. Im zweiten Teil gehe ich auf die vielfältigen Möglichkeiten ein, diese Rosen zu verwenden und im dritten gebe ich Anregungen dafür, wie man Rosen am besten kultiviert, damit sie ihr Bestes geben. Als ich den vierten Teil, das Lexikon, zusammenstellte, war es die mit Abstand schwierigste Aufgabe zu entscheiden, welche Sorten ich weglassen sollte. Ich mußte mich schweren Herzens von vielen guten Freunden trennen. Andere hätten die Auswahl vermutlich anders getroffen; aber weil der persönliche Geschmack so unterschiedlich ist, ist auch die Auswahl an Rosen so groß.

Ich habe mir die eine oder andere Abschweifung erlaubt und mir die Kühnheit herausgenommen, ab und zu auch meine persönliche Meinung auszusprechen. Natürlich weiß ich, daß andere, deren Meinung ich durchaus respektiere, das anders sehen – so ist das Leben …

P.B.
Mai 1988

'Impératrice Josephine' ('Empress Josephine'), eine wunderschöne alte *Gallica*-Rose

TEIL I
Auf der Suche nach der perfekten Rose

Der Einfluß der älteren klassischen Rosen

Auf der Suche nach der perfekten Rose hat der Mensch die Gattung *Rosa* im Lauf der Jahrhunderte in beträchtlichem Umfang verändert. Dabei ist eine breite Vielfalt an faszinierenden und gut verwendbaren Gartenpflanzen entstanden. Form, Farbe, Blühfreudigkeit und unterschiedliche Wuchsformen der ursprünglichen Wildrosen wurden vorteilhaft kombiniert, so daß eine Pflanzenfamilie entstand wie keine andere.

Manche sind der Meinung, daß dabei Form und Duft eher zu Opfern als zu Triumphen des Fortschritts wurden. In der Tat zeichnen sich einige der zufälligen Schöpfungen der frühen Züchter durch besonders anmutige Formen und unwiderstehliche Düfte aus. Solche Vergleiche sind jedoch nicht fair, denn wie bei allem sind die Geschmäcker unterschiedlich. Ein Urteil, ob eine Rose einer anderen überlegen ist, kann nur anhand willkürlicher Kriterien gefällt werden.

Über die frühesten Methoden des Menschen zur Entwicklung der Rose läßt sich nur mutmaßen, aber es wurde nicht alles den Bienen überlassen. Obwohl der Zufall mitspielte, bestehen kaum Zweifel, daß in der Frühzeit der Zivilisation sowohl im Mittelmeerraum als auch im Fernen Osten wohlüberlegte Züchtungen erfolgten. Allerdings konnten sich die Schöpfer neuer Rosen die ganze Vielfalt des Erbgutes erst dann nutzbar machen und Wildrosen sowie Gartenformen miteinander kreuzen, um das volle Potential der Gattung auszuschöpfen, als sich der Horizont erweiterte und das Reisen üblicher wurde.

Seit Beginn des neunzehnten Jahrhunderts wurden über die Anstrengungen der Züchter genauere Aufzeichnungen geführt, und gegen Ende des neunzehnten Jahrhunderts waren die Grundlagen für unsere heutigen Rosen geschaffen. Die Bedeutung dieser Zeit ist so groß, daß es schwierig – wenn nicht gar unmöglich – ist, die Abstammung der modernen Rosen ohne Rückgriff auf die umfangreiche Literatur des neunzehnten Jahrhunderts zu untersuchen.

Während dieser Epoche sammelten Botaniker und Pflanzenjäger wie Parks, Fortune und Banks in entlegenen Teilen Chinas, dem Vorgebirge des Himalaya und anderen Regionen Asiens sowie Kleinasiens eine Anzahl bis dahin unbekannter Wildrosen. Auch Hybriden wurden in alten Gärten vieler dieser Regio-

Das Züchten einer Rose (siehe Seite 123)

'Old Blush' oder 'Common Monthly'

nen entdeckt, vor allem in China. Sie gelangten von dort in botanische Gärten und Baumschulen des Westens und wurden von eifrigen Pflanzschülern bald zur Züchtung verwendet, die sie mit verschiedenen Wild- oder Gartenrosen aus Europa oder dem Nahen Osten kreuzten und dabei nicht einfach Hunderte neuer Sorten schufen, sondern verschiedene, klar unterscheidbare neue Gruppen – sowohl solche mit großen Einzelblüten als auch solche mit Blüten in Büscheln.

Es läßt sich in der Geschichte der Rose nicht vermeiden, Kaiserin Josephine zu erwähnen, denn sie war es, die zur ersten großen Förderin der Gattung wurde. Ihre Leidenschaft führte zu einem gewaltigen Anstieg in der Beliebtheit der Rosen. Indem sie die Pflanzschüler ihrer Zeit förderte, wurde das Interesse an der Züchtung neuer Sorten geweckt. Denn sowohl in Frankreich als auch in England fanden sich unter ihren zahlreichen wohlhabenden Zeitgenossen viele Nachahmer. Es besteht kein Zweifel, daß Züchter wie Vibert und Desportes dabei ihr gutes Auskommen fanden.

Vibert ebnete der riesigen Zahl französischer Rosenschulen im neunzehnten Jahrhundert den Weg. Viele der bedeutenden Rosen verdanken wir so berühmten Züchtern wie Vibert selbst sowie Desportes, Laffay, Jacques, Hardy, Guillot, Lacharme und Verdier, um nur einige wenige zu nennen. Alle leisteten ihren Beitrag, zusammen mit Engländern wie Paul, Rivers und Bennett. Im Laufe des Jahrhunderts änderte sich die Vorliebe – weg von den flachen, gefüllten und

Rosa damascena bifera oder 'Quatre Saisons'

'Catherine Mermet', eine Teerose

Die Alba-Rose 'Semiplena', vermutlich eine der ersten Rosen, die überhaupt kultiviert wurden

Die 'Portland-Rose' oder 'Duchess of Portland'; eine Rose, die für die Entwicklung von Rosen mit längerer Blütezeit große Bedeutung erlangte

'Souvenir de la Malmaison' von 1843

Rosa moschata, die gekreuzt mit 'Old Blush' die *Noisettiana*-Hybriden ergab

geviertelten Blüten, wie sie Kaiserin Josephine geliebt hatte, hin zu hochgebauten Blüten mit großen Blättern. Obwohl letztere weit von der Form der heutigen Teehybriden entfernt waren, deuteten sie doch schon an, was kommen sollte.

Ihre Attraktivität als Gartenpflanze war dermaßen groß, daß die Rose nunmehr ihren Weg rund um den Globus fand. Siedler aus Europa nahmen sie als Samen oder Stecklinge, sogar mit Wurzeln in Töpfen mit in die Neue Welt. Vorschriften über Gesundheitskontrollen erschweren die Ausfuhr von Rosen heute erheblich, damals aber war eine Rose eine Rose – Krankheiten hin oder her. Viele Rosen bewährten sich, besonders die neuen Chinarosen und Teehybriden, die im Klima der fruchtbaren Länder prächtig gediehen. Die weltweite Verbreitung der Rosen gilt heute als selbstverständlich; bevor es aber möglich war, um den Globus zu reisen, war sie auf die nördliche Hemisphäre beschränkt.

Ehe die Wild- und Gartenrosen mit langer Blütezeit aus China zu uns kamen, hatten die europäischen Pflanzschüler und Rosenliebhaber nur wenig „Material", um eine Mehrfachblüte der Rosen zu erzielen. Von den Rosen, die sie damals kannten, war *Rosa damascena bifera* oder 'Quatre Saisons' die einzige, die im Herbst noch einmal blühte. Diese Rose war zwar seit Jahrhunderten in Europa verbreitet, kam aber ursprünglich aus dem Nahen Osten, zusammen mit anderen Damaszenerrosen, die diese Eigenschaft weniger besaßen. Es besteht kaum ein Zweifel, daß Damaszenerrosen von den Römern sehr bewundert wurden, lange bevor sie dann weiter im Norden beliebt wurden.

Die anderen Gruppen von Rosen, die in Europa vorherrschten – zumindest von der Zeit der Römer und das ganze Mittelalter hindurch bis zur Wende zum neunzehnten Jahrhundert – waren die *Alba*-Rosen, die *Gallica*-Rosen und vielleicht auch die Zentifolien. Im Gegensatz zu den Damaszenerrosen haben sie aber nur eine kurze Blühsaison; die Mehrzahl der Fachleute ist der Meinung, daß das Erbgut dieser Rosen die Entwicklung unserer modernen Sorten nur in geringem Maße beeinflußt hat. Persönlich hege ich allerdings die Vermutung (und ich glaube, einige Beweise dafür zu haben), daß die *Gallica*-Rosen – durch die Portlandrosen – doch eine größere Rolle gespielt haben als bisher anerkannt worden ist. Da wir uns hier aber in erster Linie mit dem 20. Jahrhundert beschäftigen, ist dieses Buch nicht das richtige, tief in solche Überlegungen einzusteigen. Richtig ist aber, daß die Portlandrose, die heute auch als 'Duchess of

'Baroness Rothschild', eine frühe Remontantrose

Oben: 'Perle d'Or', eine China-Hybride; *unten links:* 'Coral Cluster', eine Zwerg-Polyantharose; *unten rechts:* 'Schneewittchen' ('Iceberg'), eine hervorragende Floribundarose

Portland' bezeichnet wird, eine wichtige Rolle spielte. Sie kam Ende des 18. Jahrhunderts in Italien auf. Im Sommer hatte sie eine längere Blütezeit als man zu träumen gewagt hatte. Portlandrosen wurden bald als gesonderte Gruppe angesehen, und im 19. Jahrhundert wurden mehrere gute Sorten eingeführt. Herausragend waren 'Comte de Chambord' und 'Jacques Cartier', die in Frankreich in den 60er Jahren des 19. Jahrhunderts entstanden.

Den Portlandrosen dicht auf den Fersen folgten die Bourbonrosen. Die erste Bourbonrose, 'Rose Edouard', entstand angeblich durch eine Kreuzung der China-Rose 'Old Blush' mit der Damaszenerrose 'Quatre Saisons' auf der Isle de Bourbon (heute Réunion) im Indischen Ozean. Das mag sich durchaus so zugetragen haben, aber es gibt erdrückende Beweise aus Indien, daß 'Rose Edouard' schon Jahre vorher in Kalkutta gedieh. Wie dem auch sei, die erste Bourbonrose war gefunden. Sie wurde nach Frankreich geschickt und dort mit anderen gekreuzt, um weitere ähnliche Sorten zu züchten. Die frühen Bourbonrosen waren eine bunte Mischung. Die meisten hatten einen eher unförmigen Wuchs; ihre Zahl war so groß, daß viele bald wieder in Vergessenheit gerieten. In der Unmenge der Neuheiten überlebten nur die besten. Die wirklich guten Sorten sind uns bis heute erhalten geblieben. Bei einigen glaube ich zwar „Ermüdungserscheinungen" zu erkennen, andere aber, wie 'Souvenir de la Malmaison' (1843), 'Louise Odier' (1851) und 'Mme Isaac Pereire' (1881), sind immer noch präsent.

In den 30er Jahren des 19. Jahrhunderts tauchte als Ergebnis einer Orgie von Kreuz- und Querzüchtungen, wobei jede mit jeder Gruppe gekreuzt wurde, eine weitere bedeutende Familie von Rosen mit großen Blüten auf, die schließlich alle anderen ausstechen sollte. Sie wurde unter dem Namen „Remontantrosen" bekannt. Auf dem Höhepunkt ihrer Beliebtheit wurden Hunderte von Sorten angeboten, und die Nachfrage nach ihnen hielt fast ein Jahrhundert an. Wie bei den Bourbonrosen waren nicht alle Sorten dem Wettbewerb gewachsen und gingen, nach einem kurzen Auftritt im Rampenlicht, für immer verloren; man trifft sie heute nur noch in alten Büchern und Katalogen. Auch hier haben einige gute Sorten wegen ihrer Vorzüge überlebt, und diejenigen, die heute noch vorhanden sind, wie 'Reine des Violettes', (1860), 'Baroness Rothschild' (1868) und 'Mrs John Laing' (1887), werden unseren heutigen Erwartungen allemal gerecht.

So wichtig die alten Rosen für die Entstehung unserer modernen Sorten waren, die Teehybriden in ihrer heutigen Form wären ohne den Einfluß der Rosen aus dem Osten nicht möglich gewesen, denn diese gaben nicht nur den Anstoß für die Mehrfachblüte, sondern lieferten auch die Anordnung der Blütenblätter und die hochgebaute Mitte. Die Teerosen halfen auch bei der Ausweitung des bis dahin sehr begrenzten Farbspektrums der europäischen Wildrosen.

Parallel zu der Entwicklung von Rosen mit großen Einzelblüten ergaben sich von Zeit zu Zeit interessante Abweichungen, die zu der Entwicklung der Rosen führten, bei denen die Blüten in Büscheln zusammenstehen. Besonders bedeutend dafür wurde die Kreuzung von *Rosa moschata* mit 'Old Blush', woraus die erste Noisetterose entstand – ein glückliches Ereignis, das in Nordamerika im ersten Jahrzehnt des 19. Jahrhunderts erfolgte und direkt zu einer sehr nützlichen Gruppe von Kletterrosen führte, nämlich mit leuchtenderen Farben und größeren Blütenständen als vorher. Zwar waren die frühen Noisetterosen nicht alle öfterblühend, spätere Kreuzungen mit anderen Rosen mit längerer Blütezeit glichen diesen kleinen Nachteil der Noisetterosen aber bald aus.

Schon lange war die reichblühende Wildrose *Rosa multiflora* als gut verwendbare niedrige Kletterrose bekannt gewesen; es war deshalb nur eine Frage der Zeit, bis Kreuzungen dieser Wildrose mit verschiedenen öfterblühenden Sorten durchgeführt wurden, was zu der Entwicklung der heute unverzichtbaren Floribundarosen führte. Obwohl es heute immer schwerer geworden ist, die einzelnen Gruppen zu unterscheiden, kann gesagt werden, daß die Abstammung der Floribundarosen erheblich komplexer als die der Teehybriden ist. Gewiß waren die frühen Phasen ihrer Entwicklung weit weniger bemerkenswert als bei den Teehybriden, und man darf vermuten, daß mancher Sämling mehr ein Zufall war als das Ergebnis einer Planung. Während die Sorten mit großen Einzelblüten wegen ihrer Blütenform gesucht waren (weil es modern war, sie zusammen mit *Geranium*, Sommerblumen sowie Stauden in Beeten und in großen Stückzahlen zu pflanzen), gab es für die Rosen mit Blüten in Büscheln keine Nische, die es auszufüllen galt. Erst in diesem Jahrhundert, als das Anlegen und Unterhalten von Gärten teuer geworden und weniger streng gestaltete Gärten in Mode gekommen waren, wurde der Wert der Beetrosen voll erkannt, und erst dann wurden sie von Züchtern oder Gartenliebhabern gleichermaßen verwendet. 'Pâquerette' war die erste Polyantharose. Sie entstand 1875 in Frankreich und gilt als das Ergebnis der ersten direkten Kreuzung zwischen *Rosa multiflora* und einer Chinarose. Das könnte den Eindruck erwecken, daß sie eine bedeutende Rose ist. Aber sie war zu keiner Zeit besonders beliebt, nicht einmal im 19. Jahrhundert.

Die in viktorianischer Zeit beliebtesten und am weitesten verbreiteten büschelblütigen Zwergrosen waren 'White Pet' (1879; 'Little White Pet', der Zusatz „Little" wurde später hinzugefügt) und verschiedene China-Hybriden, die man damals „Polypomponrosen" nannte. Dazu gehören die vielgeliebte 'Cécile Brunner' (1881) und 'Perle d'Or' (1884), beide in Wuchs sowie Blütenform ähnlich und beide wohl das Ergebnis von Kreuzungen zwischen Polyantharosen und einer berühmten alten gelben Teerose, nämlich 'Mme Falcot' von 1858.

In der Zeit zwischen 1875 und dem Anfang des 20. Jahrhunderts wurden mehrere Polypomponrosen eingeführt, aber keine fand so recht Anklang, bis etwa zehn Jahre später die niedrigen, strauchförmigen, reichblühenden „Zwerg-Polyantharosen" aufkamen. Wenn man ihre Beliebtheit bedenkt, war es nicht überraschend, daß ein weitblickender Züchter sie schon bald mit Teehybriden kreuzte und die Poulsenrosen der 20er und 30er Jahre schuf. Sie hatten die großen Blütenstände der Zwerg-Polyantharosen, aber größere Einzelblüten und einen kräftigeren Wuchs. Leider aber erbte keine dieser Rosen von dem Teehybridenelternteil einen Duft. Obwohl der Mangel an Duft ein recht beträchtlicher Nachteil war, hielt das die Züchter weltweit nicht davon ab, mit ihnen zu arbeiten, und ihre Zahl stieg rasant an. Ab Mitte der 30er Jahre faßte man sie zur Gruppe der Polyantha-Hybriden zusammen. Bis Mitte der 40er Jahre hatten sie die Zwerg-Polyantharosen als Beetrosen überrundet und wetteiferten sogar schon mit den Teehybriden um die größere Popularität. Viele der frühen Sorten waren einfach blühend oder halbgefüllt. Auch ihr Farbspektrum war ziemlich begrenzt; die Farbtöne waren meist Rosa oder Rot, aber fortschreitende Kreuzung mit Teehybriden oder mit Sorten anderer Gruppen änderten das bald, und es kamen einige sehr farbenfrohe sowie dicht gefüllte Sorten auf; einige davon hatten sogar einen deutlich wahrnehmbaren Duft. Der Fortschritt war so groß, daß bis zur Mitte der 50er Jahre ihre Herkunft von den Polyantharosen – abgesehen von dem Zusammenstehen der Blüten in Büscheln – in ihrem Aussehen kaum noch erkennbar war, und der Name der Gruppe wurde in „Floribundarosen" geändert. Die Floribundarosen sind heute so beliebt wie nur je, und einige der Sorten aus den 50er und 60er Jahren, wie 'Allgold' und 'Schneewittchen', werden immer noch in großen Stückzahlen verkauft.

Die Teehybriden

Die Geburt der ersten Teehybride war von Kontroversen begleitet. Jean-Baptiste Guillot, Rosenschüler in Lyon, fand die Rose unter verschiedenen anderen seiner Sämlinge. Er erkannte, daß es sich um „etwas Besonderes“ handelte. Ihre reichlich erscheinenden Blüten standen aufrecht an einem kräftigen Stengel und waren von stattlicher Gestalt, zumindest bis sie sich geöffnet hatten; die Teehybriden waren außerdem hochgebaut wie die Teerosen und mit vielen Blütenblättern dicht gefüllt. Ihr Wuchs war aufrecht und ordentlicher als bei den eher wuchernden Remontantrosen. Guillot wußte nicht, wer die Elternsorten sind, vermutete aber, daß der Sämling das Ergebnis einer heimlichen Liebe einer seiner Remontantrosen mit einer nach Abwechslung suchenden „einfachen“ Teerose war.

Obwohl sie von ihrem Entdecker und von vielen Fachleuten in Frankreich als „etwas Besonderes“ erkannt worden war, dauerte es mehrere Jahre, bis die dortige Rosengesellschaft davon überzeugt war, daß Guillots Rose das Prädikat „erste Teehybride“ verdiene. 1867 erhielt sie den Namen 'La France'. Es dauerte noch länger, bis die British National Rose Society davon überzeugt werden konnte, daß ein neuer Typ Rose entstanden war; in Großbritannien galt sie noch bis in die frühen 90er Jahre des 19. Jahrhunderts als Remontantrose. Es waren allerdings nicht Guillot oder die französische Rosengesellschaft, die die Skeptiker auf dieser Seite des Kanals schließlich überzeugten, sondern Henry Bennett, ein prominenter englischer Züchter, dessen Engagement schließlich dazu führte, daß die neue Klassifikation anerkannt wurde. Von 1879 bis 1890 erzielte Bennett im Rahmen eines Züchtungsprogramms, in dem er Teerosen mit Remontantrosen kreuzte, mehrere unterschiedliche Sorten, insgesamt züchtete er über dreißig neue Rosen. Einige, z. B. 'Mrs John Laing' und 'Captain Hayward' waren eindeutig Remontantrosen, aber die meisten trugen Eigenschaften der neuen Klasse der Teehybriden. Lange Zeit kämpfte Bennett gegen die Engstirnigkeit sowohl der Fachleute als auch der Amateure, um sie davon zu überzeugen, daß nicht alles, was neu und gut ist, notwendigerweise aus Frankreich kommen müsse. Einige von Bennetts Rosen erzielten hohe Auszeichnungen; andere gerieten in Vergessenheit. Eine aber, 'Lady Mary Fitzwilliam', erwies sich als sehr fruchtbar (anders als ihr französisches Pendant 'La France', die anscheinend steril war). So wurde sie ausgiebig von britischen und französischen Züchtern für viele weitere gute Sorten verwendet. Henry Bennett muß man als Verdienst anrechnen, viel für die Rosen getan zu haben, aber mehr als alles andere war es 'Lady Mary Fitzwilliam', die seinen Ruf als „Teehybriden-König“ begründete. Vor Bennett waren die meisten in Großbritannien gezüchteten Rosen Remontantrosen und stammten entweder von William Paul aus Chestnut oder von Rivers aus Sawbridgeworth. Beide züchteten einige ausgezeichnete Rosen, und obwohl viele ihrer Sorten in ihren Katalogen nur kurz auftauchten, verdienen die beiden Züchter Anerkennung für ihre Arbeit, da sie halfen, für Bennett das Ausgangs-

Links: 'La France', die erste Teehybride

Unten: 'Mme Caroline Testout', gezüchtet 1890; auf Grund ihrer Kletterform gehört sie heute noch zu den weltweit beliebtesten Rosen

material zu beschaffen. Um die Jahrhundertwende hatten die Teehybriden eine gewisse Beliebtheit erreicht, aber noch einen weiten Weg vor sich, bevor sie sich zu der heute bekannten Gruppe verläßlicher Gartenrosen entwickelten.

Trotz Bennett waren die französischen Züchter jedoch weiterhin führend. 1890 glückte Joseph Pernet-Ducher mit 'Mme Caroline Testout' eine Sorte, die noch immer auf der ganzen Welt zu den beliebtesten Rosen zählt. Heute ist sie allerdings mehr in ihrer Kletterform bekannt. Als Buschrose war sie damals konkurrenzlos mit ihrer Fülle großer, locker geformter, duftender, satinrosa Blüten an einer kräftigen, gefälligen Pflanze. Es dürfte nur wenige Gärten gegeben haben ohne wenigstens ein Exemplar von 'Mme Caroline'. Pernet-Ducher war ein weitblickender Mann, der sorgfältig auswählte, was er in den Handel brachte. Er führte nur solche Sorten ein, die für ihre Klasse einen Fortschritt darstellten oder ein echter Durchbruch im Hinblick auf ihre Farbe waren. Ein Beweis dafür sind auch zwei Treibrosen, 'Mme Abel Chatenay' und 'Antoine Rivoire', die damals zu den besten gehörten. Mit 'Mme Caroline Testout', die in allen Gärten prunkte, und mit seinen Schnittrosen, die manches Hochzeitsbouquet schmückten, hatten sich seine Teehybriden einen Namen gemacht. Pernet-Duchers bedeutendste Einführung war jedoch 'Soleil d'Or'. Diese Rose, eine Kreuzung zwischen der klar gelben *Rosa foetida persiana* und der roten Remontantrose 'Antoine Ducher', zeigte (erstmalig bei einer Remontantrose überhaupt) einen Anflug von Gelb und machte unsere heutigen schönen gelben Teehybriden erst möglich. Zunächst wurden 'Soleil d'Or' und ihre Abkömmlinge als gesonderte Gruppe angesehen. Zu Ehren ihres Züchters wurden sie Pernetianarosen genannt. Leider stellte sich heraus, daß sie sich für den Garten nicht gut eigneten; sie waren sehr anfällig für Sternrußtau – ein Leiden, das sie von ihrer gelben Elternsorte geerbt hatten. In den frühen 30er Jahren waren die meisten Pernetianarosen verschwunden oder wurden in den Katalogen der Pflanzschulen aus Gründen der Zweckmäßigkeit bei den Teehybriden aufgeführt.

Das milde und sonnige Klima Südfrankreichs war der Hauptgrund für die Vorherrschaft französischer Züchter im 19. Jahrhundert. Rosen aber wurden ein großes Geschäft, und die Briten – sie waren die vielen französischen Namen in ihren Katalogen leid – begannen, eigene Sorten unter Glas zu züchten. Henry Bennett hatte bewiesen, daß diese Methode funktioniert, und sie wurde bald von anderen übernommen, so von der Firma Alexander Dickson in Newtownards (Nordirland). Nach mehreren Fehlschlägen waren die Dicksons einigen ausgezeichneten Teehybriden auf der Spur. Mit der rosafarbenen 'Mrs W. J. Grant' (1892) gewannen sie die erste Goldmedaille, die je einer Teehybride verliehen wurde. Von ihren heute noch verfügbaren Sorten ist die wunderschöne, einfach blühende 'Irish Elegance' von 1905 eine der ältesten. Seitdem hat die Familie der Dicksons vielversprechende Teehybriden hervorgebracht, darunter 'Dame Edith Helen', 'Betty Uprichard', 'Shot Silk', 'Hugh Dickson' und 'Grandpa Dickson'.

Bald nach den Dicksons fing eine weitere gut eingeführte irische Baumschule, Samuel McGredy in Portadown, mit dem Züchten an, und es dauerte nicht lange, bis sie, wie die Dicksons, für herrliche Rosen wie 'Mrs Herbert Stevens', 'Mrs Henry Morse', 'McGredy's Yellow', 'Picture' und 'Piccadilly' hohe Auszeichnungen erhielten. Nicht als Gartenrose berühmt, aber mit einem

'Dame Edith Helen', eine Teehybride von Dickson

Namen, der für immer lebendig bleiben wird, ist 'Margaret McGredy' (gezüchtet 1927), die männliche Elternsorte von 'Gloria Dei' ('Peace'), der berühmtesten Rose überhaupt. Pat Dickson und Sam McGredy führen die Tradition ihrer Familienbetriebe fort und züchten auch heute noch ausgezeichnete Sorten; McGredy allerdings ist in das verläßlichere Klima Neuseelands umgesiedelt, um dort seine Arbeit fortzusetzen.

Bis zu Beginn des Ersten Weltkriegs waren diese beiden Firmen zwar führend, bald aber waren weitere Züchter auf der Suche nach Teehybriden eifrig damit beschäftigt, Pollen zu verteilen, sowohl „östlich" als auch „westlich" von Irland. Als der Krieg vorbei war und sich die Verhältnisse in Großbritannien wieder normalisiert hatten, gab es einen intensiven Wettbewerb um die begehrte Goldmedaille der National Rose Society. Das folgende Urteil mag vielleicht unfair klingen, aber meines Erachtens gab es zu viele Gewinner: Es kam nur auf die Schönheit der Blüte bei der Ausstellung an, nicht auf die Eignung für den Garten. Namen von großem Einfluß im Großbritannien der 20er und 30er Jahre waren 'Mme Henry Bowles' (Chaplin Bros, 1921), 'Rev. F. Page-Roberts' (B.R. Cant & Sons, 1921) und 'Mrs Edward Laxton' (Laxton Bros, 1936).

Während der frühen 40er Jahre kümmerten sich die Rosenschulen um andere Dinge. Teils durch eigenen Entschluß, teils einer Verordnung der Regierung wegen nutzten sie ihre Zeit und ihr Land zum Anbau von Gemüse, und in ihren Gewächshäusern bauten sie Tomaten an. Die Kundschaft der Pflanzschulen war mit ähnlichen kriegswirtschaftlichen Aktivitäten befaßt; an sie Rosen zu verkaufen, wäre schwierig gewesen. Kaum aber war der Krieg vorüber, da nahmen die Züchter ihre Züchtungsprogramme schleunigst wieder auf, stopften ihre Gewächshäuser mit Sämlingen voll und führten die Sämlinge, die sie während der langen fünf Jahre in einer Ecke liebevoll gehegt hatten, in den Handel ein.

In den 50er und 60er Jahren war die Nachfrage nach Neuheiten groß, und die Teehybriden erlebten einen Gipfelpunkt ihrer Beliebtheit. Um die Nachfrage zu befriedigen, brachten einige Züchter, so scheint es, alles und jedes in den Handel, auch einige nicht genügend erprobte Sorten, so lange diese auch nur entfernt als Neuheit bezeichnet werden konnten. Dadurch wurden leider viele Kunden enttäuscht und zu Recht der vielen Teehybriden überdrüssig, die die hohen Versprechungen ihrer Züchter nicht erfüllten. So wandten sie sich entweder anderen Gruppen von Rosen zu oder gar ganz von diesen Pflanzen ab.

Wenn man bedenkt, wie ehrgeizig gewerbliche Züchter nach der perfekten roten Rose geforscht hatten, mutet es wie eine Ironie des Schicksals an, daß eine der besten von einem Amateur kam – von Albert Norman, der 1946 'Ena Harkness' schuf. Diese Rose wurde von der Firma R. Harkness & Co. in Hitchin etwa zu der Zeit eingeführt, als Jack Harkness seine glanzvolle Karriere als Rosenzüchter begann. Er verfolgte zwar verschiedene Züchtungsziele, dennoch gelangen ihm mit der formschönen 'Elizabeth Harkness' (1969) und der überragenden Strauchrose 'Alexander' (1972) zwei ausgezeichnete Teehybriden.

Weiter im Norden begann in der Nähe von Aberdeen eine weitere bemerkenswerte Karriere. Für mich war Aberdeen, heute Hauptort der Nordseeölfelder, ein geografisch abgelegener und klimatisch rauher Ort, wenig geeignet, um

'McGredy's Yellow', 1933 gezüchtet und auch heute noch beliebt

Oben: 'Ena Harkness', eine der beliebtesten roten Teehybriden
Links: 'Grandpa Dickson', eine der schönsten der neueren „Gelben"
Unten: 'Silver Jubilee', eine ausgezeichnete Rose von Cocker

'Just Joey', gezüchtet von Cants, eine beliebte Rose in kupfrigem Orange

Rosen zu kultivieren. Damals war die Stadt hauptsächlich durch die Fischerei von wirtschaftlicher Bedeutung. Als ich in meinen jungen Jahren an Rosenausstellungen teilnahm, beneidete ich Cocker immer wegen der hohen Qualität und der großen Blüten seiner Rosen; ohne Zweifel half der Fischdünger. Aberdeen ist auf gutem Boden gebaut, und ein aufgeklärter Gemeinderat machte die Stadt zu einer Stadt der Rosen – ohne Zweifel auch durch den Erfolg von Alex Cocker angeregt. 'Alec's Red' (1970) war Alex Cockers erster Erfolg mit Teehybriden. Den Namen gaben ihr Alecs Pflanzschülerfreunde, die die Rose vor ihrer Einführung erprobten und prüften. Widerstandsfähigkeit gegen Krankheiten war für diesen Züchter von Anfang an ein wichtiges Kriterium, und seine Bemühungen trugen Früchte, als 1978 'Silver Jubilee' eingeführt wurde; es hätte kaum eine Rose geben können, die besser geeignet gewesen wäre, an das silberne Kronjubiläum Ihrer Majestät der Königin Elisabeth II. zu erinnern.

Seit dem Zweiten Weltkrieg haben sich Dickson, McGredy, Harkness und Cocker alle große Verdienste mit Teehybriden erworben, aber sie standen nicht allein. Auch andere britische Züchter waren fleißig; zu erwähnen sind vor allem Edward B. LeGrice in North Walsham mit der immer noch weit verbreiteten 'My Choice' (1958), Bees in Chester mit der beliebten 'Josephine Bruce' (1949), Gregory in Nottingham mit 'Blessings' (1967) und Cants in Colchester mit 'Just Joey' (1972).

Angeregt durch die starke Lobby der Pflanzenzüchter erließ die britische Regierung ein Gesetz, das für den Rosenanbau in Großbritannien weitreichende

Oben: 'Ophelia', von William Paul; *oben rechts:* 'Los Angeles', gezüchtet von Fred H. Howard, (USA)

Folgen haben sollte. Es handelte sich um das Gesetz über Pflanzensorten und -samen von 1964, das es den Züchtern ermöglichte, ihre neuen Sorten zu schützen, um so einen fairen Ausgleich für ihre Bemühungen zu erhalten, einen Ausgleich, der im direkten Verhältnis zu den Vorzügen der von ihnen eingeführten Neuheiten stand. Das Gesetz war äußerst kompliziert und die Resonanz unterschiedlich – so sehr, daß die Harmonie in der Branche eine zeitlang, milde gesagt, gestört war. Nach kurzer Zeit organisierten sich die Züchter selbst in einem Verband mit dem den damaligen Züchtern wohl passend erscheinenden Namen BARB, was für „British Association of Rose Breeders" stand. Als man erkannte, daß das Schutzgesetz von Dauer sein werde, wurden die Beziehungen zwischen Züchtern und Vermehrern wieder freundlicher. Neue Sorten sind entscheidend für die Branche, und kein Vermehrer sollte dem Züchter einer erfolgreichen Rose einen fairen Ertrag seiner Arbeit mißgönnen. Seit 1964 wurden in Großbritannien jedoch einige hundert Sorten geschützt, und viele weitere kommen jedes Jahr dazu; es wird deshalb zunehmend schwerer, die Spreu vom Weizen zu trennen.

In Nordamerika war die Rose seit langem sehr beliebt. Im Jahre 1899 hatte man die Amerikanische Rosengesellschaft gegründet,

> „um das Interesse an der Kultur von Rosen zu steigern und den hohen Standard der Rose für alle Menschen zu gewährleisten".

So stand es zutreffend in ihrer Satzung, denn seit ihrer Gründung hat sie genau das getan und noch mehr. Ihr Einfluß reicht heute sehr weit, nicht zuletzt durch ihre Verantwortung, die sie heute bei der Klassifikation und Nomenklatur der Rosen weltweit innehat. Die nachstehenden Zitate – wiedergegeben nach dem Jahrbuch der Amerikanischen Rosengesellschaft von 1917 – sind ein Beispiel für die frühe Korrespondenz zwischen den beiden Rosengesellschaften in Großbritannien und Amerika. Die Korrespondenz ist so förmlich, daß man meinen könnte, es wäre der erste Kontakt zwischen den beiden Gesellschaften.

> Um ein völliges Verständnis und einen Gedankenaustausch zu ermöglichen, wurde ein Briefwechsel mit dem Sekretär der National Rose Society

eröffnet. In einem Brief vom 5. Mai 1916 schrieb deshalb Mr. Courtney Page, der Sekretär der Gesellschaft, der zugleich Mitherausgeber des englischen Rosenjahrbuchs war:

„Ich bestätige den Empfang Ihres werten Schreibens vom 16. April; mit derselben Post erhielt ich ein Exemplar des amerikanischen Rosenjahrbuchs. Ich möchte Ihnen zu dieser Publikation ... meinen allerherzlichsten Glückwunsch aussprechen. Es handelt sich wirklich um einen hervorragenden Band ... Ich stimme Ihnen gern zu, daß die von Ihnen gegebenen Anregungen sehr dazu beitragen werden, beiden Gesellschaften neue Mitglieder zuzuführen. Englische Rosenliebhaber sind sehr engagiert, und alle, denen ich Ihr Jahrbuch gezeigt habe, waren des Lobes voll ... Wir schätzen uns glücklich, mit Ihnen zusammenarbeiten zu dürfen."

Die darauf folgende Antwort war entsprechend:

„Ihr Brief vom 24. Mai wurde unserer Mitgliederversammlung bei ihrer letzten Tagung vorgelegt, und ich wurde beauftragt, Sie zu bitten, so freundlich zu sein, den Mitgliedern Ihrer Gesellschaft ihre hohe Wertschätzung zu übermitteln und der Hoffnung Ausdruck zu geben, daß alles nur Mögliche getan werde, um die freundschaftlichen Beziehungen zwischen den Rosenfreunden unserer beiden großen Länder zu fördern."

Leider war es nicht möglich, einen Kontakt mit den bedeutendsten Rosenfreunden in Frankreich und Deutschland herzustellen.

Da ich nur eine begrenzte Auswahl an amerikanischer Literatur zur Verfügung habe, wäre es vermessen von mir, allzuviel über die Geschichte der Rose in Amerika zu berichten. Seit aber John Champney um 1811 in Charleston die berühmte Noisetterose 'Champney's Pink Cluster' hervorbrachte, waren die dortigen Rosenzüchter zunehmend aktiv. Mit Beginn unseres Jahrhunderts tauchten die ersten rein amerikanischen Teehybriden auf. Besonders zwei verdienen Erwähnung, denn sie erwiesen sich auf beiden Seiten des Atlantiks bald als Lieblinge: 'Los Angeles', 1916 von Fred H. Howard gezüchtet und nach seiner Heimatstadt benannt, sowie 'General MacArthur', 1905 von dem sehr rührigen Züchter E. Gurney Hill in Richmond (Indiana) gezüchtet. Man findet beide Sorten heute noch in Großbritannien, letztere allerdings meist in ihrer Kletterform. Das Jahrbuch der amerikanischen Rosengesellschaft von 1917 unterstreicht die damalige Beliebtheit der Teehybriden dadurch, daß von 349 aufgeführten Rosen, die von amerikanischen Züchtern stammen, nicht weniger als 114 Teehybriden sind, davon 27 von E. Gurney Hill. Bei einigen davon dürfte es sich allerdings um Abarten gehandelt haben. Hill züchtete Rosen noch bis weit in die 30er Jahre hinein; da wir gerade von Abarten gesprochen haben, sei noch gesagt: Seine Firma führte 1918 einen der großen Lieblinge der 20er und 30er Jahre ein, die wunderschöne rosafarbene 'Mme Butterfly', eine dunklere Abart von William Pauls zartrosafarbener 'Ophelia' (1912). Zwischen den beiden Weltkriegen wurden diese beiden Rosen in Millionenhöhe vermehrt sowie verkauft, und bis heute genießen sie eine gewisse nostalgische Beliebtheit, obwohl sie, wie ich befürchte, durch das ständige Vermehren etwas von ihrer Wuchskraft eingebüßt haben. Beide Sorten eigneten sich sehr gut als Treibrosen, und sie

'The Doctor', von F.H. Howard für die amerikanische Firma Jackson & Perkins gezüchtet

Oben links: Die duftende 'Diamond Jubilee'; *oben rechts:* 'Helen Traubel', eine besonders schöne Rose von Herbert Swim

wurden damals für den Verkauf als Schnittblumen auf riesigen Flächen unter Glas kultiviert.

Der Umstand, daß europäische Züchter ihre Neuheiten auf dem nordamerikanischen Markt lautstark einführten, entmutigte die dortigen Züchter keineswegs; vielmehr arbeiteten sie sehr erfolgreich daran, ihre eigenen Züchtungen herauszubringen. Es kamen in jenen Jahren sehr viele gute Sorten auf. Mein besonderer Liebling ist die herrlich duftende, formschöne 'The Doctor' (1936) in dunklem Silberrosa, gezüchtet von F. H. Howard und benannt nach Jean Nicolas, der als Züchter für Jackson & Perkins arbeitete, die damals wohl größte und wohlhabendste Rosenschule der Welt; übrigens: die männliche Elternsorte von 'The Doctor' war 'Los Angeles'.

Die frühen 40er Jahre waren für europäische Züchter sehr mager; abgesehen von der bemerkenswerten Ausnahme 'Gloria Dei', kam der Strom neuer Sämlinge über den Atlantik nach Westen praktisch zum Erliegen. Die Mangelsituation erhöhte die Nachfrage, und bald waren viele amerikanische Rosenschulen mit Kreuzungen beschäftigt. In den 40er, 50er und 60er Jahren brachten sie einige Spitzensorten von Teehybriden auf den Markt. Die herrliche 'Diamond Jubilee' (1947) von Eugene Boerner gehörte zu den besten und verdient auch heute noch ihren Platz im Garten, ebenso die formschöne 'Helen Traubel' von Herbert Swim, die von Armstrong 1951 eingeführt wurde. Schon bald nachdem diese Rose nach England gelangt war, war ich von ihr gefesselt. Nichts scheint eine Rose so ins Abseits zu drängen wie ein schwacher Stiel, aber ich habe nie verstanden, warum eine so unbedeutende Schwäche als so gravierend angesehen wird. Die langstielige 'Mojave' (1954) dagegen, die reich blühende 'Sutter's Gold' (1950) oder die raffinierte 'Royal Highness' (1962) hatten nie Haltungsprobleme. Sortenschutz, Wechselkursschwankungen, Neueinführungen aus anderen Ländern und Verschiebungen der Nachfrage dürften die Hauptgründe dafür sein, weshalb unsere heutigen Pflanzschulkataloge so wenige neuere Teehybriden aus Amerika aufführen. Viele „alte Bekannte" dagegen gedeihen in Großbritannien und werden von Kennern unter den Rosenfreunden sehr geschätzt.

Nicht anders als es sich bei Parfüms oder Wein (von der Sprache ganz zu schweigen) verhält, wäre die Welt ohne die französischen Rosen sehr viel ärmer. Denn den Franzosen verdanken wir nicht nur einige der besten alten Rosen, sie legten auch die Grundlage für die Teehybriden, so wie wir sie heute kennen. Auf die Verdienste von Männern wie Guillot habe ich bereits hingewiesen, aber auch andere Franzosen waren in jüngerer Zeit nicht untätig. Pernet-Duchers größten Erfolge waren zwar seine bahnbrechenden gelben Sorten – 'Rayon d'Or' und 'Soleil d'Or' – er züchtete aber bis in die frühen 20er Jahre hinein ausgezeichnete Rosen. 1913 wurde er von der Tageszeitung Daily Mail für seine satt korallenrote 'Mme Edouard Herriot' mit 1.000 £ ausgezeichnet. Im Jahre 1924, kurz vor seinem Eintritt in den Ruhestand, schenkte er uns die formschöne 'Angèle Pernet', die es bis heute verdient, in jedem Garten zu stehen.

Der Platz erlaubt nicht, auf den bemerkenswerten Club französischer Züchter (im Frankreich der ersten vierzig Jahre des 20. Jahrhunderts) detailliert einzugehen. Doch ist zu erwähnen, daß Frances Dubreuil, Charles und Antoine Meilland sowie andere Bedeutendes im Zusammenhang mit Teehybriden geleistet haben. Sie kannten einander und hatten natürlich ihre unterschiedlichen Auffassungen, aber wie Rosenfreunde überall auf der Welt respektierten sie die Arbeit der anderen und waren Freunde.

Eine Familie von Rosenzüchtern und -vermehrern aus dem 20. Jahrhundert auszuwählen, ist genauso wenig angebracht, wie wenn man einen Züchter des 19. Jahrhunderts herausstellen wollte. Ich möchte nicht ungerecht sein, wenn ich trotzdem die Meillands gesondert erwähne, aber (wenngleich bei der Züchtung von 'Gloria Dei' vielleicht etwas Glück im Spiel war) die Art, in der sie den Wohlstand, den diese Rose ihnen bescherte, nutzten, kann man nicht nur als Glück bezeichnen.

'Gloria Dei' ist zweifellos die beste Teehybride, die jemals gezüchtet wurde; sie wird eine Standardsorte bleiben. Rosen haben noch niemals jemanden reich gemacht. Mit ihnen umzugehen, ist eine Berufung, und selten macht eine Berufung einen Menschen reich. Die wohlhabenden Vermehrer von Rosen, die ich kenne, sind nicht durch ihren Beruf reich geworden. Allerdings: hätten Antoine Meilland und sein Sohn Francis Ende 1945 so gedacht, dann hätten sie ihre Erträge aus 'Gloria Dei' niemals in den Kauf zusätzlichen Landes, den Bau weiterer Gewächshäuser und in neue Mitarbeiter investiert, um noch mehr Rosen züchten zu können. Wir müssen ihnen für 'Gloria Dei' und dafür, daß sie diese Investitionen vornahmen, dankbar sein. Ohne das eine wie auch das andere wären unsere modernen Rosen ärmer. Beide Züchter gaben uns außerdem so schöne Teehybriden wie 'Michèle Meilland' (1945), 'Grandmère Jenny' (1950), 'Charles Mallerin' (1951) und 'Bettina' (1953), ganz zu schweigen von der langstieligen 'Baccara' (1954), einer roten Schnittrose, die mehr Ehen gerettet hat als alle Eheberater der Welt zusammen.

Francis Meilland starb 1958 leider viel zu früh; er war die treibende Kraft, die zum Aufbau der größten und vielleicht auch besten Rosenschule der Welt am Cap d'Antibes geführt hat. Das Geschäft liegt nun in dritter Generation in den Händen von Alain Meilland, der 1963 die wunderschöne, dunkelrote 'Papa Meilland' einführte und 1974 'Sonia' ('Sweet Promise'), die nach seiner Tochter benannt ist. Der Name „Meilland" wird in diesem Buch noch mehrmals auftauchen, denn die Meillands haben nicht nur ausgezeichnete Teehybriden hervorgebracht, sondern sind auch bei einigen anderen Rosenklassen führend.

‘Gloria Dei’ von Meilland in Frankreich ist weiterhin konkurrenzlos unter den Teehybriden

‘Angèle Pernet’, 1924 von Joseph Pernet-Ducher gezüchtet

'Michèle Meilland', eine schöne Teehybride vom Züchter der 'Gloria Dei'

'Sonia', auch unter dem Namen 'Sweet Promise' bekannt, ist eine gute Schnittrose; *rechts:* 'Crimson Glory', gezüchtet in Deutschland von Wilhelm Kordes

Zweimal hatte Deutschland im 20. Jahrhundert seine Auseinandersetzungen mit dem „Rest der Welt"; läßt man aber die Politik beiseite, so muß gesagt werden, daß die Welt dem Fleiß und dem Einfallsreichtum der Deutschen viel Gutes verdankt; Rosen bilden da keine Ausnahme. Deutsche Züchter waren in der Frühphase der Entwicklung der Rose nicht besonders aktiv, und obwohl Männer wie Peter Lambert schon vor 1900 Rosen züchteten, war es doch erst nach dem Ersten Weltkrieg, daß deutsche Züchter der modernen Rose ihren Stempel aufdrückten und ihre Entwicklung zu beeinflussen begannen. Der erste war Wilhelm Kordes. Er befaßte sich mit einer großen Bandbreite von Rosenklassen und brachte einige für seine Zeit bedeutende Rosen in den Handel. Am bekanntesten ist Kordes durch seine winterharten Strauchrosen, die er durch Züchtung mit *Rosa kordesii* hervorbrachte, und durch seine grundlegenden Arbeiten zur Verbreiterung der Farbskala moderner Rosen durch 'Kordes Sondermeldung' (1951), einer Rose, zu der ich mich niemals richtig hingezogen fühlte, die aber eine Fülle lebhafter feuerroter oder orangefarbener Töne ermöglichte.

Meine Bewunderung für Wilhelm Kordes als dem wohl bedeutendsten Rosenzüchter ist durch die von ihm geschaffenen Rosen wohl begründet. Schon als Lehrling war mir klar, daß der Schöpfer von 'Crimson Glory' ein ungewöhnliches Talent haben mußte. Das war mir nicht nur klar, weil man mich schon früh damit beauftragt hatte, aus vielen Reihen von Rosen dieser Sorte Blüten für eine Ausstellung auszuwählen; ich war auch fast betäubt von ihrem Duft. Jede Blüte mußte mit Draht verstärkt werden, um den sehr schwachen Stiel zu stützen, aber selbst der Züchter hätte auf das Ergebnis nicht stolzer sein können. 'Crimson Glory' war 1935 eingeführt worden und blieb als die beste rote Rose gefragt, bis sie 1950 durch einen ihrer Abkömmlinge, 'Ena Harkness', übertroffen wurde. Hängende Köpfe waren bei den meisten roten Teehybriden und seit den Tagen von 'Général Jacqueminot' selbst bei den Remontantrosen ein Problem. Im Jahr 1950 aber hatte Wilhelm Kordes das Problem mit 'Karl Herbst' gelöst, und 1964 (dem Jahr seines Eintritts in den Ruhestand) mit der noch besseren 'Ernest H. Morse'. Dazwischen hatte er 1957 die großartige 'Perfecta', eine reizende Mischung aus Rosa- und Crèmetönen, herausgebracht. Als Wilhelm Kordes 1976 starb, hinterließ er seinem Sohn Reimer ein einzigartiges Erbe an „Rosenkindern". Reimer Kordes setzte die Familientradition mit so ausgezeichneten Teehybriden wie 'Königin der Rosen' (1964) und 'Sylvia' (1978) fort.

Nicht weit vom Sitz der Firma Kordes war ein anderer deutscher Züchter, Mathias Tantau, fleißig tätig. Tantaus frühe Arbeiten konzentrierten sich hauptsächlich auf die Polyantharosen und -Hybriden. Er brachte zwar zwischen den beiden Weltkriegen auch einige Teehybriden heraus, keine davon wurde aber besonders bekannt. Erst als sein Sohn Mathias einstieg, fing die Tantausche Rosenschule an, Teehybriden herauszubringen. Die erste war 'Prima Ballerina' (1957), dann kamen in schneller Folge so bedeutende Sorten wie 'Super Star' (1960), 'Mainzer Fastnacht' (1964), 'Whisky' (1967) und 'Herzog von Windsor' (1969). Ist es nötig, noch mehr zu sagen, wo diese Rosen doch schon für sich selbst sprechen? Seine letzte Neueinführung, die ausgezeichnete weiße 'Polarstern' wurde von den Rosenschülern in Großbritannien zur „Rose des Jahres" 1985 gewählt.

Generalagent für Tantau-Rosen in Großbritannien war in den 60er Jahren die Firma Wheatcroft in Nottingham. Das sicherte ihnen einen stürmischen Erfolg. Es gab keinen besseren Promoter als den beeindruckenden Harry Wheatcroft, der allein durch seine Persönlichkeit Millionen von Rosen verkaufte. Wo immer Harry Wheatcroft hinkam, zog er die Aufmerksamkeit auf sich, und er brachte es dazu, daß sein Name zum Synonym für Rosen wurde.

Die große Zahl an Sorten läßt es nicht zu, mehr als nur ein paar der ganz bedeutenden Teehybriden, die im 20. Jahrhundert gezüchtet wurden, zu erwähnen. Ich konnte nur einen flüchtigen Blick auf die Arbeit der anderen werfen, die dahinter stehen. Aber es wäre falsch anzunehmen, daß nur die bisher erwähnten zu den besten Rosen zählen, und es wäre ebenso falsch, andere Regionen der Welt völlig zu übergehen. Die modernen Rosen wären um vieles ärmer ohne solch bedeutende Beiträge wie die von Pedro Dot in Spanien mit 'Condesa de Sastago' (1932) und 'Angels Mateu' (1934), Louis Lens in Belgien mit (u.a.) 'Pascali' (1963), Verschuren in Holland, der uns die schöne und sehr beliebte 'Etoile de Hollande' (1919) schenkte sowie Jan Spek (ebenfalls in Holland) mit 'Spek's Yellow' (1948). Seit einigen Jahren arbeiten auch Japaner mit Rosen. Daß ihre Teehybriden in westlichen Gärten nur selten zu sehen sind, liegt meines Erachtens nicht daran, daß sie keine guten Sorten entwickelt hätten, sondern daß wir selbst so viele schöne haben. Ich könnte noch weitere aufzählen, denn wo immer Rosen kultiviert werden, wird die Teehybride verehrt. Immer werden Züchter an ihrer Vervollkommnung weiterarbeiten.

Die Bevölkerungsdichte und das Klima haben ebenso ihren Einfluß darauf, wo Rosen gezüchtet werden, wie der Handel mit Neuheiten. Manche Teile von Australien verfügen beispielsweise über ein zum Züchten ideales Klima. Ich kenne dort einige hochkarätige Rosenliebhaber und Rosenschüler; aber es verwundert nicht, daß sie das Züchten von Rosen – in einem so riesigen Land mit einem vergleichsweise kleinen Markt – niemals ernsthaft als Erwerbsberuf angesehen haben, von dem man leben könnte. Trotzdem kann ich mir keinen günstigeren Ort vorstellen, um damit anzufangen.

Gemessen an den bisher erwähnten Rosen ist mein eigener Beitrag zu den Teehybriden unbedeutend. Meine erste war 'Pinta' 1973, mit kleinen, schön geformten, crèmeweißen Blüten und einem Rubiginosaduft. Sie war eine große Überraschung, denn ich hatte damals eine rote Rose züchten wollen. 'Royal

'Herzog von Windsor', eine stark duftende Teehybride des deutschen Züchters Tantau

Smile' folgte 1980, weiß bis zartrosa, ebenfalls mit einem sehr kräftigen Duft. Während der jüngsten Winter erwies sie sich nicht als so winterhart, wie ich es mir gewünscht hatte; sie ist aber wunderschön, und in milderen Regionen gedeiht sie gut. Etwas unbescheiden bezeichne ich 'Anna Pavlova' (1981) als meine liebste Teehybride, obwohl sie eine Züchtung von mir selbst ist. Da ich wußte, daß diese Rose nur zögerlich blüht, habe ich sie mehrere Jahre in meinen Versuchsbeeten zurückgehalten, ohne sie in den Handel zu bringen, hatte aber auch nie den Mut, sie auszusortieren. Eines Tages entdeckte sie mein guter Freund Keith Money, der damals an seiner Biographie der Pavlova arbeitete. Er fühlte sich zu

'Pinta', eine Rose von Peter Beales; sie hat den charakteristischen Rubiginosaduft

der Rose hingezogen, und durch monatelange pure Hartnäckigkeit überredete er mich dazu, ihr den Namen 'Anna Pavlova' zu geben. Da er sie getauft hatte, bat ich ihn, den Text für unseren Katalog zu verfassen. Er schrieb:

> Einen besonderen Charme haben die gefüllten Blüten in pudrigem Rosa mit leicht gefransten Blütenblättern, die sich von den seltsam runden Blättern in dunkelstem Grün abheben. Es ist beinahe schon ein Witz: die Beschreibung, die ihr am besten gerecht wird, ist die Vorstellung von einem Picknick aus frischem Obstsalat mit türkischem Konfekt, serviert unter einem blühenden Weißdorn.

Mir ist bewußt, daß die Rose ohne Keith Moneys Hartnäckigkeit immer noch namenlos wäre.

Hier in England bringt sie keine größere Anzahl von Blüten hervor, aber zu meiner großen Freude und völlig unerwartet flatterte mir 1985 eines Tages ein Telegramm auf den Tisch. Es enthielt die Nachricht, 'Anna Pavlova' sei bei einer Rosenprüfung in Genua in Italien mit einer Silbermedaille ausgezeichnet worden, vor allem weil sie so reich blühe. Daß diese „Dame" aber in wärmeren Klimazonen viel besser „tanzt" als im frostigen Norfolk, das dämmerte mir, trotz der Auszeichnung, erst, als ich sie auf der Rosenschule von Deane Ross in Südaustralien in voller Blüte stehen sah.

'Anna Pavlova', in wunderschönem weichen Zartrosa, hat einen überwältigenden Duft

Die Floribundarosen

Eine Welt ohne Rosen kann man sich nur schwer vorstellen, aber ohne die Floribundarosen, die uns heute so selbstverständlich erscheinen, wäre sie sehr viel ärmer. Einzelne Teehybriden würden sich ganz gut als Beetrosen eignen, aber nur wenige könnten hinsichtlich langandauernder Farbenpracht und Blühfreudigkeit mit gut gewachsenen Floribundarosen wetteifern.

Die Abstammung und die frühe Entwicklung der „büschelblütigen Rosen" wurden bereits kurz erwähnt. Es ist nicht erforderlich, darauf hier nochmals einzugehen, zumal ich bezweifle, daß jene frühen Züchter auch nur die geringste Vorstellung davon hatten, wie bedeutsam und weitreichend sich die Zufallsergebnisse ihrer Kreuzungen erweisen würden. Es sollte genügen zu sagen, daß von dem Augenblick an, da das Erbgut von *Rosa moschata* und von *Rosa multiflora* mit dem von *Rosa chinensis* zusammengebracht wurde, der Fortschritt dieses Typs Rose bereits gewährleistet war. Bedenkt man die Neugier der Rosenliebhaber, so war das, was folgte, natürlich unvermeidlich. Kein Züchter, wie stark er sich den kohlkopfförmigen Rosen auch immer verpflichtet fühlen mag, könnte der Versuchung widerstehen, sie mit büschelblütigen Rosen zu kreuzen.

Die frühen Polypomponrosen, wie sie genannt wurden, bildeten eine sehr gemischte Gruppe. Gemeinsam war ihnen, daß in einem Blütenstand jeweils

Rosa multiflora, eine der Wildrosen, aus denen die Floribundarosen entstanden sind

mehrere Blüten in einem Büschel zusammenstehen; aber in der Größe und Form der Blüte sowie im Wuchs waren sie unterschiedlich. Erst zu Beginn des 20. Jahrhunderts war die Herausbildung einheitlicher abweichender Merkmale genügend ausgeprägt, um die Zusammenfassung in einer Splittergruppe, den Zwerg-Polyantharosen, zu rechtfertigen. Ich habe diese kleine Gruppe sehr gern. Diese Rosen sind anpassungsfähig und bereiten nie Probleme (ausgenommen gelegentlicher Befall von Mehltau, was ich ihnen aber nachsehe). Zwischen den Weltkriegen waren sie zu Recht beliebt; es wurden viele neue Sorten herausgebracht.

Winterhärte ist ein Merkmal der Zwerg-Polyantharosen, was besonders für Nordeuropa und Skandinavien von Bedeutung ist, wo die Winter so kalt sind, daß viele Rosen mit großen Blüten nur mit erheblichem Pflegeaufwand gedeihen. Es war deshalb durchaus angemessen, ja vorhersehbar, daß ausgerechnet ein dänischer Züchter als erster Zwerg-Polyantharosen mit Rosen anderer Klassen kreuzte, nämlich Dines Poulsen, der einer Familie von Rosenschülern entstammte und eine Rosenschule in Kvistgarrd betrieb. Als weibliche Elternsorte verwendete er die Polyantharose 'Mme Norbert Levavasseur'. Als erstes kreuzte er sie mit der Ramblerrose 'Dorothy Perkins'. Das Ergebnis war eine rosarote Rose, der er den Namen 'Ellen Poulsen' gab. Sie war niedrig im Wuchs und büschelblütig wie ihre Elternsorte, aber von den bisherigen Polyanthasorten kaum zu unterscheiden. Trotzdem erwies es sich als lohnend, sie in den Handel zu bringen. Sie war, wie er vermutet hatte, sehr winterhart. Dann brachte er die Rose 'Rödhätte' („Rotkäppchen") heraus, indem er dieselbe weibliche Elternsorte verwendete, sie nun aber mit der Teehybride 'Richmond' kreuzte. Auch sie erwies

'Chinatown', eine schöne, dicht gefüllte Floribundarose des dänischen Züchters Poulsen

'Dusky Maiden', von Edward LeGrice; eine der ersten duftenden Floribundarosen

sich als sehr winterhart, war aber im Wuchs – im Gegensatz zu ihrer Halbschwester 'Ellen Poulsen' – viel weniger einer Polyantharose ähnlich.

Nach dieser Grundlagenarbeit übernahm der Bruder von Dines Poulsen, Svend, die Verantwortung für das Züchten, und indem er die Zwerg-Polyantharose 'Orléans Rose' als „Mutter" und die Teehybride 'Opa Pötschke' als „Vater" verwendete, erzielte er zwei hervorragende Sämlinge. Er führte die beiden Sorten 1924 ein – die eine, rosa und halbgefüllt, als 'Else Poulsen', die andere, rot und einfach, als 'Kirsten Poulsen'. Beide hatten im Vergleich zu Polyantharosen größere Blüten und einen höheren Wuchs; die Blüten standen aber, wie bei der weiblichen Elternsorte, in großen Büscheln zusammen. Außerdem blühten sie kontinuierlich den ganzen Sommer über, während die meisten der damaligen Teehybriden zwischen dem ersten Blütenflor im Juni/Juli und dem zweiten im September eine Pause einlegten. Es stellte sich heraus, daß diese beiden aufregenden neuen Rosen aus genetischen Gründen, auf die wir hier nicht näher eingehen müssen, fast steril waren und sich nur schwer zur Züchtung verwenden ließen. Aber Beharrlichkeit und Geduld zahlten sich aus, und aus dem Poulsen-Stall gingen schließlich weitere ähnliche Sorten hervor. Die berühmteste ist vielleicht die reizende 'Karen Poulsen' (1932). Die Rosen wurden als „Poulsen-Rosen" bekannt und sehr beliebt; sie waren bald auf der ganzen Welt verbreitet. Vielleicht nicht ganz so bekannt, aber sogar noch bedeutender war 'Poulsen's Yellow' (1939), denn diese führte erstmalig das Gelb in die Farbskala der niedrigen büschelblütigen Rosen ein. Die schöne Strauchrose 'Chinatown' (1963) halte ich für die beste Rose, die die Familie Poulsen jemals hervorgebracht hat.

Nichts ist so erfolgreich wie der Erfolg, deshalb folgten bald andere Züchter der „Poulsen-Schule", indem sie mit ähnlichen Rosen arbeiteten. Natürlich konnten diese Rosen von dem Augenblick an, da andere sich einschalteten, kaum mehr „Poulsen-Rosen" genannt werden. Nach einigem Hin und Her entschieden die maßgeblichen Gremien, daß alle diese Rosen unter der neuen Bezeichnung Polyantha-Hybriden zusammengefaßt werden sollten. Unter dieser Bezeichnung blieben sie zwei Jahrzehnte lang bekannt. Aber der Fortschritt mit ihnen war so groß, daß sie zu Anfang der 50er Jahre mit gutem Recht (wegen der Größe der Blüten, der erweiterten Farbskala und der Wuchsform) in Floribundarosen umbenannt wurden. Ich kann mich an diese Namensänderung noch gut erinnern, denn es war 1951, als ich bei der Firma E.B. LeGrice als Lehrling begann. Es gab schon zwei weitere Mitarbeiter mit Namen Peter. Um uns besser einteilen zu können, gab mir der Vorarbeiter gleich an meinem ersten Tag – sehr zu meinem Schrecken – den Namen „Floribunda". Glücklicherweise blieb dieser Spitzname nicht auf Dauer an mir haften, sonst hätte ich mich als empfindsamer Mensch, der ich bin, womöglich auf immer von den Rosen abgewandt.

Es stellte sich schließlich heraus, daß die Floribundarosen in meinem Berufsleben eine bedeutende Rolle spielen sollten, denn mein Chef, Edward LeGrice, hatte damals schon seit einigen Jahren und mit Erfolg Rosen dieser Klasse gezüchtet. 'Dainty Maid', eine reizende Sorte mit einfachen rosa Blüten, war 1940 seine erste. Es folgte 1947 'Dusky Maiden', auf die er besonders stolz war. Sein Stolz war durchaus berechtigt, denn sie war nicht nur eine sehr schöne Rose, sondern auch duftend, ein Beweis dafür, daß die schwer zu fassende Eigenschaft

Oben: 'Ripples', eine Sorte mit bemerkenswerter Farbe, wie bei vielen Rosen von LeGrice
Rechts: 'Allgold', das Meisterstück von Edward LeGrice; eine Rose, die ihrer Zeit weit voraus war

„Duft“ schließlich doch in die Floribundarosen kommen würde. Edward Burton LeGrice war eine großartige Persönlichkeit. Ich hatte das Privileg, ihm einige Jahre lang zur Hand gehen zu dürfen, während er liebevoll seine Rosen züchtete. Er sprach dabei ständig und ließ mein neugieriges Ohr an allem teilhaben, wovon ich heute weiß, daß es sein einzigartiges Wissen um die Rosen gewesen ist.

Nachdem ich zwei Jahre lang die Etiketten für jede seiner Kreuzungen geschrieben hatte, unterwies er mich darin, die Blüten, die er bestäuben wollte, vorzubereiten. Jeden Morgen gab er mir eine Liste der Rosen, die er ausgewählt hatte. Wenig später ging er dann, ein Liedchen summend, daran, den Pollen auf die vorbereiteten Blüten aufzubringen, um seine sorgfältig ausgedachten Kreuzungen vorzunehmen. Gerade während der Zeit, als ich in den frühen 50er Jahren sein „Etikettenjunge“ war, leistete er grundlegende Arbeit für einige seiner Rosen mit ausgefallenen Farben, die er zwischen den 50er und den frühen 70er Jahren züchtete. Um diese Farben zu erzielen, verwendete er die ganze Palette purpurfarbener und dunkelroter *Gallica*-Rosen, vor allem solche, die reichlich Pollen produzierten, wie 'Tuscany Superb', woraus einige Sämlinge mit ausgefallenem Farbton entstanden, aber auch einige wunderschöne Rosen, beispielsweise 'Lilac Charm' (1952), 'News' (1968) und 'Ripples' (1971). Bei seinen Versuchen mit ausgefallenen Farben mußte ich stets die schrecklich langen Namen schreiben ...

Als ich in seiner Rosenschule in North Walsham anfing, gab es erst wenige Pflanzen der Sorte 'Allgold', seinem Meisterstück. Sie hatte als Sämling erst zwei Jahre zuvor erstmalig geblüht. Er wußte damals schon, daß diese Rose, wenn sie den harten Prüfungen würde standhalten können, ein Renner werden würde, und ich erinnere mich an die vielen Stunden, die ich damit verbrachte, junge Pflänzchen dieser Sorte zu schneiden, die dann in die ganze Welt verschickt wurden. 'Allgold' war ihrer Zeit einige Jahre voraus. Es ist eine bittere Ironie des Schicksals, daß ausgerechnet der Mann, der in Großbritannien als erster vorschlug, die Rechte der Züchter zu schützen, so geringen Ertrag aus der Züchtung der ersten dunkelgelben Floribundarose zog. Ich war auf 'Allgold' immer besonders stolz, wahrscheinlich auch deshalb, weil ich in ihrer Frühzeit ein kleines bißchen mitgewirkt habe, mehr aber hoffentlich, weil es ein ständig gegenwärtiges Andenken an die Persönlichkeit ist, die mich viel über das Leben gelehrt hat und ihre tiefe Liebe zu den Rosen an mich weitergab. Zu meiner großen Freude wählte meine Frau Joan 1961 Blüten von 'Allgold' für ihren Hochzeitsstrauß. Ein Jahr nachdem 'Allgold' 1956 eingeführt worden war, mußte ich die Rosenschule von LeGrice verlassen, weil ich zum Militärdienst eingezogen wurde. Nach Ablauf meines zweijährigen Militärdienstes hätte ich bei ihm wieder anfangen können, aber auf Anraten von Edward LeGrice entschied ich mich dafür, meinen Weg allein zu gehen. Wäre ich zu ihm zurückgekehrt, hätte ich viel mehr über Rosen gelernt, als ich so jemals wissen werde. „Vater", wie er von seinen Mitarbeitern liebevoll genannt wurde, starb 1977. Meine Welt, und die vieler anderer, war danach ärmer, aber die Welt insgesamt war durch seine Rosen reicher geworden.

Eine weitere Erinnerung an meine Zeit in North Walsham bezieht sich auf die vielen bedeutenden Rosenfachleute aus der ganzen Welt, die Edward LeGrice besuchten. Einer dieser Experten war der Amerikaner Eugene Boerner, der für Jackson & Perkins züchtete. Er arbeitete ebenfalls mit Floribundarosen, und das mit großem Erfolg. Jackson & Perkins investierte viel in das Züchten von Rosen. Es leuchtet ein, daß die Wahrscheinlichkeit, einen Renner zu züchten, um so größer ist, je mehr Kreuzungen jemand durchführen kann. Das mag vielleicht etwas geringschätzig klingen, ist aber nicht so gemeint, denn ohne die umfangreichen Züchtungsprogramme von Eugene Boerner sowie von Jackson & Perkins wäre es nie zu solch großartigen Floribundarosen wie 'Goldilocks' (1945), 'Lavender Pinocchio' (1948), 'Fashion' und 'Masquerade' (1949), 'Ma Perkins' (1952) oder 'Jiminy Cricket' (1954) gekommen.

Jackson & Perkins waren die Wegbereiter, aber auch andere amerikanische Züchter brachten in den 50er und 60er Jahren sehr gute Floribundarosen heraus. Herbert Swim steuerte die farbenfrohe 'Circus' (1956) bei und ließ ihr, neben vielen anderen, eine weitere folgen, die als die beste rosafarbene Floribundarose angesehen werden muß, die jemals gezüchtet wurde: 'Pink Parfait' (1960). Beide wurden durch die Baumschule Armstrong in Kalifornien in den Handel gebracht.

Gordon Von Abrams schenkte uns die reizende 'Golden Slippers', eingeführt von Peterson & Dering. Eine der besten jemals gezüchteten Floribundarosen wurde 1954 von Dr. E. Lammerts in Kalifornien herausgebracht. 'Queen Elizabeth' (genau genommen: 'The Queen Elizabeth Rose') wurde in Großbritannien durch Harry Wheatcroft vertrieben und eroberte unser Land sofort im Sturm. In den USA gilt sie als *Grandiflora* – eine Bezeichnung, die dort verwendet wird, um die büschelblütigen Rosen mit großen Blüten und höherem Wuchs von den üblichen Floribundarosen abzugrenzen. In Großbritannien hat sich diese Bezeichnung nicht durchsetzen können, denn der Begriff wurde als botanisch irre-

'Ma Perkins', in den USA gezüchtet von Eugene Boerner für Jackson & Perkins

führend angesehen, weshalb sie, obwohl sie sich von den meisten anderen Floribundarosen unterscheidet, hier als solche angesehen wird. Ausgestattet mit gesundem Laub und mit Blüten höchster Qualität, unempfindlich gegen jegliche Witterungseinflüsse und gut als Schnittrose geeignet, mußte diese Rose viele Freunde gewinnen. Es war nicht sofort klar, wie sie verwendet werden sollte, denn für eine Beetrose war sie zu hoch und als Strauchrose ihr Wuchs zu aufrecht. Ihre Einführung erfolgte jedoch zu einem Zeitpunkt, als Zierhecken in Mode gekommen waren, und sie erwies sich bald als eine der besten Rosen für Hecken. Für diesen Zweck wurde sie millionenfach auf der ganzen Welt verkauft. Ab und zu hat sie Abarten hervorgebracht. Besonders gut ist sie in Weiß; auch die blaßgelbe Sorte sieht recht gut aus, ist allerdings gelegentlich etwas weniger starkwüchsig. Bedenkt man jedoch, daß 'Queen Elizabeth' seit 1954 in großer Zahl vermehrt wurde, dann muß man einräumen, daß ähnliche Abarten zu anderen Zeiten an anderem Ort auftraten, die starkwüchsig sein könnten.

Um die beiden Floribunda-Spezialisten LeGrice und Boerner gedanklich zusammenzubringen, habe ich den Blick nach Amerika gewandt. Nun möchte ich mich wieder Großbritannien zuwenden: Auch andere Männer neben LeGrice brachten hervorragende Floribundarosen hervor. Der angesehene Amateurzüchter Albert Norman schenkte uns die stachelige, aber kräftige 'Frensham' (1946). Außerdem züchtete er 'Red Dandy' (1959), eine Rose, die ich immer sehr gemocht habe, die nun aber, so scheint es, für immer verschwunden ist. Interessanterweise stammen alle roten Normanrosen, die ich kenne, von der berühmten Kordes-Teehybride 'Crimson Glory' ab. Weniger gewaltig, was die Zahl angeht,

'Dearest', eine duftende Floribundarose von Dickson in Nordirland; *rechts:* 'Frensham' von dem Amateurzüchter Albert Norman

aber durchaus erfolgreich, war Herbert Robinson. Er züchtete unter anderem die Rose 'Highlight', wofür er 'Kordes Sondermeldung' verwendete. 'Highlight' war nicht besonders erfolgreich; sie verdient aber wegen ihrer Rolle als Pollenlieferant für McGredys berühmte 'Elizabeth of Glamis' trotzdem Erwähnung.

1967 brachte Jack Harkness seine erste Floribundarose heraus ('Escapade'). Vielleicht liegt es an meiner Vorliebe für dezente Farben, daß ich diese Rose und die intensiv duftende 'Margaret Merril' für seine besten Floribundasorten halte. Die sehr passend benannte 'Yesterday' (1974) ist ebenfalls sehr gut, wird aber meist zu den Strauchrosen gezählt. Von seinen Rosen mit leuchtenderen Farben sind 'Mountbatten' (1982; man rechnet sie ebenfalls besser zu den Strauchrosen) und 'Amber Queen' (1984) besonders schön.

Alex Cocker hat sich nicht ausschließlich mit Teehybriden beschäftigt. Von ihm stammen einige sehr gute Floribundarosen; die bekanntesten davon sind 'Anne Cocker' (1970) und 'Glenfiddich' (1976). Eine weitere sehr gute Floribundasorte, die ich sehr hoch einstufe, ist 'English Miss' (1977) von Cants in Colchester.

Vor dem Zweiten Weltkrieg hatte sich die Rosenschule Dickson in Nordirland einen Ruf mit Teehybriden erworben. Aber schon bald nach dem Krieg meldete sie sich mit einigen angesehenen Floribundarosen zurück. Die ersten beiden waren zwei Sorten mit leuchtenden Farben, 'Shepherd's Delight' (1956) und 'Dickson's Flame' (1958), denen schon bald darauf die hervorragende 'Dearest' (1960) folgte. Von den 135 Floribundasorten, die in der neuesten Ausgabe des Rosenführers der Royal National Rose Society aufgeführt sind, stammen nicht weniger als 17 von Pat Dickson. Darunter sind so bekannte Sorten wie 'Scarlet Queen Elizabeth' (1963) und 'Sea Pearl' (1964). In den 80er Jahren erhielten Rosen von Dickson von der British Rose Trades Association dreimal die Auszeichnung „Rose des Jahres“: 'Beautiful Britain' 1983, 'Gentle Touch' 1986 und 'Sweet Magic' 1988; die beiden letzteren gehören allerdings eher zu der neu aufgekommenen Gruppe der „Patiorosen“. Von dem anderen berühmten Iren, Sam McGredy, sind in dem RNRS-Führer 24 Floribundasorten enthalten. Die zartfarbene 'Chanelle' ist eine der schönsten; ebenfalls gut ist die leuchtendere und robuste 'Orangeade' (beide 1959). Seine bekannteste Sorte ist wohl die 'Elizabeth of Glamis' (1964), benannt nach Ihrer Majestät, der Königin Elisabeth – eine

'Elizabeth of Glamis' (von Sam McGredy) hat großartig geformte Blüten

'Escapade', eine der ersten Floribundarosen von Harkness; *rechts:* die zartfarbene 'Chanelle' von McGredy

wunderschöne Rose, die sehr gut gedeiht, wenn milde Winter es ihr erlauben, etwas älteres Holz zu bilden. Die erste seiner „handgemalten" Rosen, die passend benannte 'Picasso' (1971), wurde von McGredy kurz vor seiner Umsiedlung nach Neuseeland auf den Markt gebracht. Sein Bestand an Zuchtrosen scheint durch den Umzug freilich nicht gelitten zu haben, denn er brachte kontinuierlich neue, lohnende Sorten heraus, darunter auch 'Old Master' (1974) und 'Sue Lawley' (1980).

Von den französischen Züchtern kam nach ihren frühen Arbeiten mit den Polypompon- und den Polyantharosen sowie nach einigen hektischen Aktivitäten um die Jahrhundertwende mit Sorten wie Guillots schöner 'Irène Watts' (1896) und Turbats 'Yvonne Rabier' (1910) bis nach dem Zweiten Weltkrieg nichts von wirklicher Bedeutung. Aber dann waren sie keinesfalls untätig, und wieder, wie bei den Teehybriden, war die Familie Meilland wegweisend. Es gibt wohl nichts, was einem Erfinder eine größere Enttäuschung bereitet, als ein Produkt zu besitzen, das sich nicht verkauft. Da in den meisten Ländern für Pflanzen der Sortenschutz besteht, und da Floribundarosen für großflächige Anpflanzungen durch Gartenämter sehr gefragt waren, gingen die Meillands daran, solche Rosen in großem Stil zu züchten und zu verkaufen. Sie bauten ein weltweites Netz von Filialen auf, die sie nicht nur mit hervorragendem Material für die Öffentlichkeitsarbeit und für Aktivitäten der Verkaufsförderung ausstatteten, sondern auch mit einer Serie hochwertiger neuer Sorten für den Verkauf. Heute konzentrieren sich die Meillands indessen mehr und mehr auf das Züchten der modischen Bodendeckerrosen. Von den vielen Floribundarosen, die sie im Laufe der Jahre herausbrachten, schätze ich besonders 'Zambra' (1961), 'Frenzy' ('Prince Igor', 1970) und 'Poppy Flash' ('Rusticana', 1971). Darüber hinaus gefällt mir noch eine andere französische Sorte, die 'Centenaire de Lourdes' (1958). Diese sehr schöne Rose stammt nicht von Meilland, sondern von Delbard Chabert und ist ein Sämling von 'Frau Karl Druschki'; aber sie hat leider nicht die Winterhärte der Elternsorte geerbt.

'Picasso', die erste der „handgemalten" Rosen von Sam McGredy

Die Firma de Ruiter in Holland brachte Anfang des 20. Jahrhunderts eine stattliche Anzahl von Zwerg-Polyantharosen heraus, denen sie viel später einige sehr gute Floribundarosen folgen ließ. Davon gefällt mir die schön geformte 'Rosemary Rose' (1954) besonders gut. Auch 'Sweet Repose' ('The Optimist', 1955) ist schön, heute aber nur noch selten zu sehen. Von den de Ruiter-Rosen am besten bekannt ist wohl 'Orange Sensation' (1961). Eine weitere erstklassige Rose aus Holland, die sich gut gehalten hat, ist 'Mevrouw Nathalie Nypels' (1919); sie wurde von Leenders gezüchtet und ist heute eher als 'Nathalie Nypels' bekannt. Ein Deutscher namens Geduldig züchtete die wunderschöne, reichblühende 'Gruß an Aachen' (1909), die ihrer Zeit weit voraus war. Sie wurde zunächst zu den Polypomponrosen gezählt, reiht sich heute aber gut in die modernen Floribundarosen ein.

Wilhelm Kordes war sich der Arbeiten der Poulsens in den 20er und 30er Jahren wohl bewußt. Ihm war klar, daß alles, was sie unternahmen, auch er tun konnte – vielleicht dies sogar besser. Das soll nicht heißen, daß er unseriös gewesen sei. Rosenzüchter auf der ganzen Welt arbeiten mit den Ergebnissen anderer und machen sich deshalb deren Ideen zu eigen. Poulsen selbst hatte bekanntlich die Rosen anderer Züchter verwenden müssen, um mit seinen eigenen Arbeiten beginnen zu können. Schon vor dem Krieg hatte Kordes ein oder zwei gute Polyantha-Hybriden gezüchtet, von denen eine, 'Rosenelfe' (1939), schon deutlich die weitere Entwicklung aufzeigte. Sie war ein Abkömmling von 'Else Poulsen', was (wenn man bedenkt, daß diese Sorte nicht besonders fruchtbar ist) bereits an sich schon eine Leistung darstellt. Die männliche Elternsorte war eine

'Centenaire de Lourdes' von Delbard-Chabert; *rechts:* 'Orange Triumph', eine frühe Floribundarose von Kordes

'Nathalie Nypels', gezüchtet von Leenders in Holland, ist seit fast sechzig Jahren beliebt

farbenfrohe, dicht gefüllte Teehybride von McGredy ('Sir Basil McFarland'). Mit ihr bewies Kordes, daß die Zahl der Blütenblätter erhöht werden konnte, ohne daß die Größe der Blütenstände dabei leiden mußte. Seine anderen herausragenden Einführungen waren 'Rosenmärchen' (mit ihrer vermischten Abstammung von *Moschata*-Hybriden, Teehybriden und Zwerg-Polyantharosen, eine Rose, die sich im Stammbaum späterer Floribundasorten als von unschätzbarem Wert erwies) und 'Orange Triumph' (1937). Letztere ist mehr rot als orange, aber von einer unerreichten Robustheit und mit der Lebensdauer einer Eiche.

Der Wiederaufbau Deutschlands nach dem Zweiten Weltkrieg brachte eine große Nachfrage nach Rosen für die Landschaftsgestaltung mit sich. Da Kordes einen großen Teil Arbeit bereits geleistet hatte und eine Fülle an Züchtungsmaterial verfügbar war, konnte er sich bestens ausgerüstet fühlen, die Wünsche nach Floribundarosen zu erfüllen. Diese Rosen waren wie geschaffen dafür, der Landschaft im neu entstehenden Deutschland Farbe zu verleihen. 'Korona' (1955) war nur eine der bemerkenswerten, farbenfrohen Floribundarosen, die wie das Symbol für eine neue Zeit erschienen. Als Reimer Kordes 1956 den Betrieb von seinem Vater übernahm, tat er sich mit Floribundarosen hervor mit 'Schneewittchen' (sicher die beste ihrer Art, die jemals eingeführt wurde), gefolgt von 'Lilli Marleen' (1958) und 'Honigmond' (1960), 'Marlena' (1964) sowie seiner neuesten, der blutroten 'Mariandel'. Ich bin von dieser Rose etwas enttäuscht und ziehe ihr 'Lilli Marleen' immer noch vor.

Bei den vielen erfolgreichen Teehybriden aus dieser Rosenschule muß man sich wundern, daß Vater und Sohn Tantau es fertigbrachten, noch Zeit für „irgendetwas anderes" zu finden. Bedenkt man aber die Serie der Floribundarosen, die sie seit den späten 40er Jahren schufen, dann wird folgendes klar: Sie mußten erkannt haben, daß es durchaus lohnend war, sich mit diesen Rosen zu beschäftigen. Dem widerspricht nicht, daß heute einige Teehybriden und Floribundarosen dermaßen gekreuzt sind, daß das Ergebnis fast ein Zufall ist.

Wie Kordes war auch Mathias Tantau (Vater) die Arbeit der Poulsens in Dänemark wohl bekannt. Nebenbei hatte er sich – allerdings ohne sichtbaren Erfolg – bereits seit den 20er und 30er Jahren mit Floribundarosen befaßt. Das dauerte bis in die 40er Jahre. Anders nämlich als die Züchter in Großbritannien, waren die deutschen Kollegen nicht durch die Behörden gezwungen, ihre Züchtungsarbeit einzustellen. Durch die Verwendung von zwei Kordes-Rosen ('Rosenelfe' und 'Eva') gelang Tantau ein erster großer Wurf. Er kreuzte einen Sämling dieser beiden mit einer von ihm selbst gezüchteten roten Rose namens 'Heros', die von der berühmten holländischen 'Etoile de Hollande' abstammte. Das Ergebnis war eine Kreation, die er 'Garnette' (1951) nannte. Zusammen mit ihren verschiedenen Abarten und Hybriden ist sie für den Blumenhandel wegen ihrer Robustheit und der Haltbarkeit in der Vase auf der ganzen Welt immer noch eine der wichtigsten Rosen. Ich kann mir nicht vorstellen, daß Tantau, als er diese Kreuzung vornahm, wirklich beabsichtigte, eine Treibrose zu züchten. Ob geplant oder nicht, er hatte auf jeden Fall Glück, daß er ihre Eigenschaften erkannte, als er sie unter Glas zog. Denn im Freiland kultiviert, ist sie kaum einen zweiten Blick wert. Im Jahre 1971 brachte Mathias Tantau (Sohn) eine weitere erfolgreiche Treibrose heraus, die orangefarbene 'Belinda'. Seit den frühen

'Korona', eine Floribundarose in leuchtender Farbe aus der Kordes-Schule

'Paprika', eine gesunde, farbenfrohe Sorte aus der Tantau-Schule

Die angenehm duftende 'Norwich Union', die zweite Floribundarose von Peter Beales

50er Jahren züchtet und vermarktet die Firma Tantau eine Reihe erfolgreicher Floribundarosen. Ich erinnere mich gut an 'Schweizer Gruß' (1954) und an 'Anna Wheatcroft' (1958) – eine reizende, leuchtend lachsrote Rose, die ich selbst bei meinen ersten Züchtungsversuchen verwendete, allerdings ohne damit sonderlich erfolgreich zu sein. Ich erzielte mit ihr allerdings eine hübsche kleine lachsrote Rose namens 'Penelope Plummer' (1970), die erste, die ich überhaupt einführte. Sie entsprach leider nicht meinen Erwartungen, aber ich schätze sie immer noch als meine erste eigene. Weitere ausgezeichnete Floribundasorten aus dem Hause Tantau sind die starkwüchsige 'Paprika' (1958) und zwei sehr gute niedrige Sorten, 'Tip Top' (1963) und 'Topsi' (1971).

Da ich mir sehr wohl bewußt bin, daß meine bisherigen Erfolge als Rosenzüchter mir höchstens einen Platz am unteren Ende einer fiktiven Rangliste sichern, zögere ich, meinen eigenen Beitrag zu dem heute verfügbaren riesigen Angebot an Floribundarosen hier zu erwähnen. Neben meinen Hauptbeschäftigungen, dem Aufbau einer Sammlung historischer und klassischer Rosen sowie dem Betrieb meines Geschäfts, habe ich mich, vermutlich aus Achtung vor meinem früheren Lehrmeister Edward LeGrice, gelegentlich auch mit dem faszinierenden und zeitraubenden Züchten beschäftigt. Ich mache das übrigens auch heute noch, nun aber als Lehrer meiner Kinder, die eines Tages vielleicht erfolgreicher sein werden als ihr Vater. Wir haben heute jedoch die Suche nach Floribundarosen oder gar Teehybriden aufgegeben zugunsten anderer Entwicklungsrichtungen, aber in der Vergangenheit konzentrierte ich mich besonders auf die Floribundarosen.

Ich gebe zu, daß ich 'Penelope Plummer' nicht hätte in den Handel bringen sollen. Ich hatte sie sorgfältig geprüft, so dachte ich, aber sie entwickelte eine Anfälligkeit für Sternrußtau, was während der Prüfungen nicht aufgetreten war. Da ich noch nicht lange im Geschäft war, hat es mich damals wohl gedrängt, ein Zeichen zu setzen. Heute befällt mich Unwohlsein bei dem Gedanken an meine Naivität; denn in der Hoffnung, die Rose berühmt zu machen und mir Anerkennung zu verschaffen, gab ich ihr den Namen einer Schönheitskönigin. Aber eine Abbildung in der Lokalzeitung und ein paar Spötteleien waren am Ende alles, was dabei herauskam …

Die Markteinführung meiner nächsten Floribundarose verlief 1975 erheblich professioneller, denn sie wurde von einer Versicherungsgesellschaft gesponsort. Deren Public Relations Manager half mir sehr. Damals war ich in ziemlichen Geldnöten; ohne ihre Unterstützung hätte ich mein Geschäft kaum weiterbetreiben können – ganz zu schweigen von dem teuren Luxus des Rosenzüchtens. Für die Rose selbst war das vielleicht nicht so günstig, denn obwohl es sich um eine angesehene Gesellschaft handelte, paßte ihr Name doch wenig zu einer Rose. 'Norwich Union' ist eine niedrig wachsende Beetrose, die gut duftet. In Großbritannien hat sie keine weite Verbreitung gefunden, und anderswo ist sie wahrscheinlich unbekannt. Davon ausgenommen scheint Australien zu sein. Man hat mir berichtet, daß sie dort sehr beliebt ist. Andere Floribundarosen aus meiner Züchtung sind 'Norwich Castle' (1979), deren Farbe mit „Bitter"-Bier verglichen wurde, und die hohe 'Everest Double Fragrance' (1979). Von allen Floribunda-

'Norwich Castle' ist eine reichblühende Rose mit aufrechtem Wuchs

Die formschöne 'Lady Romsey' von Peter Beales

rosen, die ich kenne, hat diese Rose mit den intensivsten Duft. Ihre Farbe, ein Korallenrot, das sich im Verblühen zu einem zarten Blaßrosa verändert, sagt allerdings nicht jedem zu; mir gefällt sie freilich sehr. Meine neueste Floribundarose, 'Lady Romsey' (1985), niedrig im Wuchs und rahmweiß mit einem Hauch von Zartrosa, hat sehr schönes dunkelgrünes Laub. Ich liebe diese kleine Rose, aber wie bei allen Rosen werden andere einst über ihr Schicksal entscheiden.

Strauchrosen und Bodendecker

Zwar gibt es bei den meisten Pflanzenfamilien Größenunterschiede, bei keiner anderen Pflanzengattung aber sind die Unterschiede so groß wie bei der Gattung *Rosa*. Indem die Natur Abwechslung innerhalb einer Art bietet, legt sie den Spielraum fest, der dem Menschen gegeben ist, bestimmte Eigenschaften auszuschöpfen. Da die meisten Wildrosen hochwachsend und strauchförmig sind und die meisten der farbenfrohen Gartenrosen niedrig und strauchförmig, gibt es wohl kaum etwas Lohnenderes für einen Züchter, als Neues zu erforschen, was „dazwischenliegt", also Strauchrosen, und zwar breit oder hoch oder beides. Natürlich wirken sich häufig die Erbgesetze mit ihren dominanten oder rezessiven Faktoren aus, aber dadurch wird die Arbeit auch vielseitiger und interessanter; auch ist dafür gesorgt, daß der Züchter nicht arbeitslos wird.

Der heutige Trend in der Gartengestaltung geht in Richtung pflegeleichter Sträucher; und das wird in der absehbaren Zukunft wohl auch so bleiben. Vermutlich kann diese Anforderung von keiner anderen Pflanzengattung besser erfüllt werden als von den Rosen – genauer gesagt, von den Strauchrosen. Hinzu kommt, daß Rosen auch noch mehrmals blühen. Mehrere moderne Rosenzüchter erkannten diesen Trend lange vor mir, und es gibt bereits eine breite Auswahl an Rosen für eben diesen Zweck. Ich bin überzeugt, daß noch viele aufsehenerregende Neuheiten in Entwicklung sind.

Wie auch bei anderen Rosengruppen waren die Anfänge der Entwicklung mehr Zufall als Planung. Ich will deshalb auf das 19. Jahrhundert nicht näher eingehen. Nur so viel: Vor der Einführung der Teerosen und der China-Hybriden aus dem Fernen Osten waren die meisten Rosen aus Europa und dem Nahen Osten nach unserer heutigen Terminologie „Strauchrosen". Es gab ein oder zwei Ausnahmen, beispielsweise die Zwergzentifolien, aber im großen und ganzen waren die alten Zentifolien, Damaszener- und Albarosen hohe, locker aufgebaute Sträucher. Die *Gallica*-Rosen verfügten im allgemeinen über einen niedrigeren Wuchs, können aber nach unseren heutigen Maßstäben nur als Strauchrosen bezeichnet werden.

Was versteht man unter einer Strauchrose? Letztlich sind alle Rosen „Sträucher". Deshalb ist die Frage nach der Definition nur eine Frage des Sprachgebrauchs. Einige der größeren Rosen könnte man sogar als „Bäume" bezeichnen, aber unter einem Baum stellen wir uns meist etwas viel Größeres vor. Aber in der Vergangenheit wurden Rosen durchaus als Bäume bezeichnet, noch heute geschieht das gelegentlich. Das geht auf die Zeit zurück, als die durchschnittliche Gartenrose viel größer war als heute. Ich selbst halte mich einfach an die Verwendung der Rosen: Buschrosen sollten üblicherweise nicht höher werden als 1,20m; sie werden wegen ihres ordentlichen Wuchses üblicherweise als Beetrosen, zur Anpflanzung in Gruppen oder zur Randbepflanzung eingesetzt. Alle haben sie eine lange Blütezeit. Ausgewachsene Exemplare von Strauchrosen sind in der Regel höher; sie können einzeln als Solitärsträucher oder zu mehreren verwendet werden. Strauchrosen sind entweder einmalblühend oder sie blühen wiederholt bzw. kontinuierlich. Weil die Bourbonrosen und die Remontantrosen des 19. Jahrhunderts nur einen leichten Rückschnitt mögen, bezeichnet man sie wohl am besten als Strauchrosen. Die Portlandrosen sind zwar niedriger im Wuchs, da sie aber selten als Beetrosen verwendet werden, sollte man sie auch zu den Strauchrosen zählen.

Im 20. Jahrhundert haben sich die meisten Züchter vor allem mit Teehybriden und Floribundarosen befaßt. Dabei sind durchaus hin und wieder gute Strauchrosen entstanden. Einer gezielten und planvollen Züchtung von Strauchrosen hat sich aber höchstens eine Handvoll Züchter gewidmet. Einer von ihnen war Lord Penzance. Er arbeitete mit Rubiginosarosen und züchtete in den 90er Jahren des vergangenen Jahrhunderts davon nicht weniger als sechzehn. So sehr ich auch versucht bin, darauf näher einzugehen, möchte ich mich doch direkt den Züchtern zuwenden, die im 20. Jahrhundert mit Strauchrosen gearbeitet haben. Der erste und vielleicht bedeutendste war Joseph Pemberton – ein Geistlicher, der zum Rosenschüler wurde. Als er 1913 seine ersten Rosen herausbrach-

Strauchrosen lassen sich gut in einer Rabatte kombinieren

te, war er schon 61 Jahre. Er galt als anerkannter Rosenfachmann. Für seine Verdienste wurde er mit der Dean Hole Medaille ausgezeichnet und in das Amt des Präsidenten der National Rose Society gewählt. Er beteiligte sich außerdem eifrig an Rosenausstellungen. Es verwundert ein bißchen, daß er sich, als er mit dem Rosenzüchten anfing, den Strauchrosen zuwandte (und nicht den damals modernen Teehybriden). Wir sollten ihm allerdings dankbar dafür sein, daß er sich für ein für damalige Verhältnisse ungewöhnliches Züchtungsprogramm entschied. Denn immerhin kamen dabei nicht nur viele gute Strauchrosen heraus, sondern darüber hinaus eine neue Klasse von Rosen, die *Moschata*-Hybriden.

Gleich von Anfang an war offensichtlich, daß Pembertons Rosen anders waren; aber mangels einer anderen Bezeichnung wurden sie zunächst als Teehybriden eingeführt. Seine ersten Rosen erschienen 1913 auf dem Markt. Es waren 'Moonlight' (mit halbgefüllten weißen Blüten) und 'Danaë' (mit kleinen Blüten in zartem Primelgelb). Beide sind Strauchrosen, bei denen die Blüten an langen Trieben in Büscheln hervorgebracht werden. Wichtiger aber war, daß beide den ganzen Sommer über blühen und duften. Zur Züchtung dieser Rosen und vieler späterer Neuheiten verwendete Pemberton die büschelblütige Rose von buschigem Wuchs und mit langen Trieben namens 'Trier', die Lambert 1904 in Deutschland auf den Markt gebracht hatte. Er konnte auf den ersten Blick sehen, daß diese Rose in ihren Eigenschaften nicht zu weit von einer Polyantharose entfernt war, allerdings war sie viel höher im Wuchs. Vermutlich wußte er, daß 'Trier' der Sämling einer Rose aus Frankreich namens 'Aglaia' war, einer kletternden Polyantharose von 1896, deren Elternsorten *Rosa multiflora* und 'Rêve d'Or' (eine Noisetterose von 1869) waren. Es gibt keinerlei Anlaß, diese Abstammung anzuzweifeln, denn zu gewissen Zeiten im Jahr lassen sich deutliche Ähnlichkeiten zwischen der Urgroßelternsorte 'Rêve d'Or' und einigen von Pembertons *Moschata*-Hybriden erkennen. Offensichtlich erbten seine Rosen von diesen Vorfahren auch ihren Duft. Wer auch immer Pembertons Rosen die Bezeichnung *Moschata*-Hybriden gab, er hätte sie ebenso gut *Multiflora*-Hybriden nennen können. Aber da sich ihre Abstammung und ihr Duft über die Noisetterosen bis direkt zu *Rosa moschata* zurückführen lassen, ist „*Moschata*-Hybriden" ein durchaus passender und gerechtfertigter Sammelname. Die meisten Strauchrosen, die zwischen 1913 und seinem Tod 1926 aus seiner Züchtungsarbeit entstanden, zieren unsere Gärten auch heute noch. Die besten sind (in zeitlicher Reihenfolge) 'Pax' (1918), 'Prosperity' (1919), 'Vanity' (1920), 'Penelope' (1924) und die vielseitige 'Cornelia' (1925). Einige Fachleute rechnen 'Buff Beauty', die dreizehn Jahre nach seinem Tod eingeführt wurde, ebenfalls zu den Pembertonrosen. Ich erinnere mich vage an ein Gespräch mit Edward LeGrice. Es fand vor vielen Jahren statt, und wenn ich damals die Bedeutung des Gesprächs erkannt hätte, dann wäre ich ein aufmerksamer Zuhörer gewesen. Ich bin mir allerdings ziemlich sicher, daß er damals Pemberton als Züchter von 'Buff Beauty' nannte.

Nach Pembertons Tod begann einer seiner Gärtner, J. A. Bentall, damit, Rosen selbst zu vermehren und zu züchten. Er war dabei sehr erfolgreich. Im Jahre 1932 führte er 'The Fairy' ein und fünf Jahre später 'Ballerina'. Ohne daß ich Bentalls Erfolg schmälern möchte – es scheint doch, daß Joseph Pemberton

'Danaë', 1913 von Joseph Pemberton eingeführt

'Francesca', eine von Pembertons Rosen, denen man später die Bezeichnung *Moschata*-Hybriden gab

'Vanity' ist eine starkwüchsige *Moschata*-Hybride von Pemberton

nicht nur ein anerkannter Rosenzüchter war, sondern darüber hinaus auch ein sehr guter Lehrmeister.

Der andere Engländer, der sich in erster Linie mit Strauchrosen befaßt hat, ist David Austin. Er hat allerdings seine gesamte Arbeit innerhalb der letzten dreißig Jahre geleistet. Trotzdem hatte die erste Austinrose für die gesamte Rosenwelt große Bedeutung. Es war die hohe, starkwüchsige 'Constance Spry' (1961), fast eine Kletterrose. Dieses Gewächs ist die erste moderne Rose, die es mit ihrem Charme, Charakter und Duft fast mit den alten klassischen Rosen der Vergangenheit aufnehmen kann. Austin war damit aber noch nicht zufrieden. Obwohl 'Constance Spry' nicht nur ihm, sondern der ganzen Welt zeigte, daß es einen Markt für „reproduzierte Rosen" gibt, ist sie doch nur in Grenzen attraktiv, denn sie hat nur eine kurze Blütezeit. Austin entwickelte daraufhin ein planvolles Programm zur Kreuzung und Rückkreuzung alter Rosen (Damaszener- und *Gallica*-Rosen) mit modernen Teehybriden und Floribundarosen. Anfangs stellte sich der Erfolg nur zögerlich ein, aber allmählich wurde ihm bewußt, daß seine Überlegungen zu guten Ergebnissen führten. Seine nächste Rose, die 'Chianti' (1967), war nicht remontierend, aber die meisten, die danach in ständig steigender Anzahl folgten, waren zumindest öfter, wenn nicht sogar kontinuierlich blühend. Er gab seinen Schöpfungen die Sammelbezeichnung „Englische Rosen", und es besteht kaum Zweifel, daß viele von bleibendem Wert sind. Die meisten sind duftend und haben eine Größe, die sich leicht unterbringen läßt. Sie werden deshalb besonders für kleinere Gärten geschätzt, wo eine lange Blütezeit

'The Fairy', gezüchtet von J. A. Bentall, der viele Jahre lang mit Joseph Pemberton zusammenarbeitete

'Constance Spry', die erste moderne Rose, die mit den alten klassischen Rosen vergleichbar ist; sie hat einen myrrheähnlichen Duft

von Bedeutung ist. Von seinen Einführungen in den 70er Jahren gefallen mir die hohe 'Charles Austin' (1973) und 'Chaucer' (1970). In den 80er Jahren wurden so viele neue Sorten auf den Markt gebracht, daß es mir nicht möglich ist, sie alle angemessen zu beurteilen. Zwei allerdings sind mir als besonders schön und gesund aufgefallen: 'Mary Rose' und 'Graham Thomas'; beide wurden 1983 herausgebracht. Auch die ganz neue 'William Shakespeare' (1987) ist sehr vielversprechend. Wenn Austin den Markt nicht übersättigt, dürften seine Englischen Rosen eine große Zukunft haben.

Auch noch andere englische Züchter haben im 20. Jahrhundert gute Strauchrosen herausgebracht. Zwei wirklich bemerkenswerte Sorten sind die leuchtend scharlachrote 'Geranium' (1938), ein Sämling von *Rosa moyesii*, der im Garten der Royal Horticultural Society entstanden ist, und 'Helen Knight' (1964), ein Sämling von *Rosa ecae* von Frank Knight aus demselben Garten. Eine weitere Hybride von *Rosa ecae* ist 'Golden Chersonese' (1967), gezüchtet von E. F. Allen. Beide blühen im Frühling, sind einfach blühend und dunkelgelb. Eine gelbe einfachblühende Sorte dieses Typs ist 'Cantabrigiensis' (ein Zufallssämling, vermutlich von *Rosa hugonis*), der im Botanischen Garten der Universität Cambridge entstand (wahrscheinlich 1931). Während der letzten zehn Jahre sahen mehrere britische Züchter die Zahl der Einführungen flachwachsender Rosen als Maßstab ihres Erfolgs an. Jack Harkness beispielsweise züchtete einige mit 'The Fairy' und gab ihnen Namen wie 'Fairyland' (1980) und 'Fairy Damsel' (1981). Einen ungewöhnlichen Farbton hat seine bläulichkastanienfarbene 'Cardinal Hume' (1984).

'Graham Thomas', eine schöne, starkwüchsige, duftende moderne Strauchrose von David Austin

'Golden Chersonese', eine Hybride von *Rosa ecae*, die früh in der Saison verschwenderisch blüht

Die Firma Poulsen in Dänemark, die die Grundlagen für die Floribundarosen legte, befaßte sich in den letzten Jahren ebenfalls mit flachwachsenden Sorten. Von ihren Neueinführungen sind vor allem erwähnenswert: 'Pink Bells', 'Red Bells' und 'White Bells'; alle stammen von 1983 und sind dicht am Boden wachsende Sorten mit üppigem Laub. Pat Dickson brachte unter anderen eine sehr gute gelbe breitwüchsige Sorte namens 'Tall Story' (1984) hervor, die sich ausgezeichnet als Schnittrose eignen soll. Dennison Morey aus den USA bereicherte die Gruppe der flachwachsenden Rosen um 'Temple Bells' (1971), wobei er *Rosa wichuraiana* als Elternsorte wählte; diese Sorte wird auch als kletternde Zwergrose bezeichnet. Beiträge zur Gruppe der Strauchrosen gab es auch von Meilland in Frankreich. Erwähnenswert sind auch einige breitwüchsige Sorten, insbesondere 'Bonica 82' (1981), 'Swany' (1978) und 'Fiona' (1982).

Nur wenige Strauchrosen sind über den Atlantik nach Europa gekommen. Und von diesen haben nur einige wenige eine weite Verbreitung gefunden. Eine herausragende Sorte ist die *Rosa pimpinellifolia*-Hybride 'Golden Wings' (1956) von Roy Shepherd, die sich seit Jahren steigender Beliebtheit erfreut. Ich mag besonders 'Lafter' (1948), gezüchtet von Brownell; sie verdient eine weitere Verbreitung. Eine andere Strauchrose aus den USA, der dasselbe zu wünschen wäre, ist 'Eos' (1950) von Ruys. Eine prächtige Rose ist auch 'Aloha' (1949) von Boerner. Sie kann sich nicht ganz zur Kletterrose entscheiden, auf jeden Fall aber ist sie eine ausgezeichnete Strauchrose. Die *Rugosa*-Hybride 'Agnes' aus Kanada ist außergewöhnlich winterhart; sie wurde 1900 gezüchtet, aber erst 1922 auf den

Oben links: 'Bonica 82', eine flachwachsende Rose von Meilland in Frankreich
Unten links: Rosa stellata mirifica, die 'Sacramento-Rose' aus Mexiko
Oben rechts: 'Max Graf'; sie kam aus Nordamerika nach Europa
Unten rechts: 'Golden Wings', eine ausgezeichnete Hybride von *Rosa pimpinellifolia*

Markt gebracht. Sie ist eine der wenigen gelben *Rugosa*-Sorten. Schon aus diesem Grund wird sie immer ihre Liebhaber finden. Zwei andere Rosen aus Kanada, die sich im britischen Klima gut bewährt haben, sind 'Eddie's Crimson' (1956) und 'Eddie's Jewel' (1962). Beide sind Hybriden von *Rosa moyesii.*

Es kann kein Zweifel daran bestehen, daß eine der bedeutendsten Rosen, die je aus Amerika nach Europa kamen, die kriechende Strauchrose 'Max Graf' (1919) ist. Sie wurde von James H. Bowditch aus Connecticut „entdeckt" und benannt. Da es sich bei ihr um einen Findling handelt, kam es anfangs zu unterschiedlichen Auffassungen über ihre Abstammung. Heute wird sie allgemein als Kreuzung zwischen *Rosa wichuraiana* und *Rosa rugosa* angesehen. 'Max Graf' bildet nur sehr selten Samen aus, aber es hätte keinen geeigneteren Ort für eine einzelne Samenkapsel geben können als Deutschland, und zwar unter den Augen von Wilhelm Kordes. Weniger bedeutende Rosenkenner hätten bei einem solchen Anblick vielleicht die Augenbrauen hochgezogen, und das wäre es gewesen! Kordes aber säte die Samen aus und schuf eine neue Art, welcher später der Name *Rosa kordesii* gegeben wurde. Die Blüten seiner neuen Wildrose waren kaum von Bedeutung; die Haupteigenschaft bestand in ihrer Winterhärte. Und

Oben: Rosa × kordesii, eine neue Wildrose, gezüchtet von Kordes aus 'Max Graf'; sie erwies sich wegen der Winterhärte ihrer Abkömmlinge als wertvoll; *unten:* 'Fritz Nobis', eine gesunde, starkwüchsige Strauchrose

abermals hätte ein weniger aufmerksamer Züchter dies vielleicht lediglich als Zufall abgetan – nicht so Wilhelm Kordes. Für ihn waren sie durchaus fruchtbar; schließlich züchtete er mit ihnen gute winterharte Kletterrosen. Parallel zur Züchtung winterharter Sorten für das deutsche Klima verfolgte Kordes auch noch andere Entwicklungsrichtungen, wobei gute Strauchrosen entstanden: 'Fritz Nobis' (1940) ging aus der *Rubiginosa*-Hybride 'Magnifica' hervor; seine „Frühlings"-Sorten erzielte er mit *Rosa pimpinellifolia* und 'Scharlachglut' mit *Rosa gallica*. Reimer Kordes ist kürzlich daran gegangen, Bodendeckerrosen zu züchten. Zwei dieser Züchtungen, 'Immensee' und 'Weiße Immensee' (beide 1984), sind ganz hervorragend. Weitere Strauchrosen aus Deutschland sind Peter Lamberts 'Schneezwerg' (1912) und 'Mozart' (1937), eine der 'Ballerina' ähnliche Sorte.

Eine weitere wichtige Strauchrose ist 'Nevada' (1927) von Pedro Dot aus Spanien. Es handelt sich dabei um einen großartigen Blütenstrauch, vermutlich um eine *Rosa pimpinellifolia*-Hybride. Eine Form mit rosa Blüten wurde 1959 von Graham Thomas bei Hillings Nurseries entdeckt und 'Marguerite Hilling' benannt. Eigentlich hätte ich längst auch die herrliche 'Omar Khayyam' erwähnen müssen, den Damaszenersämling von der Grabstätte Edward Fitzgeralds in Suffolk. Sie wurde aus Samen gezogen, der vom Grabmal des Dichters stammte. Er wurde 1893 ausgesät, dic Sorte aber erst Jahre später auf den Markt gebracht.

Teehybriden und Floribundarosen aus Japan gibt es bei uns nur selten, für breitwüchsige Strauchrosen gilt diese Aussage nicht. Erwähnenswert ist die rosaweiße 'Nozomi' von Toru Onodera, einem Amateurzüchter. Nach Großbritannien kam sie 1968; heute ist sie fast überall dort zu finden, wo eine dichte, strauchförmige Bodendeckersorte gewünscht ist. Die vielen pflaumenfarbenen Triebe und das dichte Laub entschädigen für ihre kurze Blütezeit. Eine andere breitwüchsige Strauchrose aus Japan mit dichtem, aber hellgrünem Laub ist 'Ferdy' (1984), gezüchtet von Suzuki. Auch diese Sorte ist nur einmalblühend.

Zwar haben die meisten der in der freien Natur vorkommenden Rosen ihren Weg in unsere Gärten schon im letzten Jahrhundert gefunden, aber auch noch in den letzten achtzig Jahren wurden einige sehr gute Wildrosen (oder den Wildrosen nahestehende Sorten) entdeckt bzw. gezüchtet. Ihre Zahl ist zu groß, um jede hier würdigen zu können, aber zwei seien dennoch erwähnt: Zum einen *Rosa farreri persetosa*, genannt 'Threepenny Bit Rose', sie bildet einen vorzüglichen und sehr gut verwendbaren Strauch aus; diese Rose entstand aus Samen, den der Pflanzenjäger Farrer 1914 aus China schickte; zum anderen *Rosa stellata mirifica*, die 'Sacramento Rose'. Sie ist nicht leicht zu kultivieren, lohnt aber den Versuch; diese Rose kommt aus Nordmexiko und wurde 1916 eingeführt. Eine der reizendsten Wildrosen ist *Rosa primula*, die 'Incense Rose' ('Weihrauch-Rose'). Es handelt sich dabei um einen mittelgroßen Strauch, der dicht mit Stacheln besetzt ist. Ihrem wächsernen Laub entströmt – vor allem, wenn es zerdrückt wird – ein an Weihrauch erinnernder Duft. Die zarten einfachen Blüten sind blaß primelgelb. 'Micrugosa' *(Rosa × micrugosa)* ist sehr winterhart und hat eine lange Blütezeit, wird aber nur selten verwendet; ihre zartrosa Blüten sind glänzend und duften süß. Es gibt auch eine weiße Form, die ich sogar noch mehr schätze.

Wenn ich zu den Kreuzungen der ersten Generation übergehe, muß ich unbedingt eine sehr schöne Neueinführung erwähnen. Ich erhielt sie 1984 von Mrs

'Micrugosa Alba' hat eine besonders lange Blütezeit und hübsches Laub

Hazel Le Rougetel aus Liphook (Hampshire). Es ist eine Kreuzung aus *Rosa rugosa* und *Rosa nitida*. Sie hat nicht nur eine lange Blütezeit, den Blüten folgen auch hübsche Hagebutten. Besonders bemerkenswert ist ihr üppiges und farbenfrohes Herbstlaub. Sie wurde 1988 unter dem Namen 'Corylus' auf den Markt gebracht. Die meisten der guten *Rugosa*-Rosen waren gegen Ende des 19. Jahrhunderts eingeführt worden, einzelne aber sind auch danach noch entstanden. Die bemerkenswertesten davon sind 'Frau Dagmar Hastrup' ('Fru Dagmar Hartopp', 'Fru Dagmar Hastrup', 1914), 'Hansa' (1905) und 'Scabrosa', ein Findling der 50er Jahre (es heißt tatsächlich „Fru", nicht „Frau", denn der Name ist dänisch, und nicht deutsch).

Ich selbst habe bisher drei Strauchrosen eingeführt: 'James Mason' (1982), 'Sadler's Wells' (1983) und 'William and Mary' (1988). Die erste, eine dunkelrote, einmalblühende *Gallica*-Hybride, ist nach dem gleichnamigen Schauspieler benannt. Ich hatte bei einer Rosenausstellung mit seiner Frau gesprochen und gemeint, es wäre an der Zeit, daß eine Rose nach ihm benannt werde, denn ihren Namen trug bereits eine. Ich schickte dem Ehepaar ein Foto, das ihnen gefiel. Ordnungsgemäß ließ ich sie registrieren und sandte ihnen einige dieser Pflanzen in ihr Haus in der Schweiz. Sie blühten im Juni des folgenden Jahres, und James Mason schrieb mir, daß ihm die ersten Blüten sehr gefallen hätten. Einen Monat später starb er überraschend. Man muß wissen: James Mason hat Rosen sehr geliebt. Er war ein großer Schauspieler; so ist es angemessen, daß nach ihm auch eine außergewöhnliche Rose benannt ist. Leider ist sie dermaßen „außergewöhnlich", daß sie niemals die Verbreitung finden wird, die sie eigentlich verdient.

Ich erinnere mich noch gut an die Einführung meiner zweiten Strauchrose. Den Namen erhielt sie 1983 anläßlich der 300-Jahr-Feier des Sadler's Wells Balletts. Deren Public Relations Abteilung hatte vorgesehen, daß die Ballerina Lesley Collier unseren Stand auf der Chelsea Flower Show besuchen sollte, damit wir ihr ein Bouquet überreichen könnten. Die Regie sah vor, daß ich Miss Collier auf der Promenade vor dem Haupteingang empfangen und sie dann zu ihrer Rose geleiten sollte. Wir hatten uns noch nie gesehen, aber ich war mir sicher, daß ich eine Ballerina selbst in einer Menge erkennen würde. Als Erkennungszeichen war ausgemacht, daß jeder von uns eine Rose tragen sollte. Also fand ich mich rechtzeitig am Treffpunkt ein und wartete. Die Promenade war sehr belebt, doch nicht so, daß ich hätte befürchten müssen, wir würden uns verfehlen können – so dachte ich. Da erfolgte eine Durchsage: alle Besucher sollten das Ausstellungsgelände sofort verlassen. Einen Grund nannte der Ansager nicht, später stellte sich heraus, daß eine Terrororganisation die Polizei davon in in Kenntnis gesetzt hatte, daß zwischen den Blumen eine Bombe versteckt sei. Innerhalb von Minuten war die Promenade mit Tausenden von Menschen überfüllt. Sie standen Schulter an Schulter, aber schlimmer noch – viele trugen Rosen im Knopfloch. Meine Chancen, die Ballerina herauszufinden, waren gleich Null.

Nach etwa einer Stunde wurde der Alarm aufgehoben. Die Menge drängte zurück auf das Ausstellungsgelände. Ich glaubte mehrfach, die Ballerina erkannt zu haben, aber keine war Miss Collier. Zuletzt war ich einigermaßen frustriert und folgte den Nachzüglern auf das Ausstellungsgelände. Doch als ich wieder an

Viele Rosen haben attraktives Herbstlaub; hier ist 'Corylus' abgebildet, eine Kreuzung zwischen *Rosa rugosa* und *Rosa nitida* von Hazel Le Rougetel

'Sadler's Wells', eine moderne *Moschata*-Hybride, die die gesamte Saison hindurch blüht

unserem Stand eintraf, fragte mich ein aufgeregter Reporter, wo ich gewesen sei. Miss Collier war als eine der ersten wieder auf das Ausstellungsgelände gelangt und hatte sich mit einer Rose fotografieren lassen; dann sah sie sich auf dem übrigen Ausstellungsgelände um. Ich bin ihr auch später nie begegnet …

Meine dritte Strauchrose, aus dem Jahre 1988, sollte ebenfalls an ein dreihundertjähriges Jubiläum erinnern. Die Jahre 1688 und 1689 haben in der Geschichte Großbritanniens große Bedeutung: Damals kamen Wilhelm III. von Oranien und seine Frau Mary aus Holland, um die Nachfolge von Marys Vater, dem ungeliebten Jakob II., anzutreten und eine Zeit des Friedens sowie des Wohlstands im ganzen Königreich einzuleiten. Im Rahmen der Jubiläumsfeierlichkeiten wurde ich damals eingeladen, einer Rose den Namen 'William and Mary' zu geben. Um dem feierlichen Anlaß gerecht zu werden, sollte dafür eine Rose ausgewählt werden, die nicht nur eine verläßliche Gartenpflanze ist, sondern auch in einem Garten im England oder Holland der damaligen Zeit hätte stehen können. Wir wählten deshalb einen Sämling mit locker gefüllten, rosa-karmesinroten Blüten – ähnlich den Rosen, die man auf vielen Bildern des Barock findet. Wegen ihrer Größe kommt sie für kleinere Gärten kaum in Betracht, außer für einen Topf oder als niedrige Kletterrose; auch hat sie den Nachteil, daß ihre Blütezeit, an heutigen Maßstäben gemessen, sehr kurz ist. Ich wünschte sie mir etwas weniger starkwüchsig, aber für mich ist die Länge der Blütezeit niemals höher einzuschätzen als die Schönheit einer Rose; außerdem gilt: Bei solch einem geschichtsträchtigen Namen darf sie ruhig auch die damalige Zeit widerspiegeln.

'James Mason' ist eine duftende Strauchrose, die im Frühsommer überreichlich blüht

Zwergrosen und „Patiorosen“

Während meiner beruflichen Laufbahn, dabei oft zu meinem Bedauern, habe ich feststellen müssen, daß ich Pflanzen meide, deren Umgang schwierig erscheint; und ebenso schrecke ich vor jeglicher Form der Gartenarbeit zurück, die nicht mit dem Spaten zu vereinbaren ist. Da man unter Zwergrosen laut Definition nur solche versteht, die in jeder Hinsicht kleiner sind als andere, wäre es von mir falsch vorzugeben, alles über Zwergrosen zu wissen. Das soll nicht heißen, daß ich nicht im Laufe der Jahre einige dieser kleinen Charmeure näher kennengelernt hätte, auch nicht, daß sich diese Gruppe von Rosen immer erfolgreich meiner Bettlektüre entzogen hätte. Wie bei allen kleinen Dingen: Je mehr man von einer Sache weiß, um so faszinierender erscheint sie.

Es besteht große Unklarheit darüber, woher die erste Zwergrose kam. Es gibt verschiedene Theorien, von denen einige durchaus glaubwürdig sind oder gar naheliegen. Aber es gibt keine absolute Gewißheit, wie so oft in der unzulänglich dokumentierten Geschichte der Rose. Da aber so viele Hybriden, besonders die frühen, deutliche Merkmale von *Rosa chinensis* aufweisen, liegt die Vermutung nahe, daß die erste Zwergrose aus China kam.

Rosa chinensis ist eine Wildrose, die alles andere als beständig ist. Selbst bei ihren verschiedenen Gartenformen sind beträchtliche Unterschiede im Wuchs nicht ungewöhnlich; ‘Mutabilis’ beispielsweise ist ziemlich unberechenbar. Vor einigen Jahren erhielt ich aus China Samen der längst verloren geglaubten *Rosa chinensis* (und es ist immer noch nicht erwiesen, ob sie es wirklich ist), wobei alle Samen von derselben Pflanze stammten. Die Abkömmlinge zeigten beträchtliche Unterschiede, nicht nur in der Form und in der Höhe ihres Wuchses, sondern auch in der Farbe und Zahl der Blütenblätter. Natürlich müssen bei der Vermehrung aus Samen – gerade bei einer Wildrose – die Aktivitäten der chinesischen Bienen in Betracht gezogen werden. Es mag ein seltsamer Gedanke sein, aber sollte es nicht möglich sein, daß es Vorfahren dieser Bienen waren, die vor langer Zeit, sozusagen rein zufällig, *Rosa chinensis* bestäubten und die Verschmelzung der Gene auslösten, wodurch die eine Zwergform dieser Wildrose entstand? – eine Form, die, auf welchem Umweg auch immer, schließlich in die Hände von Züchtern gelangte und so der Ursprung der Zwergrosen wurde. Es gibt sie heute zwar nicht, aber gewiß hätte sie *Rosa chinensis minima* geheißen. Wir dürfen vermuten, daß sie über Mauritius zu uns kam, wo sie um 1810 von einem gewissen Robert Sweet aufgefunden wurde, wie der bekannte Botaniker Lindsey im Jahre 1920 berichtete.

Da ich den an ein Chamäleon erinnernden Wuchs der Chinarosen kenne, schaute ich mich kürzlich auf den Bermudas unter den dortigen Rosen nach den Spuren für eine Zwergform um. Die Bermudas haben das ideale Klima für eine hohe Langlebigkeit von Rosen. Auch war mir bekannt, daß viele China- und Teerosen etwa zu der Zeit, als *Rosa chinensis minima* existiert haben müßte, dort-

Oben: Rosa chinensis; diese besondere Form von *Rosa chinensis* habe ich 1983 aus China erhalten; *rechts:* 'Cramoisi Supérieur' ist auf den Bermudas unter dem Namen 'Agrippina' bekannt und dort die am weitesten verbreitete Rose

hin gelangt sind. Mir war auch bekannt, daß die Bermuda Rose Society all die Gartenrosen und dort heimisch gewordenen Wildrosen bewahrt hat.

Für diejenigen, die die geheimnisvollen Rosen der Bermudas nicht kennen, sei mir eine Abschweifung erlaubt: Ich war dorthin gereist, um an einer Konferenz teilzunehmen, und mir blieb nur sehr wenig Zeit, um nach Rosen Ausschau zu halten. Aber diejenigen, die ich sah (oder die mir gezeigt wurden), faszinierten mich. Es haute mich tatsächlich um, denn auf den Bermudas sind die Rosen anders; viele hatte ich noch nie gesehen. Eine Woche lang wimmelte die Insel von Rosenfachleuten, und es wurde viel diskutiert. Wer weiß, welch feine Veränderungen in Rosen vorgehen können, wenn sie das ganze Jahr über wachsen und blühen können, ohne jemals Frösten ausgesetzt zu sein? Können wir sie mit Rosen in weniger mildem Klima vergleichen, die in jedem Winter sechs Monate Pause einlegen? Von den Rosen, die ich bestimmen konnte, ist 'Cramoisi Supérieur' – auf den Bermudas heißt sie 'Agrippina' – sicherlich die gleiche wie bei uns in Europa, aber sie ist starkwüchsiger. Bei 'Archduc Charles' fielen mir kleine Unterschiede auf, in Europa hat diese Sorte weniger Blütenblätter, bei 'Safrano' ist es gerade umgekehrt. 'Slater's Crimson', von der ich leider kein Exemplar mehr besitze, hat nach meiner Erinnerung mehr Blütenblätter als die Form, die ich auf den Bermudas sah. Bei 'Sanguinea' sind zwar die Blüten identisch, aber auf den Bermudas wird sie 1,50m hoch, während diese Sorte bei mir nur 60cm mißt. Die Bermudaform von 'Anna Olivier' ist mit meinem Wuchs dieser Sorte identisch, aber ich bin überzeugt, dort wird sie ebenso falsch bezeichnet wie bei uns in England. Mit der Hilfe von Bill und Lorna Mercer gelang es mir, eine Verwechslung der beiden Sorten 'Maman Cochet' und 'White Maman Cochet' in meiner Rosenschule aufzuklären. Den Mercers verdanke ich übrigens auch, daß ich bezüglich 'Homère' und 'Mme de Tartas' ziemlich verunsichert heimkehrte.

Um zu etwas Positivem bei der Identifizierung einer der „geheimnisvollen" Rosen zu kommen – ich wage höchstens zu behaupten, daß die Bermudasorte 'Miss Atwood' meiner 'Arethusa' sehr ähnlich ist, obwohl sie höher wächst. So interessant eine richtige Bestimmung auch sein mag, ich vermute, daß viele

Bermudarosen ein Geheimnis bleiben werden, und daß jeder als mutig zu betrachten wäre, der es unternehmen wollte, die Sorten durch Vergleich mit heute verfügbaren Rosen zu bestimmen. Deshalb sollten die Bermudarosen, bis eindeutige Beweise gefunden werden, ihre reizenden Bermudanamen ('Smith's Parish', 'Trinity', 'St David's' oder 'Brightside Cream') behalten, und zwar nicht nur auf den Bermudas, sondern überall auf der Welt. Darüber hinaus sollten Vermutungen über die eigentlichen Namen nur aufgrund solider Beweise angestellt werden, und nicht aufgrund spärlicher Beschreibungen in Büchern oder Katalogen.

Wenn ich mir ganz sicher wäre, daß die Namen, unter denen wir alte Rosen kennen, wirklich diejenigen sind, die ihnen ihre Züchter gegeben haben, wäre ich vielleicht anderer Ansicht. Ich kam vor einigen Jahren zu dem Schluß, daß wir bei Rosen aus der Zeit vor 1920, die in unseren heutigen Katalogen aufgeführt werden, keinesfalls sicher sein können, ob der heutige Name mit dem ursprünglich vom Züchter festgelegten übereinstimmt – das bedrückte mich. Heute frage ich mich: vorausgesetzt, alle bieten die Sorte unter dem gleichen Namen an, und wenn feststeht, daß es sich um eine Gartenform handelt, spielt der Name dann überhaupt noch eine Rolle? Anders als Kunstwerke sind Rosen nicht vom

Links: 'Safrano'; bei ihr variiert die Zahl der Blütenblätter in verschiedenen Teilen der Welt
Unten links: 'Miss Atwood' – eine „geheimnisvolle" Bermudarose
Unten rechts: 'Little Flirt' (deren Blüten einen Durchmesser von 3cm haben) wurde von Ralph Moore gezüchtet

Züchter signiert. Deshalb kommt es nur darauf an, daß wir die Rose haben, so interessant Hypothesen und Nachforschungen auch sein mögen.

Natürlich bin ich mir der Bedeutung korrekter Namen voll bewußt, aber durch fehlende Bezeichnungen sind viele gute Rosen der Vergangenheit für immer verloren. Um unserer Rosen willen sollten wir aber nicht in Fragen der Nomenklatur steckenbleiben. Mir wurden im Lauf der Jahre von engagierten Rosenliebhabern mehrere gute, aber namenlose Rosen geschickt, die dazu verdammt sind, niemals aus unserer Rosenschule herauszukommen! Bei mir laufen sie unter einer Abkürzung, die sich aus „warten und sehen – offizieller Name morgen" gebildet hat. Einige würde ich gern der Rosenwelt zugänglich machen, aber Puristen würden es als Frevel betrachten, ihnen einen neuen Namen zu geben. Herzlichen Glückwunsch, Bermuda Rose Society, daß Sie Ihren Rosen Namen gegeben haben: die Rosenwelt ist dadurch reicher geworden!

Doch kehren wir zu den Zwergrosen zurück. Diese kleinen Rosen waren zu Anfang des 19. Jahrhunderts längere Zeit als Topfpflanzen beliebt. In viktorianischer Zeit kamen dann andere Gruppen von Rosen auf Kosten der Zwergrosen in Mode. Das hatte (zusammen mit einer steigenden Nachfrage nach anderen Topfpflanzen) zur Folge, daß Zwergrosen praktisch aus den Katalogen und Blumengeschäften verschwanden. Im Jahre 1918 aber fand ein gewisser Roulet in der Schweiz eine Zwergrose, die er noch nie zuvor gesehen hatte. Einige Jahre später wurde seine Entdeckung unter dem Namen *Rosa rouletii* in den Handel gebracht. Sie wurde zwar als Wildrose bezeichnet, ist aber in Wahrheit eine Hybride. Nachdem sie eine kurze Zeit als Topfpflanze beliebt war, geriet sie in die Hände eines Züchters. Es mag noch andere gegeben haben, aber das Verdienst, die erste beliebte Zwergrose gezüchtet zu haben, wird dem Holländer de Vink zugeschrieben. Er kreuzte 'Rouletii' mit der Zwerg-Polyantharose 'Gloria Mundi' und schuf damit 'Peon', eine kleine Zwergrose mit roten Blüten und einem weißen Auge. Der Tupfeneffekt der Blüten war auffallend. Die Stückzahlen, in der diese kleine Rose in Holland als Topfpflanze verkauft wurde, bewiesen bald ihren Wert. Danach züchtete de Vink noch einige weitere gute Zwergrosen.

Vor dem Zweiten Weltkrieg gelangten einige Exemplare von 'Peon' nach Nordamerika. Als sie dort eintrafen, erhielt ein gewisser Robert Pyle die Erlaubnis, den Namen in 'Tom Thumb' zu ändern. Unter diesem Namen fand die Sorte reißenden Absatz. Mehr noch (und ohne Zweifel zu 'Tom Thumbs' großer Freude), sie wurde zur Züchtung verwendet und erwies sich dabei als überaus wertvoll, denn sie ergab eine Reihe sehr farbenfroher Abkömmlinge. Nach dem Krieg hatten Zwergrosen großen Erfolg als Topfpflanzen, zuerst in Amerika, dann weltweit. Die Namen spielten für diesen Erfolg eine nicht unwichtige Rolle, denn diese Rosen eigneten sich hervorragend für so hübsche Namen wie de Vinks 'Cinderella' (1953) und 'Humpty Dumpty' (1952). Die reizende 'Cinderella' ist heute noch beliebt. Charme ist ihr angeboren, denn obwohl 'Peon' (die männliche Elternsorte) kaum als besonders schön anzusehen ist, ist das bei der weiblichen Elternsorte 'Cecile Brunner' jedenfalls gegeben.

Während de Vink und Pyle sich den Nachfrageboom der 50er Jahre zu Nutze machten und neue Sorten züchteten sowie verkauften, waren auch andere Züchter nicht untätig. Wie sich später herausstellte, hatten sie nicht nur bereits

'Dresden Doll' (hier in eineinhalbfacher Vergrößerung) ist zwar eine Zwergrose, sie hat aber Blüten im Stil alter Rosen und ist hübsch mit Moos besetzt

seit den 30er Jahren mit 'Rouletii' gearbeitet, sondern sogar noch größeren Erfolg gehabt. Der Amerikaner Ralph Moore aus Kalifornien, wo so viele gute Rosen gezüchtet wurden, machte, wie es scheint, die Erfahrung, daß sich 'Rouletii' schlecht als Elternsorte verwenden läßt. Er übersprang die erste Generation und begann, mit 'Peon' zu arbeiten, indem er sie mit anderen Sorten kreuzte und rückkreuzte, besonders mit seinen eigenen Sämlingen, von denen viele eine sehr komplexe Abstammung hatten. Moore begeisterte es, mit den Zwergrosen zu arbeiten, und widmete sich mit Eifer ihrer Züchtung. Er ist heute immer noch sehr aktiv. Er schenkte uns so vorzügliche Sorten wie 'Easter Morning' (1960), 'Baby Darling' (1964) und 'Rise n' Shine' (1977). Moore brachte auch einige ungewöhnliche Sorten hervor. Denn als er mit den zur Züchtung verwendeten Elternsorten immer weiter in die Vergangenheit zurückging, fand er heraus, daß er einige der älteren Rosen veranlassen konnte, etwas von ihrem Charakter an die Zwergrosen weiterzugeben. 'Dresden Doll' (1975) und 'Mood Music' (1977) beispielsweise haben Blüten im Stil alter Rosen und ebensoviel Moos an den Knospen und Stielen wie die alten Moosrosen.

Der Spanier Pedro Dot wurde bereits im Zusammenhang mit Teehybriden erwähnt. Wie Ralph Moore kalkulierte er, daß sich das Züchten von Zwergrosen lohnen müßte. Auch erkannte er, daß der zwergige Wuchs dieser Rosen ererbt sowie dominant ist und daß Zwergrosen mit den verschiedensten Rosen anderer Gruppen gekreuzt werden können, ohne daß der zwergige Wuchs dabei verloren geht. Besonders erfolgreich war er mit der Verwendung von Teehybriden. Dot war der erste, der mit 'Baby Gold Star' (1940) die Farbe Gelb bei den Zwergrosen einführte. Ob 'Baby Gold Star' dafür verantwortlich ist, weiß ich nicht, aber wie die frühen gelben Teehybriden waren die ersten gelben Zwergrosen mit einem schrecklichen Leiden behaftet – sie hatte nämlich Sternrußtau. Eine andere gelbe Zwergrose von Dot ist die formschöne 'Rosina' (1951), die heute noch sehr beliebt ist. Mir gefällt allerdings seine 'Perla de Montserrat' (1945) am besten; ihre zartrosa Blüten haben die gleiche herrliche Form wie ihre Elternsorte 'Cécile Brunner' sie aufweist.

Die bisher erwähnten Züchter haben mit Abstand am meisten zur Entwicklung der Zwergrosen und der niedrig wachsenden Rosen beigetragen. Das Angebot an solchen Rosen wurde aber von Zeit zu Zeit durch gute Neueinführungen anderer Züchter ergänzt, beispielsweise von de Ruiter, McGredy, Paolino, Harkness, Kordes, Saville und Laver. Wie nicht anders zu erwarten, erkannte und nutzte Meilland die Vorzüge der Zwergrosen ebenfalls; von ihm wurden einige ausgezeichnete Sorten gezüchtet und eingeführt. Besonders gut gefallen mir 'Minuetto' ('Darling Flame', 1971) und 'Colibri' (1979). Beide haben schöne leuchtende Farben und sind auch etwas höher im Wuchs als die üblichen Zwergrosen.

Damit kommen wir zu einer neuen Gruppe, die zur Zeit in den Katalogen auftaucht, zu den „Patiorosen". Im Zusammenhang mit Rosen ist „Patio" noch nicht offiziell. In Deutschland ist der Begriff bisher nicht üblich gewesen. Er ist einem Rosenzüchter alten Stils auch schwer zugänglich. Wenn er eine Berechtigung haben soll, dann durch die Beschreibung einer Verwendungsmöglichkeit. Es mag sein, daß es für eine bestimmte Gesellschaftsschicht chic ist, ein „Patio" zu haben; als Bezeichnung für eine Gruppe von Rosen bedeutet der Name aber die Beschränkung auf eine Verwendungsart, die zu den zahlreichen Vorzügen dieser Rosen in keinem Verhältnis steht. Es ist befremdlich, daß irreführende Bezeichnungen, wie „Patiorosen“ oder „Bodendecker“, heute so bereitwillig aufgenommen werden.

Natürlich ist es leicht, die Nomenklatur und die Klassifikation zu kritisieren, und ich weiß auch, daß hierüber viel diskutiert und eine Standardisierung der Klassifikationen als höchstes Ziel angestrebt wird. Aber ein wichtiges Kriterium sollte Einfachheit sein, wobei die Blütenform und der Verwendungszweck erkennbar sein müßten. Um diese Kriterien zusammenzubringen, reicht es aus, unsere heutigen Rosenklassen zu betrachten. „*Floribunda*“ ist kein schönes Wort, aber es ist anschaulich, allgemein gebräuchlich und umfassender als „Büschel“. Deshalb sollte es zur Bezeichnung von Rosen, bei denen die Blüten in Blütenständen zusammenstehen, erhalten bleiben. Aber so sehr man versucht sein mag, den Begriff „Teehybride“ beizubehalten – er muß leider aufgegeben werden. Denn nicht alle großblütigen Rosen sind Teehybriden. „Großblumig“ wiederum klingt plump; was spricht deshalb gegen „*Grandiflora*“? „Bodendecker“ wiederum ist irreführend, manchmal sogar unehrlich. Warum also nicht „flachwachsend“ sagen? „Kletterrosen“ sind „kletternde Rosen“; dieser Begriff kann also beibehalten werden, sollte aber vielleicht auch die Ramblerrosen umfassen. Ich meine, der Verwendungszweck wird durch die Angabe der Höhe oder Wuchsform fast immer indirekt ausgedrückt, wofür unsere Sprache genügend Unterscheidungsmöglichkeiten bietet. Außerdem besteht meist ein Zusammenhang zwischen Blü-

‘Orange Meillandina’ (‘Orange Sunblaze’) von Meilland in Frankreich; die Blüten haben einen Durchmesser von ca. 3cm

tengröße und Wuchsform, so daß auf Ausnahmen in den Katalogen im Rahmen der Sortenbeschreibung in der gleichen Weise hingewiesen werden kann (wie das bei Farbe und Duft heute schon der Fall ist). „Zwerg" bedeutet verkleinert; auch „niedrig", „mittelhoch" und „hoch" sprechen für sich. *Floribunda* kann zwergförmig, niedrig, mittelhoch, hoch oder flachwachsend bedeuten – ebenso *Grandiflora.* Nach diesem Prinzip wäre bei Kletterrosen einfach zu unterscheiden zwischen Ähnlichkeiten im Sinne von *Floribunda* bzw. *Grandiflora.* Solche Begriffe könnten umfassend verstanden werden und sogar die alten Rosen einschließen, außer daß aus Respekt vor der Vergangenheit die heutigen Bezeichnungen wohl ihren Sinn haben. Die wirtschaftlichen Argumente, die für die Bildung neuer Gruppen wie „Patiorosen" angeführt werden, sind nicht stichhaltig. Solche Gruppen machen die Dinge für die Kunden nur unnötig kompliziert. Wenn ein Kunde die Rose einer bestimmten Gruppe sucht, findet er sie bei einem einfachen System leichter als bei einem komplizierten, und es könnten mehr Rosen verkauft werden.

Doch nun zurück zu den Rosen, die als „Patiorosen" bezeichnet werden. Sie sind höher als Zwergrosen, aber nicht unbedingt niedriger als niedrige Floribundarosen. Was sie unterscheidet, sind ihr dichterer Wuchs und ihre zahlreicheren und kleineren Blätter. Sie können leicht in die Breite wachsen. Wenn diese Neigung zu ausgeprägt ist, nennt man sie Bodendecker (obwohl einige im Wuchs breiter sind als hoch). Die Blüten der „Patiorosen" sind kleiner als bei niedrigen Floribundarosen. Ich verstehe durchaus, warum man sie als eigenständige Gruppe ansieht, ungeachtet der Tatsache, daß ich mich gegen die Bezeichnung gewandt habe. Das Problem besteht darin, daß es mit steigender Zahl der Sorten zunehmend schwerer werden wird, eine Grenzlinie zwischen „Patiorosen" und anderen zu ziehen. Ihre Verwendungsmöglichkeiten sind, wie ich schon betont habe, auf jeden Fall größer, als die Gruppenbezeichnung es vermuten läßt.

Besonders aktiv auf diesem Gebiet ist Meilland in Frankreich. Die reichblühenden und farbenfrohen Sorten der Serie Meillandina sind hervorragend, ebenfalls die gelbe 'Gold Bunny' (1981). McGredy und Dickson haben einen ähnlichen Weg eingeschlagen und einige sehr hübsche „Patiorosen" herausgebracht. Mir gefallen besonders McGredys 'Regensberg' (1980) und 'Penelope Keith' (1984). Von Dicksons Sorten haben 'Gentle Touch' (daß sie 1986 in Großbritannien „Rose des Jahres" wurde, spricht für sich) und die reizvoll benannte 'Peek a Boo' seit ihrer Einführung viele Freunde gewonnen. Harkness hat die sehr gute Sorte 'Anna Ford' beigesteuert, außerdem eine Sorte, die er seine „Chinarose" nennt. Sie heißt 'Clarissa' (1983), benannt nach der Gattin von James Mason. In den letzten Jahren sind aus allen Teilen der Welt weitere Sorten auf den Markt gekommen. Aber da ich sie noch nicht alle gesehen habe und einige Züchter sie auch nicht als „Patiorosen" bezeichnet haben, beschränke ich mich auf die bisher erwähnten Sorten.

'Gentle Touch', eine kompakte Floribundarose mit großen Blütenständen an einem eher breitwüchsigen Busch

Kletterrosen und Rambler

Kletterrosen und Rambler gab es zwar in unseren Gärten schon immer, aber erst gegen Ende des 19. und zu Beginn des 20. Jahrhunderts, als eine breitere Farbpalette auf den Markt kam, wurde ihr wahrer Wert erkannt. Das war die Zeit der Gertrude Jekyll. Ihre Ausstrahlung und ihre Vorstellungskraft führten dazu, daß damalige Gartenliebhaber lernten, wie man Kletterrosen und Rambler am besten verwendet. Gertrude Jekylls hohe Wertschätzung der Kletterrosen und Rambler hat selbst heute noch einen starken Einfluß darauf, wie wir diese Rosen verwenden.

Die Geschichte der Kletterrosen und Rambler begann in gleicher Weise wie die aller Rosen – in lange zurückliegender Vorzeit. Obwohl Kletterrosen und Rambler vieles gemein haben, die Unterschiede zwischen ihnen sind dennoch beträchtlich. Beiden Gruppen ist eine Starkwüchsigkeit zu eigen. Weniger offensichtlich ist ihre Abstammung – zumindest für Rosenanfänger. Die meisten unserer heutigen Gartenhybriden lassen sich auf lediglich eine Handvoll der vielen kletternden Wildrosen zurückführen, die bisher in verschiedenen Teilen der Welt, zumeist in China, entdeckt wurden. Wie bei den Busch- und den Strauchrosen hatte *Rosa chinensis* den größten Einfluß auf die Entwicklung. Bei jeder neuen Kreuzung ist es die angeborene Dominanz dieser Wildrose, die das Ergebnis entscheidend bestimmt. Die anderen Wildrosen, die ebenfalls eine Rolle gespielt haben, sind *Rosa moschata, Rosa multiflora, Rosa gigantea,* auch *Rosa wichuraiana,* zwar in geringerem Umfang, aber nicht weniger bedeutend. Hin und wieder zeigt sich der Einfluß des einen oder anderen Gens einer anderen Gruppe von Rosen. Ehe aber nicht ein junger begabter Züchter darangeht, die vielfältigen Möglichkeiten auszuschöpfen, die die verschiedenen kletternden Rosen bieten, bleibt es dabei, daß diese wenigen Wildrosen über die Zukunft dieser Gruppe von Rosen entscheiden.

Um es noch einmal zu sagen: Es war John Champney's Sämling, der den Weg wies. Er hatte ihn durch eine Kreuzung von 'Old Blush' mit *Rosa moschata* gewonnen. Es waren die Noisetterosen, aus denen viele der reizenden alten Kletterrosen des 19. Jahrhunderts hervorgingen. Sie kamen über die Teerosen mit *Rosa gigantea* zusammen. Viele Noisetterosen gibt es heute noch, wie die großblütige 'Mme Alfred Carrière' (1879), ebenso mehrere Noisette-Teerosen, wie die klassische 'Gloire de Dijon' (1853). Im Laufe des 19. Jahrhunderts erschienen weitere Kletterrosen, so daß es um 1900 eine breite Auswahl gab. Bis dahin hatten sich zwei unterschiedliche Gruppen herausgebildet: Bei der einen bildeten sich große Blüten an Seitentrieben, die von steifen, aufrechten Haupttrieben ausgehen, sie werden als Kletterrosen bezeichnet; die andere brachte kleinere Blüten in Büscheln hervor und hatte biegsamere Triebe; man nennt sie heute Rambler.

Verallgemeinernd kann man sagen, daß die meisten Sorten der Kletterrosen entweder als Hybriden aus den Teerosen oder den Noisetterosen entstanden sind oder als Abarten der Remontantrosen und der frühen Teehybriden gelten. Erwähnenswert unter den im 20. Jahrhundert entstandenen eigenständigen Kletterrosen mit größeren Blüten sind: 'Cupid' (1915) von B. R. Cant, eine schöne Rose mit einfachen Blüten, 'Guinée' (1938) von Mallerin und 'Mme Grégoire Staechelin' (1927) von Dot, die beste rosafarbene. Von den Sorten mit ausgefallener Blütenfarbe mag ich besonders die reizende, fast einfach blühende 'Meg' (1954) von Gosset und die lebhafte 'Réveil Dijonnais' (1931) von Buatois.

Gelegentlich bringt ein ansonsten „zufriedener" Rosenstrauch einen kletternden Trieb hervor. Wenn dieser dann vegetativ vermehrt wird, vererbt sich die Starkwüchsigkeit häufig auf die Nachkommen. Auf diese Weise sind viele Kletterrosen entstanden. Zu den Teehybriden gehören: 'Crimson Glory' von Kordes, die 1946 einen kletternden Trieb hervorbrachte ('Climbing Crimson Glory'), 'Mme Butterfly' ('Climbing Mme Butterfly', 1926) und 'Shot Silk', deren kletternde Form ('Climbing Shot Silk') erstmals 1931 in Australien vorkam. Auch einige Floribundarosen haben kletternde Abarten hervorgebracht, darunter sind 'Climbing Allgold' (1961) und 'Kletterndes Schneewittchen' (1968) besonders gut.

Ich habe bereits meine Meinung zum Ausdruck gebracht, daß eine kurze Blütezeit dem Erfolg einer Rose oftmals im Wege steht. Auch anerkenne ich durchaus, daß für kleine Gärten eine lange Blütezeit von hoher Wichtigkeit ist. Es gibt unter den Rosen der Vergangenheit ein oder zwei sehr gute Sorten, die den ganzen Sommer über blühen, beispielsweise die reizende 'Zéphirine Drouhin' (1868). Andere Sorten indes, zum Beispiel 'Gloire de Dijon', legen nach dem ersten Blütenflor eine Pause ein und bringen im Herbst einen etwas weniger üppigen zweiten hervor. Für diejenigen, die eher zu den modernen Sorten neigen, wurden in den vergangenen Jahren mehrere gute Kletterrosen auf den Markt ge-

Zwei Kletterrosen: 'Mme Alfred Carrière', vor über hundert Jahren gezüchtet; *rechts:* 'Clair Matin', eine ausgezeichnete moderne Sorte

bracht, die zuverlässig von Juni bis Oktober blühen. Sie als Kletterrosen zu bezeichnen, ist an sich etwas irreführend, denn sie bilden keine kletternden Triebe wie die einmalblühenden Sorten. Vielmehr erscheinen die Blüten bei ihnen jeweils an den Spitzen der starkwüchsigen Triebe. Man sollte ihnen eine Stütze geben, beispielsweise eine Wand, ein Klettergerüst oder eine Säule. Es war Wilhelm Kordes, der als erster mit diesem Typ Rosen arbeitete, als er nämlich mit seiner *Rosa* × *kordesii* (siehe Seite 68) 'Hamburger Phoenix' (1954), 'Leverkusen' und 'Parkdirektor Riggers' (1957) züchtete. Einige ausgezeichnete Kletterrosen mit langer Blütezeit kamen in den 50er und 60er Jahren aus Frankreich. Mir erscheint die großartige 'Clair Matin' (1960) von Meilland als eine der besten; am bekanntesten ist allerdings die rote 'Danse du Feu' (1953) von Mallerin, die in Amerika besser unter dem Namen 'Spectacular' bekannt ist. Weil wir gerade bei Amerika sind: Es wäre ein Frevel, 'Golden Showers' (1956) von Lammert nicht zu erwähnen, denn sie ist von allen gelben Kletterrosen vielleicht am beliebtesten. Die Kletterrosen von Boerner sind in Großbritannien nicht so bekannt; unter den wenigen bekannten Sorten ist 'Parade' (1953) besonders erwähnenswert.

Von den britischen Züchtern war McGredy der bei weitem erfolgreichste. Von ihm stammen 'Händel' (1956), 'Casino' (1963), 'Schoolgirl' (1964) und 'Bantry Bay' (1967). Unter den weißen Sorten ist die reich blühende 'White Cockade' (1969) von Cocker wohl eine der besten. Aber was den Verkauf anbelangt, so sind die formschöne 'Compassion' (1973) von Harkness und die üppige 'Pink Perpétue' (1965) von Gregory heute ohne Zweifel die Renner. Es ist interessant festzustellen, daß die überwiegende Mehrzahl dieses Typs Kletterrose – mit Ausnahme der Sorten, die Kordes gezüchtet hat – direkt oder indirekt von 'New Dawn' abstammen, einer herrlichen Rose für alle Jahreszeiten.

Die Rambler sind ohne Zweifel das Ergebnis wohlüberlegter Züchtung, und zwar durch einige sehr verdiente Züchter. Die beiden bedeutendsten waren Manda in Amerika und Barbier in Frankreich. Manda war es, der kurz vor der

'Meg', eine hervorragende öfterblühende moderne Kletterrose mit großen duftenden Blüten und gesundem Laub

Jahrhundertwende als erster *Rosa wichuraiana* mit einer großblütigen Hybride kreuzte und dabei die erste der Sorten erzielte, die wir heute Wichuraiana-Rambler nennen. Möglicherweise hat er auch mit *Rosa luciae* gearbeitet (vgl. Graham Stuart, Climbing Roses Old and New). Seine erste Neueinführung war 'May Queen' (1898). Barbier, der ein ähnliches Züchtungsprogramm verfolgte, schenkte uns die reizende 'Albéric Barbier' (1900), der eine Reihe weiterer guter Rambler folgten. Von seinen bedeutenden Züchtungen war 'Albertine' (1921) die letzte. Einzelne weitere Züchter verfolgten den aufgezeigten Weg weiter. Als Ergebnis ihrer Arbeit sind Rambler heute in fast jedem Garten zu finden.

Ein anderer erfolgreicher Züchter von Ramblern war der Amerikaner Van Fleet. Sein bedeutendster Beitrag war 'Dr W. Van Fleet' (1910). Diese Rose war es, die 1930 eine Abart hervorbrachte, welche die kontinuierlich blühende und reizende 'New Dawn' werden sollte.

Die anderen Gruppen von Ramblern sind diejenigen, die hauptsächlich von *Rosa multiflora* abstammen, von ihr zumindest die Blüten in Büscheln geerbt haben. Auch hier kreuzten Züchter diese Wildrose mit einigem Erfolg mit großblütigen Gartenrosen; einige dieser Sorten sind heute noch weit verbreitet. Es muß

'Casino'

'Albéric Barbier'

'Danse du Feu'

'New Dawn'

'Ghislaine de Féligonde', ein *Multiflora*-Rambler, der den ganzen Sommer über blüht

freilich eingeräumt werden, daß ein gewisser Mr Wells bereits 1835 *Rosa multiflora* als Elternsorte verwendet hatte und dabei 'Mme d'Arblay' schuf. Schmitt in Frankreich brachte mit 'Thalia' (1895) und 'Aglaia' (1896) die beiden ersten bedeutenden Sorten dieser Gruppe heraus. Wie schon erwähnt, wurde letztere von Pemberton erfolgreich zur Züchtung der *Moschata*-Hybriden verwendet. Vom Ende des 19. Jahrhunderts an bis in die 30er Jahre arbeiteten zahlreiche Züchter mit *Rosa multiflora*. Ihre Anstrengungen erhielten erheblichen Auftrieb, als 'Crimson Rambler' 1893 aus Japan zu uns kam, deren Abstammung zwar nicht bekannt ist, bei der der Einfluß von *Rosa multiflora* aber offensichtlich ist. Diese Sorte wurde auch 'Turner's Crimson' oder 'The Engineer's Rose' genannt. Der erste, der sie erfolgreich zur Züchtung verwendete, war B. R. Cant in England; er brachte 1903 'Blush Rambler' heraus. Walsh in Amerika züchtete mit ihr 1904 'Hiawatha', Paul in England 'Tea Rambler'. Die bedeutendste Züchtung glückte Schmidt in Deutschland, als er mit ihr als Elternsorte die blaueste aller Rambler, nämlich 'Veilchenblau' (1909), züchtete. Fast alle der frühen *Multiflora*-Rambler haben eine kurze Blütezeit. Später waren dann einige dabei, die den ganzen Sommer blühen. 'Ghislaine de Féligonde', 1916 von Turbat in Frankreich gezüchtet, und 'Phyllis Bide', von Bide 1923 gezüchtet, sind besonders erwähnenswert. Beide waren ihrer Zeit weit voraus und passen gut in unsere heutigen Gärten.

Man kann nicht über *Multiflora*-Rambler sprechen, ohne einige der besonders starkwüchsigen Sorten dieser Gruppe zu erwähnen, denn darunter finden sich einige unserer besten und beeindruckendsten Kletterpflanzen für Bäume. Mein Favorit in diesem Sinne ist 'Rambling Rector'. Sie ist viel älter als alle übrigen.

'Seagull', gezüchtet 1907, gehört zu den schönsten Ramblern; sie können in Bäume klettern

Ihre Abstammung ist unbekannt, es kann aber kaum Zweifel daran geben, daß sie auf *Rosa multiflora* zurückgeht. Sie ist eigentlich wegen ihres Namens beliebt; aber sie hat es verdient, denn in meinen Augen ist sie die beste der mittelgroßen Rambler zum Schmücken von Bäumen und Verdecken häßlicher Anblicke. Der schärfste Konkurrent von 'Rambling Rector' unter den Ramblern, die in Bäume klettern, ist 'Seagull' (1907) – dicht gefolgt von 'The Garland'. Letztere dürfte im Gegensatz zu den beiden ersteren allerdings von *Rosa moschata* abstammen. Ein noch stärkerwüchsiger Bäumekletterer ist die erheblich jüngere 'Bobbie James' (1961) von den Sunningdale Nurseries. Ihre Abstammung ist zwar unbekannt; sie geht vermutlich aber auf *Rosa multiflora* zurück. 'Bobbie James' ist in der Lage, die Spitzen der höchsten Bäume zu erklimmen. Obwohl einige der starkwüchsigen Bäumekletterer aus dem 19. Jahrhundert stammen, sehe ich es als durchaus gerechtfertigt an, sie hier aufzuführen. Denn ihnen kommt im modernen Landschaftsgarten eine wertvolle Funktion zu. Die beste ist selbstverständlich die mächtige 'Kiftsgate', eine verfeinerte Form von *Rosa filipes.* Sie wurde in Kiftsgate Court entdeckt und 1954 von der engagierten Rosenliebhaberin Hilda Murell in Shrewsbury eingeführt.

Die Zahl der Kletterrosen und Rambler ist groß, die aus der Zeit vor dem 20. Jahrhundert stammen, und durchaus von Bedeutung für die moderne Gartengestaltung bleiben. Ich möchte nur einige erwähnen, beispielsweise die stachellosen, dunkellaubigen Boursaultrosen, zu denen die klassische 'Mme Sancy de Parabère' (1874) gehört. Ebenfalls gut verwendbar sind die Hybriden von *Rosa sempervirens.* Früher nannte man sie „Immergrüne Rosen". Meine Favoriten sind 'Adélaide d'Orléans' (1826) und 'Félicité et Perpétue' (1827). Wenn ich von Immergrünen Rosen spreche, muß ich 'Mermaid' (1918) von William Paul erwähnen, eine Rose mit bösen Stacheln, glänzendem Laub und primelgelben Blüten. Jedes Jahr bewundere ich ein besonders schön gewachsenes Exemplar und singe ein Loblied auf den Eigentümer. Ich tue das mit unterdrücktem Lächeln, denn es erinnert mich an eine Begegnung mit 'Mermaid' in Australien im Jahre 1986. Was ich dort sah, war vermutlich die größte Rosenpflanze überhaupt. Ihr Eigentümer, David Ruston, zeigte sie mir zum Abschluß eines Rundgangs durch seinen Rosengarten. Ich betrachte ihn als den mit Abstand interessantesten, vielleicht sogar als den besten, den ich je besucht habe. Vor meiner Ankunft in Adelaide war mir die Bedeutung dieses Gartens nicht bewußt. Da der Garten in Renmark liegt, über 200 Meilen entfernt im Nordosten, hatte ich zuerst gedacht, daß ein Besuch zu zeitraubend sein würde, um in einen nur zweiwöchigen Aufenthalt zu passen. Als ich aber einige von David Rustons Rosen als Dekoration des Konferenzsaales sah, war mir klar, daß ich unbedingt die Zeit finden mußte, um mir seinen Garten anzusehen. Wir machten uns unmittelbar nach Abschluß der Konferenz in Rustons Lieferwagen auf. Ich werde ihm für immer dankbar sein, daß er mich durch die eindrucksvolle Landschaft chauffierte – so müde er auch gewesen sein muß nach dem Einsatz als Leiter der Konferenz.

In Mount Pleasant kamen wir zufällig an einem kleinen, überwucherten Garten vorbei, der riesige Rosen beherbergte, die nicht geschnitten worden waren. Wie Rosenfachleute es häufig tun, wenn sie einen Rosengarten sehen, hielten wir an und fragten den verblüfften Eigentümer, ob wir uns umschauen dürften. Als

Oben links: 'Bobbie James' kann große Höhen erklimmen; *oben rechts:* 'Mermaid' ist auch heute noch (obwohl bereits 1918 gezüchtet) einer der besten schattenverträglichen Kletterer; *unten:* 'Dr Huey'; wird als Rosenunterlage in großem Umfang in den USA verwendet

wir die Erlaubnis bekommen hatten, zeigte sich David betrübt über die vielen Wildtriebe von 'Indica Major', ich dagegen nicht. Denn diese Rose wird zwar in Australien gern als Rosenunterlage verwendet, ist aber in England selten zu sehen. Dazwischen wuchs das größte Exemplar von 'Sutter's Gold', das wir je gesehen hatten. Bei siebzig Blüten allein an einer Seite der Pflanze hörte ich auf zu zählen. Ihre Eigentümerin war eine junge Dame. Nachdem sie sich davon erholt hatte, wie zwei erwachsene Männer über ihre Rosen plauderten, erklärte sie entschuldigend, daß die Rosen nicht mehr geschnitten worden waren, seit ihr Vater vor zehn Jahren gestorben war. Bevor wir uns verabschiedeten, ließen wir uns von ihr versprechen, daß sie niemals eine Rosenschere kaufen werde …

In und um Adelaide hatte ich einige vorzügliche Rosen gesehen, vor allem im Schaugarten von Deane Ross in Willunga eine 'Mutabilis' von 2,50m Höhe sowie 3m Breite und weitere herrliche Exemplare. Trotzdem war ich völlig unvorbereitet auf das, was ich im Garten von David Ruston sehen sollte. Lange bevor ich wach wurde, war David bereits aufgestanden und hatte die Bewässerungsanlage angestellt. Ohne das Wasser vom Murray River wäre der fruchtbare Boden von Renmark viel zu trocken und ausgedörrt, als daß etwas anderes als heimische Sträucher wachsen könnten. David Ruston lebt von Rosen; er ist aber darüber hinaus ein großer Gartenliebhaber und zudem ein engagierter Sammler. Sein Schaugarten erstreckt sich über eine Fläche von mehreren Morgen und enthält auch viele andere Pflanzen, darunter auch viele heimische. Ich werde niemals einen heißen Tag im November vergessen, als ich mich nämlich inmitten einer der weltweit größten privaten Sammlungen wiederfand. Ich stieß auf eine 'Maman Cochet', die 3m hoch in einen Zitrusbaum wuchs, und auf eine 'Devoniensis', die 6m hoch in einen Gummibaum emporrankte. Hier begegnete ich vielen Sorten, an die ich nur noch eine vage Erinnerung aus meiner frühen Jugendzeit besaß. Sein Garten ist reich an Rosen aus den 50er Jahren. Bestimmt habe ich Dutzende übersehen, aber ich stieß auf Teehybriden wie 'Charlotte Armstrong', 'Monique', 'Dr Debat', 'Symphonie' und auf die Floribundasorten 'Fashion', 'Donald Prior' sowie 'Goldilocks'. Hier sah ich auch zum erstenmal einige der Rosen von Thomas Bloomfield aus den 20er Jahren. Sie sind in England nicht winterhart, deswegen war ich sehr froh, sie entdeckt zu haben – besonders seine schönen Exemplare von 'Bloomfield Courage' und sein großartiges Exemplar von 'Bloomfield Dainty' an einer Säule. Der Garten ist von einem hohen Drahtzaun umgeben, sicher gegen das Vieh und die Känguruhs. Zwischen den Kletterrosen entdeckte ich die riesige 'Mermaid'.

Eine nicht zurückgeschnittene Pflanze von 'Sutter's Gold'; in einem Garten im Süden Australiens

Oben: Der Seerosenteich in David Rustons Rosengarten in Renmark (Südaustralien); die große dunkle Rose im Hintergrund ist ein prächtiges Exemplar von 'Bloomfield Courage'
Unten: Vor seiner kaum zu bändigenden 'Mermaid' sieht David Ruston fast wie ein Zwerg aus

Was wird die Zukunft bringen?

Als ich darüber nachgrübelte, was die Rosen in Zukunft wohl erwarten wird, kamen mir zuerst die Veränderungen in den Sinn, die während meiner Zeit eingetreten sind. Ich habe den Vorteil, auf dem Lande aufgewachsen zu sein, und ich mußte das nie beklagen. Ich rede bewußt von „meiner Zeit"; denn obwohl ich mich erst seit meinem 16. Lebensjahr beruflich mit Rosen beschäftige, kannte ich die Wildrosen schon lange vorher. Es waren die Rosen, die mich auf meinen Streifzügen durch die einsame Flur begleiteten, und es waren die Rosen, die mir an heißen Junitagen auf den Wegen von der Schule nach Hause begegneten. Damals war Krieg, und die vernachlässigten Hecken gediehen prächtig. Wo es Hecken gibt, gibt es auch Hundsrosen. Wenn dann im Herbst die Hagebutten reif und orangefarben waren, sammelte ich sie für den Kriegsbedarf und erhielt für 14 Pfund eine halbe Krone. Wahrscheinlich wurde daraus Hagebuttensirup hergestellt. Um zum Thema zurückzukommen: Ich lernte, kleinste Nuancen in der Blütenfarbe, der Form und den Wuchseigenschaften dieser Wildrosen zu unterscheiden. Hin und wieder traf ich auf eine weißblühende Rose, die nicht nur in der Farbe der Blüten, sondern auch in der Farbe der Triebe, der Form der Blätter und im Wuchs anders war. Später lernte ich, daß es sich dabei um die Feldrose *Rosa arvensis* handelte und daß die Hundsrose *Rosa canina* heißt. Die Hecken sind längst verschwunden, aber eine einsame *Rosa arvensis* hat überlebt – der Pflug sollte sie verschonen.

Was hat diese schlichte Erinnerung an einen Knaben, der von der Schule nach Hause geht, mit der Zukunft der Rosen zu tun? Sehr viel, denn sie führt uns zu den Rosen der Natur zurück, von denen letztlich jede neue Sorte abstammt. Die beiden Wildrosen, die mir als Kind begegneten, stehen freilich nicht am Anfang der Entwicklung einer besonders auffälligen neuen Rose, obwohl *Rosa canina* für sich beanspruchen kann, an der Entwicklung der wunderschönen Albarosen beteiligt gewesen zu sein (und *Rosa arvensis* gab den Anstoß zur Entwicklung der Ayrshirerosen). Sowohl die Albarosen als auch die Ayrshire-Rosen sind Rosen der Vergangenheit, die in jüngerer Zeit von den Züchtern beinahe vergessen wurden. Aber sie veranschaulichen gut die Kettenreaktionen, die ausgelöst werden, wenn das Erbgut von Wildrosen und Hybriden zusammenkommt, ob durch Zufall oder absichtsvoll. Der Entwicklungspfad der Rose ist voller Seitenwege, vieles mündet in Sackgassen; aber jede Abweichung oder Neuausrichtung führte in der Vergangenheit schließlich zu einer Entwicklung, die neue Wege in die Zukunft weisen sollte. Jede neue Entwicklungsrichtung wies am Ende den Weg zu komplexeren, wenn nicht gar zu besseren Rosen. Wir können heute zurückschauen und müssen so erkennen, daß wir an einem Punkt in der Entwicklung angelangt sind, an dem durch die Komplexität der Abstammung der Rosen praktisch jede Änderung möglich ist.

Was bleibt noch zu tun, und was ist am dringendsten? Die Annahme, daß jede Änderung letztlich von Zufällen abhängt, ergibt sich aus der geschichtlichen

Rosa arvensis; die Feldrose, von der die Ayrshire-Rambler abstammen

Links: Die Hundsrose *Rosa canina;* eine entzückende Wildrose
Oben: 'Mainzer Fastnacht'; eine Frage des Geschmacks

Erfahrung. Sie läßt uns vermuten, daß die Züchter heute den Zufall einkalkulieren. Das muß aber nicht so sein, da wir heute sehr viel mehr über die Abstammung wissen als früher. Wir haben heute beispielsweise recht gute Kenntnis über die Verträglichkeit, indem wir die Chromosomenzahlen vergleichen. Bedenkt man die gewaltigen Fortschritte im Bereich der Gentechnik, stellt sich die Frage, was das für die bescheidene Rose in Zukunft wohl bedeuten mag. Vor zehn Jahren hielten wir es für unwahrscheinlich, daß Mikrovermehrung für die Rosen von Bedeutung sein könnte. Heute ist diese Methode weit verbreitet und wird ernsthaft betrieben, besonders bei der Massenproduktion von Patiorosen.

Welche neuen Typen sind nun zu erwarten? Es kann keinen Zweifel daran geben, daß die Patiorosen Bestand haben und weitere Sorten gezüchtet werden. Ein großes Kapital dieser Rosen ist ihre gesunde Konstitution. Und da in dieser Zeit des Sternrußtaus die Gesundheit der Rosen das Hauptziel der Züchter ist, dürfen wir zweifellos in der Zukunft Rosen erwarten, die widerstandsfähiger gegen Krankheiten sind. Eng verbunden mit den Patiorosen sind die Bodendecker. Auch sie sind gesund und finden einen aufnahmebereiten Markt. Es wird deshalb wohl immer neue Sorten geben, denn es gibt noch großen Spielraum, besonders im Hinblick auf die Größe der Blüte und den Duft. Ferner erwarte ich Verbesserungen bei den Ramblern, vor allem im Hinblick auf eine längere Blütezeit, und eine Ausweitung des Farbspektrums bei den starkwüchsigen Sorten, die in Bäume klettern. Immergrüne Rosen, attraktives Herbstlaub, größere und schönere Hagebutten und größere Winterhärte – dies alles liegt im Bereich der Möglichkeiten, abgesteckt durch die breite Auswahl an Erbgut der heute vorhandenen Wildrosen und Hybriden. Wie steht es um die Farbe, eine schwarze oder blaue Rose, oder beides? Zweifellos werden immer neue ausgefallene Farbtöne aufkommen, aber es ist unwahrscheinlich, daß es ein Blau oder Schwarz geben wird, daß intensiver sein wird als bei den heute schon vorhandenen Sorten – es sei denn, daß in irgendeiner entlegenen Region eine neue Wildrose entdeckt wird, die das Blau für die Blütenfarbe in sich trägt. Können Sie sich eine leuchtend blaue Rose vorstellen?

Wie sieht es hinsichtlich anderer Aspekte aus? Im Bereich der Vermehrung sehe ich in gar nicht so ferner Zukunft mehr und mehr Rosen auf eigener Wurzel, wirksamere Spritzmittel gegen Pilzkrankheiten, einen höheren Anteil von Rosen in Kübeln, die das ganze Jahr über gepflanzt werden können, und daß die Neueinführung von Sorten durch Sponsoren finanziert wird. Was wird in Bezug auf die Klassifikation kommen? Die Diskussion wird anhalten; es wird Empfehlungen für eine Vereinfachung der Bezeichnungen geben, aber niemand wird sich danach richten. Vielmehr werden neue Bezeichnungen aufkommen. Was ist schon ein Name? Rosen aber wird es immer geben …

TEIL II

Moderne Rosen in der Gartengestaltung

Einige Gedanken, wo, warum und wie moderne Rosen verwendet oder auch nicht verwendet werden sollten

Rosen für Beete und für die großflächige Anpflanzung

Abgesehen von den nicht winterharten Sommerblumen gibt es nur wenige Pflanzen, die sich für großflächige Anpflanzung besser eignen als die niedrigen Buschrosen. Gegenüber den einjährigen Sommerblumen haben sie einen entscheidenden Vorteil: Sind sie einmal gepflanzt und erhalten sie die erforderliche Pflege, dann stehen sie dort viele Jahre lang. Wie ich schon erwähnte, haben die Rosenzüchter den Vorteil großflächiger Anpflanzung schnell erkannt. Jeder gute Katalog enthält eine breite Auswahl an Sorten in fast jeder Farbe und Höhe.

Die besten Beetrosen sind die Floribundarosen. Ihre Blütezeit dauert von Ende Juni bis zum ersten Frost im November. Es gibt sie in allen Größen, aber am wirkungsvollsten ist es, eine Sorte in großen Stückzahlen zu pflanzen. Wie groß auch die Versuchung sein mag, möglichst verschiedene Farben zu mischen, Rosen verschiedener Farbe in einem Beet sind niemals so wirkungsvoll wie ein und dieselbe Farbe. Von dieser Regel kann man vielleicht eine gewisse Ausnahme machen, wenn mehr als eine Sorte eines bestimmten Farbtons verwendet wird. Man kann aber noch so viel Sorgfalt auf die Zusammenstellung verschiedener Sorten verwenden, es ist sehr schwierig, eine einheitliche Höhe zu erreichen. Ist eine breite Farbskala gewünscht, erzielt man die beste Wirkung, wenn man jeweils drei oder vier Pflanzen einer Sorte zusammen anordnet.

Rosen mit großen Blüten werden nur selten großflächig angepflanzt, obwohl einige Sorten genauso lange blühen wie Floribundarosen und obwohl sie den Vorteil haben, daß sie duften, während bei vielen Floribundarosen ein Duft kaum wahrnehmbar ist. Neuere Entwicklungen bei anderen Gruppen von Rosen haben das Angebot für gruppenweises Pflanzen ausgeweitet. „Patiorosen" sind niedrig sowie kompakt und eignen sich bestens für gruppenweises Pflanzen, be-

'Chanelle' in crèmefarbenem Apricot; *rechts:* 'Beautiful Britain', eine Floribundarose mit besonders leuchtender Farbe

sonders an mit Platten belegten Stellen und im Rahmen einer eher strengen, modernen Gestaltung. Für alle größeren Anpflanzungen, wo größere Flächen in einer Farbe gewünscht werden, gibt es keine bessere Entscheidung als die neuen flachwachsenden Rosen. Sie bieten nämlich andauerndes Blühen, brauchen nicht so dicht gepflanzt zu werden, und der Pflegeaufwand ist geringer. Im Rahmen ihrer Verkaufsförderung empfiehlt beispielsweise die Firma Meilland den Gartenämtern und Gartenarchitekten zum Schneiden dieser Rosen die Verwendung von Maschinen, die von Traktoren gezogen werden können. Das ist sicherlich kein Rat, der von erfahrenen Gartenliebhabern befolgt werden sollte, aber Meilland gibt diese Empfehlungen gewiß nicht unbedacht.

ANMERKUNG: Rosen, die sich als Beetrosen oder für die Anpflanzung in Gruppen eigenen, sind im Lexikon-Teil mit dem Symbol Br gekennzeichnet.

Begleitpflanzen für moderne Rosen

In viktorianischer Zeit galten Rosen als etwas anders als andere Pflanzen. So wurden sie fast ausschließlich in eigens für sie angelegten Teilen des Gartens angeordnet, und zwar in streng formaler Weise. Das handhabte man nicht nur in größeren Gärten so, auch kleinere Gärten hatten ihr eigenes Rosenbeet, so daß die Rosen selten mit anderen Gartenpflanzen zusammengebracht wurden. Auch heute noch gibt es kaum einen schöneren Anblick als eine Gruppe von Rosen, entweder in einem eigenen Rosengarten oder gar in einer Sammlung von Rosen. Die Ansichten haben sich aber seit Beginn des 20. Jahrhunderts geändert. Heute werden Rosen weit häufiger mit anderen Pflanzen zusammen verwendet, was ich von ganzem Herzen begrüße. In meinem Buch „Klassische Rosen“ bin ich darauf ausführlich eingegangen. Da ich dort aber kaum auf die modernen Rosen wie Teehybriden und Floribundarosen Bezug nehme, ist es erforderlich, hier kurz die wichtigsten Begleitpflanzen für moderne Rosen vorzustellen.

Die mit weitem Abstand häufigste Verwendung von Floribundarosen und Teehybriden ist die als Beetrosen. Aber die Rosen beider Gruppen lassen sich ebenso gut mit anderen Pflanzen anordnen. Als Solitärsträucher passen sie in Staudenrabatten. Dazu pflanzt man sie zwischen niedrige Stauden gleicher Farbe, oder man fügt einer Gruppe von Blattstauden in ruhiger Farbwirkung bewußt einen kontrastierenden Farbklecks hinzu. Hoch- und Halbstämme eignen sich meiner Ansicht nach hervorragend, um Staudenrabatten Höhe zu verleihen. Wo sie aber die Stauden in Reih' und Glied überragen, wirken sie leicht wie Soldaten. Für Gehölzanpflanzungen gibt es Rosen in allen Größen, Teehybriden können neben hohen Sträuchern allerdings unpassend wirken, während Floribundarosen, vor allem in Dreiergruppen, die nötige Extrafarbe hinzufügen können und die Blütesaison verlängern, ohne daß sie fehl am Platz wirken.

Für eine Anpflanzung mit anderen Sträuchern eignen sich die modernen Strauchrosen am besten. Sie haben nicht nur alle Eigenschaften der Floribundarosen, sondern zusätzlich noch den Vorteil größerer Höhe. Einige Sorten mit buschigerem Wuchs kann man gut einzeln zwischen andere Sträucher pflanzen, die meisten aber wirken als kleine Gruppe am besten. Unter den Rosen, die sich für Gehölzpflanzungen eignen, werden heute die Wild- und die Rugosarosen am häufigsten verwendet, da sie nicht nur Blüten, sondern meist auch Herbstlaub sowie Hagebutten bieten. Das ist für die moderne Landschaftsgestaltung von Bedeutung. Es wundert mich allerdings, daß moderne Strauchrosen nicht häufiger in Gehölzanpflanzungen verwendet werden – ob es daran liegt, daß man sie doch zu sehr als Rosen und nicht einfach als Sträucher betrachtet? Sicher würde man jeden Strauch, der den ganzen Sommer über Blüten trägt wie eine Rose, als erstes in Erwägung ziehen, wenn er nicht eine Rose wäre. Wenn ich das bei

Rosen und andere Sträucher, geschickt zusammengepflanzt

Eine Staudenrabatte mit Rosen im Garten der Royal National Rose Society in St Albans (Hertfordshire)

Landschaftsgestaltern anspreche, höre ich als häufigsten Grund dafür, daß sie Rosen ungern in Erwägung ziehen. Der Pflegeaufwand sei zu hoch – woher wissen sie das, wenn sie es nie versuchen? Meine Strauchrosen brauchen nicht mehr Pflege als die meisten anderen Sträucher. Mir kommen mehrere langweilige Anpflanzungen von Sträuchern in den Sinn, bei denen es kostengünstiger wäre, Rosen dazwischenzupflanzen. Und weil wir gerade bei den Kosten sind: Die meisten Kletterrosen werden an Wänden, Gerüsten oder Säulen gezogen, was könnte also effizienter sein, als andere Kletterpflanzen wie Waldrebe, Geißblatt oder Jasmin dazwischenzupflanzen? Solche Kombinationen sind von Vorteil für den Standort und bringen den Rosen zusätzliche Farbe und andersartiges Laub.

Aber kehren wir zu den gemischten Rabatten zurück. Der moderne Landschaftsgestalter schwört auf flachwachsende Rosen. Man muß fairerweise einräumen, daß die Gartenliebhaber nicht lange gebraucht haben, um den Nutzen dieser Rosen zu erkennen. Doch werden sie oft auf abgesonderten Bereichen angepflanzt, statt sie mit anderen Sträuchern zu kombinieren. Dreier- oder Fünfergruppen, die man sich auf natürliche Weise entwickeln läßt, eignen sich ideal als Zwischenpflanzung zwischen etwas höheren Sträuchern – sogar zwischen Nadelgehölzen. In der Tat passen solche Rosen durch ihren Wuchs und ihre ruhigen Farben genauso gut zu Nadelgehölzen wie *Erica* und *Cotoneaster*.

ANMERKUNG: Flachwachsende oder Bodendeckerrosen sind im Lexikon-Teil mit dem Symbol Bd gekennzeichnet.

Die Verwendung moderner Kletterrosen und Rambler

Angesichts der hohen Zahl moderner Kletterrosen, die im Laufe der letzten Jahre auf den Markt gekommen sind, ist es erstaunlich, wie viele Kletterrosen und Rambler aus früherer Zeit heute noch verwendet werden. Man fühlt sich veranlaßt zu fragen, was Gertrude Jekyll wohl aus unseren heutigen Kletterrosen gemacht hätte, denn sie verwendete intensiv herabhängende und girlandenförmige Wuchsformen. Wenn sie unsere heutige Auswahl mit langer Blütezeit zur Verfügung gehabt hätte, ob sie sie ignoriert hätte? Ihrer Zeit weit voraus, hätte sie wohl erkannt, daß nicht alles, was neu ist, notwendigerweise auch schlecht ist, und würde die großartigen Möglichkeiten der modernen Kletterrosen für sich nutzbar gemacht haben. Sie hätte sie in ihre Gartengestaltung einbezogen, gerade so wie sie es mit Rittersporn und Fingerhut auch gemacht hat.

Aber so, wie ich mir sicher bin, daß sie Freude an unseren modernen Sorten gehabt hätte, bin ich mir auch sicher, daß sie sich von der guten Verwendbarkeit dieser Pflanzen nicht hätte abhalten lassen, ihre damaligen Rosen noch heute einzusetzen. In der Tat ist in unseren Gärten Platz für beide Gruppen. Wenn ich den alten Band von Jekyll und Mawleys Buch „Roses for English Gardens“ durchblättere, wird mir bewußt, wie wenig Kletterrosen wir heute verwenden. Liegt es daran, daß sie gelegentlich Pflege brauchen? oder daran, daß sie aufwendige Stützen benötigen? oder daran, daß wir uns im Vorbeigehen an ihren Stacheln verletzen könnten? oder daß wir nicht wissen, wie wir sie verwenden sollen, weil eine moderne Gertrude Jekyll fehlt? Wahrscheinlich ist ein bißchen von allem mit daran Schuld; zu allererst aber trifft wohl das erste zu.

Links: Sehr schöne Exemplare von Floribundarosen und Kletterrosen; im Garten von Deane Ross in Südaustralien
Rechts: Ein mit Kletterrosen bewachsener Zaun im Garten von David Ruston in Südaustralien

'Maigold', eine der am frühesten blühenden Kletterrosen

Eine Reminiszenz an vergangene Zeiten, die aber sicherlich nicht aus der Mode gekommen ist, sind die Rosen, die in Bäume klettern. Viele starkwüchsige Sorten sind dazu in der Lage, und obwohl die besten meist weiß oder crèmefarben sind, gibt es in der Regel für jeden Baum eine Rose in der passenden Größe.

Rustikale Klettergerüste und Pergolen sind heute zwar nicht mehr modern, aber das muß man nicht unbedingt bedauern, denn viele waren häßliche Ungetüme, für die mehrere 'Kiftgates' nötig gewesen wären, um sie zu verhüllen. Bei Rosenbögen aus Eisen ist das etwas anderes, sind diese doch weniger aufdringlich. Auch können sie selbst die schwersten Kletterrosen mit Leichtigkeit tragen. Das Problem besteht darin, daß viele moderne, öfterblühende Kletterrosen einen aufrechten Wuchs haben und nicht biegsam genug sind, um an einem Bogen in gleicher Weise wie beispielsweise 'Félicité et Perpétue' oder 'Adélaide d'Orléans' gut auszusehen. Das soll nicht heißen, daß moderne Rosen sich einer Nachhilfe widersetzen würden. Bei genügend Zeit und Geduld können etwa 'New Dawn' und einige ihrer Abkömmlinge wie zum Beispiel 'Pink Perpétue' sehr wirkungsvoll gebogen und gedreht werden. Es liegt an ihrem aufrechten Wuchs, daß sich moderne Kletterrosen so gut für Wände oder andere starke Bauteile eignen, denn an solchen Stützen brauchen sie weniger Pflege als ihre eifrigeren älteren Schwestern. Viele moderne kletternde Abarten sind viel zu steif und aufrecht, als daß sie sich für irgendetwas anderes als für ein kräftiges Gerüst eignen würden. Je mehr man eine solche Rose biegen, drehen und ziehen kann, um so schöner blüht sie. Bei Ramblern ist solches Biegen und Drehen allerdings kaum erforderlich. Sie bilden auch über ihre herkömmliche Rolle hinaus sehr gute Bodendecker, wenn man ihnen den Platz dafür einräumt, besonders an hohen Böschungen oder Hügeln.

ANMERKUNG: Rosen, die sich als Kletterrosen oder für Säulen eignen, sind im Lexikon-Teil durch das Symbol K gekennzeichnet, sehr starkwüchsige Sorten, die in Bäume klettern, durch das Symbol Bk.

Rosen als Hecken

Es gibt nur wenige Pflanzen, die von Natur aus Hecken bilden; aber viele lassen sich als Hecken verwenden, und Rosen gehören dazu.

Mit Rosen kann man nicht nur gute Hecken gestalten, man kann mit ihnen sogar kleine Wunder bewirken und sehr gut die oft schroffen Umrisse moderner Zäune abschwächen. Wie hoch und aus welchem Material ein solcher Zaun auch sein mag, es gibt immer eine Rose, die diese Aufgabe ohne großen Aufwand bereitwillig übernimmt. Einige der modernen Strauchrosen eignen sich dazu vorzüglich, besonders solche mit aufrechtem Wuchs wie 'Cocktail', 'Joseph's Coat', 'Nymphenburg', 'Fontaine', 'Karl Foerster', 'Lafter' und 'Vanguard'. Diese Sorten sind dauer- oder öfterblühend und erreichen eine Höhe von 1,80m oder mehr.

Um niedrige Zäune zu verbergen oder durch Farbe zu beleben, eignen sich viele der höheren und aufrecht wachsenden Floribundarosen. Dazu gehören 'Schneewittchen', 'Everest Double Fragrance', 'Chinatown', 'Escapade', 'Scarlet Queen Elizabeth' und 'Mountbatten'. Wie die modernen Strauchrosen müssen sie jedes Frühjahr zurückgeschnitten werden; außerdem sollten die verwelkten Blüten im Sommer entfernt werden, und gelegentlich muß gespritzt werden. Darüber hinaus ist nur wenig oder gar keine Pflege erforderlich. Sie wachsen auch kaum in angrenzende Bereiche wie Rabatten, Einfahrten oder Wege hinein. Für eine frei stehende Rosenhecke sollte man einige der älteren einmalblühenden Rosen in Erwägung ziehen. Viele dieser Pflanzen gedeihen auch, wenn man sich nicht um sie kümmert, und sie bilden einen undurchdringlichen Sichtschutz.

Moderne Rosen blühen im allgemeinen den ganzen Sommer über. Dazu ist Rückschnitt erforderlich; deshalb eignen sie sich weniger gut für eine freie Gestaltung. Einige der *Moschata*-Hybriden haben jedoch einen lockeren Wuchs und wirken recht natürlich, besonders wenn verschiedene Sorten kombiniert und dicht genug gepflanzt werden, damit sie sich gegenseitig durchwachsen können. 'Buff Beauty', 'Cornelia', 'Penelope', 'Pax' und 'Prosperity' sind dafür bestens geeignet. Auch Rugosarosen passen gut für den Heckenwuchs; sie wirken im übrigen weniger streng, wenn man sie sich frei entwickeln läßt – vor allem diejenigen, die Hagebutten hervorbringen wie 'Scabrosa', *Rosa rugosa*, *Rosa rugosa alba* und die niedrigere 'Frau Dagmar Hastrup'. Die gefüllten Sorten wie 'Roseraie de l'Hay', 'Blanc Double de Coubert' und die großartige 'Hansa' bringen nur wenige Hagebutten hervor, lassen sich deshalb durch Abschneiden der verwelkten Blüten und durch leichten Rückschnitt zu recht dichten Hecken formen. Rugosarosen tragen darüber hinaus im Herbst prächtig gefärbtes Laub. Auch viele der komplexeren Kreuzungen wie die 'Grootendorst'-Sorten, 'Nyveldt's White' und

'Roseraie de l'Hay', eine gefüllte Rugosarose; sie bildet schöne Hecken und trägt im Herbst prächtiges Laub *(rechts)*

'Sarah Van Fleet' bilden gleichfalls gute Hecken. Seien Sie mißtrauisch gegenüber billigen Heckenrosen, die als „perfekt" angepriesen werden – sie werden den hohen Erwartungen selten gerecht und erfordern viel Pflege, wenn sie nicht wie eine gestaltlose wuchernde Masse aussehen sollen.

Viele moderne Strauchrosen lassen sich nicht nur zum Verdecken von Zäunen verwenden, sondern bilden selbst gute Hecken. Damit soll nicht gesagt sein, daß solche Rosen für sich allein schon als Grundstücksabgrenzung ausreichen, in Verbindung mit einem Maschendraht entwickeln sie sich aber vorzüglich. Sie bilden auch innerhalb eines Gartens hervorragende freistehende Hecken. Die Liste geeigneter Sorten ist fast endlos: 'Alexander', 'Elmshorn', 'Erfurt', 'Fritz Nobis', 'Fred Loads', 'Kassel', 'Sadler's Wells' und 'Wilhelm' sind nur einige. Für eine niedrige Hecke eignet sich praktisch jede Floribundarose. Zusätzlich zu den genannten Sorten bilden die folgenden eine Auswahl quer durch die Farbskala: 'Beautiful Britain', 'City of Leeds', 'Frensham', 'Friesia', 'Living Fire', 'Margaret Merril', 'Nathalie Nypels', 'Southampton' und natürlich 'Queen Elizabeth'. In geringerem Umfang bilden auch Teehybriden eine verläßliche, pflegeleichte Hecke, beispielsweise die 'Gloria Dei'-Sorten und die reizende, einfach blühende 'Dainty Bess', ebenso 'Silver Jubilee', 'Sandringham Centenary' und 'Uncle Walter'.

In den 20er und 30er Jahren wurden Zwerg-Polyantharosen in großem Umfang als Hecken zum Unterteilen verwendet – eine Mode, die ich gern wiederbelebt sehen würde. Sie bieten eine breite Farbskala, dichten Wuchs, sind außerhalb der Blütezeit unaufdringlich und brauchen wenig Pflege.

Um eine gute Rosenhecke anzulegen, arbeitet man einfach eine ordentliche Menge organischen Materials in den Boden ein. Später schneidet man bei Bedarf zurück, um die Hecke in Form zu halten. Das Düngen und Spritzen gegen Schädlinge kann wie bei anderen Rosen erfolgen; verwelkte Blüten sollten ebenfalls entfernt werden. Die goldene Regel besteht darin, im ersten Jahr nach dem Pflanzen hart zurückzuschneiden, damit der Neuaustrieb des ersten Jahres von der Basis der Pflanze ausgeht.

ANMERKUNG: Rosen, die sich gut für Hecken eignen, sind im Lexikon-Teil durch das Symbol H gekennzeichnet.

Sowohl 'Buff Beauty' *(oben)* als auch 'Schneewittchen' *(rechts)* eignen sich hervorragend für die Kultur in schönen Töpfen

Moderne Rosen in Töpfen

Töpfe, Urnen, Behälter oder Kübel gibt es in verschiedenen Formen und Größen. Um mich nicht zu oft zu wiederholen, bezeichne ich sie alle als „Töpfe". Seit der viktorianischen Zeit ist diese Bepflanzung langsam aus der Mode gekommen. Dieser Rückgang war vorauszusehen, denn früher gab es viel mehr Wintergärten und Gewächshäuser, auch viel mehr Teerosen, die darin kultiviert wurden. Ferner gab es mehr Terrassen, die einen idealen Standort abgeben für Rosen während des Sommers, nachdem der erste Blütenflor unter Glas erfolgte. Die heutigen Gärten sind kleiner. Deshalb muß man sich eigentlich wundern, daß Rosen nicht häufiger in Töpfen kultiviert werden, insbesondere da die Auswahl viel größer ist. Es ist falsch anzunehmen, daß sich nur bestimmte Rosen für die Kultur in Töpfen eignen. Denn wenn der Topf groß genug ist, läßt sich fast jede Rose in einem Topf ziehen, selbst Kletterrosen von 3m Höhe. Ich kenne ein großartiges, sieben Jahre altes Exemplar von 'Coral Dawn'. Abgesehen von der Größe und dem Fassungsvermögen des Topfes liegt das Geheimnis dieser Bepflanzung im Boden. Wenn man die richtige Erdmischung wählt und für einen guten Wasserabzug sorgt, können Rosen in Töpfen viele Jahre gedeihen. Genaue Einzelheiten zum Boden usw. folgen im Kapitel über die Kultur der Rosen.

Alle Rosen lassen sich in Töpfen kultivieren, aber einige Sorten sind dafür besser geeignet als andere. Zwergrosen beispielsweise sind besonders gut, vor allem wenn sie veredelt wurden. Denn dann sind die Pflanzen größer und stark-

'Swany', eine sehr gute flachwachsende Rose; hier im Schaugarten meiner Rosenschule

wüchsiger, als wenn sie auf eigener Wurzel vermehrt wurden. Auch Zwerg-Polyantharosen fühlen sich wohl, ebenso viele Floribundarosen, besonders niedrigere Sorten wie 'Lady Romsey' und 'Meteor'. Teehybriden lassen sich natürlich auch in Töpfen kultivieren, eignen sich aber nicht ganz so gut, weil sie nicht so viele Blüten hervorbringen. Von allen Rosen mit einem niedrigem Wuchs sind die neuen „Patiorosen" am besten, und die Wuchsform beispielsweise der 'Meillandina'-Sorten oder von 'Gentle Touch' passen gut in moderne Steingefäße. Von den größeren Rosen machen sich die höheren Floribundarosen besonders gut; genannt seien hier nur 'Queen Elizabeth' und 'Schneewittchen'. Das gleiche gilt für viele Strauchrosen mit buschigem Wuchs – mir kommen 'Ballerina' und 'Yesterday' in diesem Zusammenhang sofort in den Sinn. Am besten eignen sich einige der flachwachsenden Sorten, besonders wenn man sie in große Gefäße pflanzt und dann über den Gefäßrand wachsen läßt. 'Nozomi' ist dafür ideal; sie dankt die liebevolle Zuwendung, wenn man sie in dieser Weise zieht. Leider ist ihre Blütezeit ziemlich kurz. In dieser Hinsicht eignen sich 'Fairyland', 'Fairy Damsel' und 'Smarty' besser. In größeren Töpfen kann man sogar sehr flachwachsende Sorten wie 'Snow Carpet' als Unterpflanzung für höhere Sorten mit mehr aufrechtem Wuchs (z.B. 'Schneewittchen') verwenden. Große Hochstämme wirken in Töpfen oft lächerlich, dagegen können Halb- und Viertelstämme gut aussehen, besonders wenn man niedrigere Rosen darunterpflanzt.

Abgesehen von Teerosen und Zwerg-Polyantharosen habe ich bisher nur moderne Rosen erwähnt. Aber auch viele Rosen aus früherer Zeit und nicht wenige Wildrosen gedeihen unter den beengten Verhältnissen eines Topfes, vor allem Portlandrosen wie beispielsweise ‘Comte de Chambord’, ‘Rose de Rescht’ und ‘Jacques Cartier’, ferner die Chinarosen ‘Cécile Brunner’ sowie ‘Perle d’Or’, die fast zwergwüchsigen Zentifolien ‘Rose de Meaux’ und ‘Pompon de Bourgogne’. Ich könnte noch viele weitere aufzählen. Von den Wildrosen habe ich eine *Rosa stellata mirifica* im Topf; sie ist acht Jahre alt und fühlt sich sichtlich wohl.

Wer noch nie Rosen in Töpfen kultiviert hat, sollte es versuchen; es lohnt sich. In kleinen Gärten kann das die einzige Möglichkeit sein, Rosen zu ziehen. Ich stehe dafür gerade, daß es leicht ist. In unserer Rosenschule haben wir Hunderte Rosen in Töpfen – einige davon seit über zehn Jahren. Sie gedeihen fast ohne Pflege, und ich stelle sie jedes Jahr auf der Chelsea Flower Show aus.

ANMERKUNG: Rosen, die sich für Töpfe eignen, sind im Lexikon-Teil mit dem Symbol ▽ gekennzeichnet.

Rosen unter Glas

Überall auf der Welt werden Rosen millionenfach gewerblich unter Glas kultiviert. Wo das Wetter unkalkulierbar ist, ist diese Methode der sicherste Weg, um Rosen als Schnittblumen für den Blumenhandel zu ziehen, zumindest in Gebieten mit hoher Bevölkerungsdichte wie Europa und Nordamerika, wo die Nachfrage sehr groß ist. Diese Bepflanzung ist Rosenliebhabern meist nicht zugänglich, da sie mit weitaus weniger Platz auskommen müssen. Der verbreitetste Weg, Rosen zu kultivieren, ist deshalb ihre Kultur in Töpfen. Wer sehr zeitig im Frühjahr blühende Rosen haben will, der muß heizen; das ist jedoch ein aufwendiger Luxus. Aber auch in einem Kalthaus oder Wintergarten lassen sich Rosen vier bis fünf Wochen früher zur Blüte bringen als im Freiland.

Vorgetriebene Rosen können bekanntlich viel Freude bereiten. Bei fachgerechter Kultur sind die Blüten genauso schön wie bei Freilandrosen – wenn nicht gar schöner. Wie bereits erwähnt, wurden viele der alten Tee- und Chinarosen in früherer Zeit auf diese Weise kultiviert. Sorten wie ‘Catherine Mermet’, ‘Le Vésuve’ und ‘Perle d’Or’ sind dafür sehr passend. Ich habe im Laufe der Jahre mehrere dieser Rosen ausprobiert und verstehe nun sehr gut, warum in viktorianischer Zeit so viele Herren außerhalb der Saison Rosen im Knopfloch tragen konnten. Den Liebhabern moderner Rosen sei gesagt, daß alle Teehybriden „Teerosenblut“ in ihren Adern haben und die zusätzliche Pflege und Zuwendung, die sie unter Glas erhalten, durch die ausgezeichnete Qualität ihrer Blüten belohnen. Zwei Sorten, die bei mir immer gut gedeihen, sind ‘Whisky’ und ‘Pascali’. Wenn man die höchstmögliche Qualität an Blüten erhalten will, müssen die Knospen vereinzelt werden, damit immer nur die jeweils mittlere Knospe zur Blüte gelangen kann. Ich mache das allerdings nur sehr selten und lasse meine Rosen lieber natürlich wachsen. Wer Rosen für die Vase ziehen möchte, sollte am besten solche Sorten wählen, die speziell als Treibrosen gezüchtet wurden, beispielsweise ‘Baccara’, ‘Sonia’ und ‘Belinda’. Wenn es mehr auf die Zahl der Blüten als auf deren Qualität ankommt, ist ‘Garnette’ am besten. Diese rote Rose bringt Büschel von Blüten hervor, die als Schnittblumen über eine Woche lang

Rosa banksiae lutea, hier in der Rosenschule von Trevor Griffiths in Neuseeland; sie bringt Schatten und Farbe in ein Gewächshaus; *rechts:* 'Catherine Mermet', eine gute Treibrose

halten. Eine ähnliche rosa Sorte ist 'Carol Amling'. Einige der älteren Teehybriden eignen sich ebenfalls gut als Treibrosen; viele von ihnen verströmen sogar (anders als die meisten modernen Treibrosen) einen herrlichen Duft. 'Ophelia' und ihre beiden Abarten 'Mme Butterfly' und 'Lady Sylvia' gedeihen bestens unter Glas, ebenso die leider nur noch schwer erhältliche 'Dr A.J. Verhage', die wunderschöne gelbe Teehybride von 1963.

Bei der Kultur unter Glas ist es gelegentlich erforderlich, für Schatten zu sorgen, um die Blüten vor zu starker Sonneneinstrahlung zu schützen. In einem größeren Gewächshaus kann man dafür sehr gut eine kletternde Rose verwenden. Ich empfehle eine geeignete Sorte mit üppigem Laub. Pflanzen Sie diese im Innern des Gewächshauses ganz an den Rand und ziehen Sie sie an der Innenseite der Verglasung empor, indem sie Drähte im Abstand von 30cm zum Glas und im Abstand von jeweils 15cm zueinander das ganze Gewächshaus entlang spannen. Sobald die Rose voll ausgewachsen ist, bietet sie den Pflanzen darunter Halbschatten. Für diesen Zweck eignet sich sehr gut die zartgelbe *Rosa banksiae lutea*; sie ist starkwüchsig und nicht ganz winterhart. Unter Glas blüht sie Anfang April, sie ist wenig oder gar nicht krankheitsanfällig, und da sie immergrün ist, wirft sie ihr Laub nicht ab.

ANMERKUNG: Rosen, die sich als Treibrosen oder für die Kultur unter Glas eignen, sind im Lexikon-Teil durch das Symbol Gh gekennzeichnet.

Rosen für die Vase und als Dekoration

Ich kenne keine Floristen, die nicht gern mit Rosen arbeiten; die meisten geben aber zu, daß die Verwendung von Rosen stets von einer gewissen Nervosität begleitet ist, da sie sich in der Vase nur kurz halten. Ich habe mich niemals eindeutig entschieden, ob ich für die Verwendung von Rosen als Schnittblumen bin oder nicht. Ich vermute, meine Zweifel sind darauf zurückzuführen, daß meine Großmutter nichts gegen Blumen im Haus hatte – dies aber nur, so lange sie aus anderer Leute Garten kamen. Bei mir zu Hause gibt es solche Regeln nicht.

Das Arrangieren von Blumen ist eine Kunst. Es geht dabei um Proportionen und um Ausgewogenheit. Bei Blumenausstellungen versäume ich nie, auch die Abteilung für Floristik zu besuchen. Bisher allerdings habe ich mit dem Urteil der Sachverständigen selten übereingestimmt. Das macht das Arrangieren von Blumen für mich noch interessanter. Die Damen von Floristikklubs müssen wohl starke Nerven haben: Vor einigen Jahren rief mich eine Dame an und bat um Hilfe. „Ich brauche für die Rossini-Festspiele 1.000 Blumen", so sagte sie. Bis ich in Sunderland ankam, verfluchte ich mich selbst, daß ich nicht nein gesagt hatte. Die Umstände waren lächerlich: In aller Herrgottsfrühe aufzustehen, 1.000 Rosen zu schneiden und dann sieben Stunden Fahrt ... Als ich aber die Kirche von Bishopswearmouth betrat, wußte ich, daß es sich gelohnt hatte. Ich war überwältigt von den Kunstwerken, die die Floristinnen in jener Kirche aus meinen Rosen gezaubert hatten. Als dann später die Sopranistin das Hohe C erreichte, fielen Blütenblätter zu Boden; das fügte meiner ersten Begegnung mit dem freundlichen Nordosten den Eindruck des Unwirklichen hinzu.

Schon das Aussuchen der Blüten, die geschnitten werden sollen, muß gelernt sein. Sind die Knospen noch zu fest, öffnen sie sich überhaupt nicht und halten nur kurz. Das beste Stadium ist, wenn die Kelchblätter anfangen, sich zurückzubiegen und die gefältelten Blütenblätter erste Farbe zeigen. Auch die Tageszeit ist wichtig: Der frühe Morgen und der späte Abend eignen sich am besten. Rosen sollten immer sofort bis zu den Blütenköpfen in Wasser gestellt und zwei bis drei Stunden lang an einem kühlen Ort aufbewahrt werden, bevor man sie in die Vase stellt. Fügt man dem Wasser zwei Löffel Zucker oder ein Glas Limonade zu, halten sich die Blüten ein paar Stunden länger. Bevor man die Rosen ins Wasser stellt, sollte man die beiden untersten Blätter entfernen und auf den unteren 7 bis 8cm die Stacheln abbrechen. Manche klopfen das Stielende flach, ich schneide es lieber etwa 1cm tief ein. Dadurch wird die Gewebefläche, die den Kontakt mit dem Wasser hält, vergrößert. So kann die Rose mehr Wasser aufnehmen. Bei heißem trockenen Wetter verwelken Schnittrosen schnell. Wenn man dann die Blätter leicht mit kaltem Wasser besprüht, sehen sie frischer aus. Fachleute haben mir geraten, das Stielende etwa eine Minute lang 2 bis 3cm in kochendes Wasser zu tauchen und die Rose dann wieder in kaltes Wasser zurückzustellen. Dadurch könne man manchmal, so sagten sie, welkende Blüten wiederbeleben.

Blumenbinden kann eine sehr hohe Kunst sein

Manche Leute meinen, daß man Sträuchern schadet, wenn man Blüten abschneidet. Gewiß, wenn man zu viele abschneidet, können die Pflanzen darunter leiden; aber ein dauerhafter Schaden entsteht nicht. Schneiden Sie immer dicht über einem Auge ab; dadurch vermeiden Sie, daß ein häßlicher Stumpf stehenbleibt.

Nelken sind auch schön und halten länger als Rosen, aber ich stecke mir nie eine Nelke ins Knopfloch. Ich ziehe eine Rose vor, und um sie frisch zu halten, verwende ich einen der kleinen Wasserbehälter, die unter das Revers passen …

ANMERKUNG: Rosen, die sich gut als Schnittrosen eignen, sind im Lexikon-Teil durch das Symbol „Schere" gekennzeichnet.

Rosen für Ausstellungen

Die erste nationale Rosenausstellung in Großbritannien fand 1858 in London statt. Sie markiert den Beginn einer für die Kultur der Rosen wichtigen Entwicklung. Seitdem erfreut sich die Kultur von Rosen ungebrochener Beliebtheit. Ausstellungen bieten allen Rosenliebhabern die Gelegenheit, ihr Geschick mit dem anderer zu vergleichen. Alle versuchen nämlich, die schönsten und größten Blüten zu produzieren und sie am vorteilhaftesten darzubieten. Aussteller brauchen sehr viel Fachwissen – ein gründliches Verständnis der Materie und entsprechende Geduld. Eine weitere gute Voraussetzung besteht darin, ein guter Verlierer sein zu können, denn Preisrichter haben die Gabe, die Auszeichnung immer der Rose des anderen zuzusprechen, die natürlich längst nicht so schön ist wie die eigene …

Ich möchte hier erklären, warum ich an dem Wettbewerb „Die schönste Blüte der Ausstellung" viele Jahre nicht teilgenommen habe. Bei den meisten Rosenausstellungen wetteifern die Rosenschüler um die beste Gesamtdarbietung. Aber die Qualität der einzelnen Blüten ist – obwohl sie in der Einschätzung der Juroren sehr hoch steht – nur ein Kriterium neben anderen, zum Beispiel der Zahl oder der Anordnung der Blüten. Rosenschüler umwerben außerdem die Kunden.

Sich an Ausstellungen zu beteiligen, kostet Geld. Man muß Kataloge durchforsten und Ausstellungen besuchen, um solche Sorten zu bestimmen, die einen Preis gewinnen könnten. Berücksichtigen Sie, daß bei Ausstellungen oft mehrere Klassen gebildet werden, die von einer bis zu zwölf Blüten einer Sorte reichen. Deshalb sollten Sie genügend Pflanzen vorsehen, um ausreichend Reserven zu haben. Bestimmte Sorten gewinnen immer wieder Auszeichnungen, und diese gilt es zu wählen. Es handelt sich dabei fast ausschließlich um Teehybriden.

Hat man die Sorten ausgewählt, besteht die Aufgabe darin, sie speziell für diesen Zweck zu kultivieren. Als erstes brauchen Sie einen guten Lehm, in den Sie vor dem Pflanzen reichlich organisches Material einarbeiten. Später geben Sie regelmäßig Rosendünger zu. Im ersten Jahr muß stark zurückgeschnitten werden. Denken Sie daran, es geht um die Qualität der Blüten, nicht um deren Zahl! Deshalb läßt man nur die kräftigsten Triebe stehen. Gesunde Rosen bringen große Blüten hervor, deshalb muß sorgfältig gespritzt werden. Auch der Zeitpunkt für den Rückschnitt muß genau auf das Datum der Ausstellung hin gewählt werden. Rückt der Termin näher, sollen die Blüten geschützt werden. Dazu gibt es kleine Schirmchen gegen den Wind. Sie können je nach Witterung verwendet werden. Die meisten Teehybriden bringen neben der Hauptknospe in der Mitte noch Nebenknospen hervor. Damit die Pflanze ihre Kraft auf die Entwicklung der einen Blüte konzentrieren kann, sollten alle kleineren Knospen entfernt werden.

Vor der Ausstellung sollten Sie sich mit den Erwartungen des Veranstalters vertraut machen und die Richtlinien und Kriterien sorgfältig studieren. Schon bei der geringfügigsten Mißachtung der Regeln kann man nämlich disqualifiziert werden. In Großbritannien hat die Royal National Rose Society Richtlinien herausgegeben, die für Aussteller und Preisrichter verbindlich sind. Die Richter bringen meist viel Erfahrung in der Kultivierung von Rosen mit. In jeder Klasse geht die Auszeichnung gewöhnlich an die Blüten mit der zum Zeitpunkt der Beurteilung besten Form, Größe, Frische, Reinheit der Farbe und Übereinstimmung mit dem Charakter der Sorte. Für andere Klassen von Rosen gelten teilweise eigene Kriterien, aber Teehybriden sind am schönsten, wenn sie zum Zeitpunkt der Beurteilung alle diese Kriterien erfüllen sowie deren Blüte in einem Stadium ist, in dem die äußeren Blätter sich entfaltet haben und in wohl proportioniertem Abstand stehen, während die mittleren noch eine konische Form aufweisen. Je nach Klasse und Typ der Rose können weitere Kriterien hinzukommen, beispielsweise Qualität und Sauberkeit der Blätter, Länge und Zustand des Stiels, Ausgewogenheit zwischen Größe der Blüte sowie Stärke des Stiels usw.

Die meisten Aussteller investieren viel Geschick und Geduld in das „Putzen" der Blüten. Sie verbringen viele Stunden damit, sie mit Kamelhaarbürsten, Pinzetten, Draht, Wattepads, Zahnstochern oder dergleichen vorzubereiten. Mit diesen Werkzeugen werden jedes Blütenblatt und jedes Fältchen in die gewünschte

Sowohl ‘Königliche Hoheit’ *(rechts)* als auch ‘Red Devil’ *(links)* sind beliebte Sorten für Ausstellungen

Form getrimmt. Diese Schönheitspflege geschieht in den letzten Stunden, bevor die Blüten sich selbst überlassen werden und der Gnade der Juroren ausgeliefert sind. Von dem Augenblick an, da die Blüten geschnitten wurden, ist äußerste Behutsamkeit erforderlich. Während des Transports können Blüten, die Anstalten machen, sich zu früh zu öffnen, mit weichen Fäden aus Wolle oder Raffiabast zusammengehalten werden; bei Blüten, die eine etwas ungleichmäßige Form haben oder noch nicht genügend weit geöffnet sind, werden kleine Kügelchen zwischen die Reihen der Blütenblätter gefügt, um diese Fehler möglichst zu korrigieren. Die Kügelchen werden gewöhnlich so geformt, daß sie genau passen; man kann dazu Styropor, Baumwolle oder ein Papiertaschentuch nehmen.

Diese Darstellung konnte auf viele Aspekte nicht näher eingehen, beispielsweise auf die richtige Anordnung mehrerer Blüten, die Bedeutung der richtigen Länge der Stiele, der abweichenden Anforderungen für die Ausstellung von Floribundarosen und darauf, wie man Blüten mit Draht verstärkt. Die Kunst des Ausstellens sollten vor allem diejenigen erklären, die sich in dieser Kunst bewährt haben. Doch lassen Sie mich einige Sorten empfehlen, die immer wieder Auszeichnungen gewonnen haben. Dazu gehören: ‘Admiral Rodney’, ‘Amatsu-Otome’, ‘Big Chief’, ‘Lakeland’, ‘Montezuma’, ‘Perfecta’, ‘Red Devil’ und ‘Königliche Hoheit’. Achten Sie auf die Namensschilder. Die Juroren legen Wert auf eine korrekte Schreibweise.

ANMERKUNG: Rosen, die sich zum Ausstellen eignen, sind im Lexikon-Teil mit dem Symbol Au gekennzeichnet.

Rosen-Hochstämme

Ich habe erwähnt, daß ich kein besonders großer Freund von Hochstammrosen bin. Für meinen Geschmack wirken sie zu gekünstelt und zu streng. Trotzdem

'Veilchenblau' als Hochstamm im Garten von David Ruston in Südaustralien

'Buff Beauty' als Hochstamm im Garten von David Ruston in Südaustralien

gebe ich zu, daß es in modernen Gärten für diese Art viele Verwendungsmöglichkeiten gibt. Auf meinen Reisen habe ich viele Hochstämme (oder „Rosenbäume", wie sie in einigen Regionen heißen) gesehen. Insbesondere zwei Exemplare konnten sich mir einprägen, beide aus dem Rosengarten von David Ruston in Australien. Beide hatten Stämme von einem Durchmesser, wie wir ihn in Europa nie erwarten können; ihre Kronen waren so mächtig, daß sie den Stamm verdeckten. Die eine war 'Buff Beauty', die andere 'Veilchenblau'. Rosenhochstämme kamen Mitte des 19. Jahrhunderts in Mode, und zur Zeit von William Paul enthielten die Kataloge viele Sorten. Heute ist ihre Zahl geringer – viele Rosen mögen es nicht, wenn sie ihren Saft durch einen langen Stamm hochziehen müssen; andere wiederum werden durch den Wind leicht umgeblasen.

Hochstämme erhält man, indem Augen ausgewählter Sorten in bestimmter Höhe auf eigens dafür gezogenen Stämmen veredelt werden. In Europa verwendet man vor allem *Rosa rugosa*, eine andere ist 'Pfander', eine Form von *Rosa canina*. In anderen Gegenden entscheidet man sich häufig für *Rosa multiflora* und die kletternde 'Dr Huey'. Hochstämme werden in 1m Höhe veredelt, Halbstämme bei 80cm und Trauerstämme bei 1,50m. Eine neue Entwicklung ist der Viertelstamm, der in etwa 45cm Höhe veredelt wird. Zwergrosen sieht man häufig in dieser Höhe; sie eignen sich sehr gut für Töpfe. Eine weitere Gruppe, die heute gern auf Hochstämmen veredelt wird, besteht aus den flachwachsenden Rosen mit langer Blütezeit. 'Nozomi' ist zwar nur einmalblühend, eignet sich aber ausgesprochen gut als Hochstamm. Bei ihrem herabhängenden Wuchs reichen ihre Triebe aus einer Höhe von 1,50m und mehr bis zum Boden herab. Diese Sorte

Duftende Träume: 'Sir Frederick Ashton' (*oben*), eine der wenigen duftenden weißen Rosen; 'Lady Sylvia' (*links*), seit über sechzig Jahren wegen ihres Duftes beliebt; 'Kazanlik' (*rechts*) wird in Bulgarien seit Jahrhunderten zur Herstellung von Rosenöl angebaut

verträgt sich aber nicht mit *Rosa rugosa*. Ohne ersichtlichen Grund stirbt sie plötzlich ab. Ich versuche es nun mit Stämmen von 'Pfander', und die auf diese Weise bisher produzierten Hochstämme haben sich als kräftig und gesund erwiesen.

Meine Favoriten sind die Trauerstämme – biegsame Rambler, die ohne große Hilfe nach unten hängend wachsen. Man kann spezielle Drahtgerüste verwenden, damit sie besser nach unten wachsen. Ich belasse sie aber lieber natürlich. 'Albéric Barbier', 'Minnehaha' und 'Excelsa' eignen sich dafür gut. Auch einige Strauchrosen lassen sich auf Hochstämmen veredeln, werden freilich leicht kopflastig, so daß sie abgestützt werden müssen. Ich mag 'Ballerina', 'Yesterday' und die reizende 'Canary Bird', die jeweils eine elegante Halb-Trauerrose ergeben, wenn sie auf Hochstämmen veredelt werden.

Floribundarosen, beispielsweise 'Schneewittchen', 'Evelyn Fison' und 'Arthur Bell', eignen sich gut als Hoch- oder Halbstamm. Von den Teehybriden passen die buschigen Sorten mit schönem Laub, beispielsweise 'Silver Jubilee', 'Alec's Red' und 'Grandpa Dickson', am besten. Orange ist sehr beliebt, aber in kälteren Regionen sollte man diese Farbe meiden, denn solche Rosen weisen meist eine geringere Winterhärte auf. Hochstämme sind anfällig für Schäden durch Wind, deshalb sollte man ihnen eine ausreichende Stütze geben und sie mit mindestens zwei kräftigen Schlaufen festbinden. Alle Trauerstämme sollten im ersten Jahr nach dem Pflanzen stark zurückgeschnitten werden.

Moderne Rosen und ihr Duft

Man mag sich einer Rose zuneigen, und es ist immer eine Enttäuschung, wenn eine schöne Blüte nicht auch duftet. Allerdings ist die Behauptung, moderne Rosen würden nicht duften, zu pauschal. Gewiß, in den 50er und 60er Jahren wurden viele nichtduftende Sorten eingeführt; aber die Züchter erkannten diesen Mangel bald, und heutzutage sehen die Dinge schon anders aus. Gegenwärtig werden nur selten Sorten herausgebracht, bei denen es sich nicht lohnt, noch ein zweites Mal zu „schnuppern". Bei Floribundarosen ist die Entwicklung noch nicht ganz so weit, aber es gibt einige gute Ausnahmen. Es gilt: Wer eine duftende Rose sucht, der braucht sich über mangelnde Auswahl nicht zu beklagen.

Die berühmte 'Frau Karl Druschki' war die erste weiße Rose, die wegen ihres fehlenden Duftes verurteilt wurde. Seitdem erlitten weitere weiße Rosen das gleiche Schicksal; zwei neuere Sorten aber, 'Margaret Merril' und 'Sir Frederic Ashton', sind gut mit Duft ausgestattet. Wenn man von duftenden Rosen spricht, darf man keinesfalls 'Ophelia', 'Mme Butterfly' und 'Lady Sylvia' unerwähnt lassen. Diese drei verdanken allein diesem Vorzug viel von ihrer langanhaltenden Beliebtheit. Seit dem Zweiten Weltkrieg haben auch 'Primaballerina', 'Duftwolke' und 'Anna Pavlova' wegen ihres Dufts viele Freunde gewonnen.

Die erste duftende Floribundasorte war 'Dusky Maiden'. Seitdem sind mehrere ausgezeichnete, intensiv duftende Sorten gezüchtet worden, obwohl es sich dabei immer noch um eine Minderheit handelt. In diesem Zusammenhang sind 'Arthur Bell', 'Fragrant Delight' und 'Margaret Merril' sofort gegenwärtig. Jeder Züchter weiß, daß eine gut duftende Rose immer einer guten nicht duftenden derselben Farbe vorgezogen wird. Deshalb brauchen wir keine Sorge zu haben, daß der Duft aus unserer Lieblingsblume jemals verschwinden wird.

ANMERKUNG: Im Lexikon-Teil finden Sie bei jeder Sorte eine Duftbeschreibung, wenn dies die Rose kennzeichnet.

TEIL III
Die Kultur der Rosen

Rosen auswählen und kaufen

Auch wenn Sie ein umfassendes Wissen über die Schwächen und Grenzen der verschiedenen Rosen haben, ist die Auswahl keine leichte Aufgabe. Es ist nicht wie bei einer industriell hergestellten Ware. Ein Spaten ist ein Spaten, und im allgemeinen entspricht seine Qualität dem Preis, den Sie zu zahlen bereit sind. Die Redewendung „Sie bekommen das, wofür Sie bezahlt haben" gilt zwar auch für Rosen, wenn man sie als Ware betrachtet, wobei es manchmal eine Rolle spielt, wo Sie diese kaufen. Eine teure Rose in dem einen Katalog muß aber nicht unbedingt besser sein als eine billigere der gleichen Farbe in einem anderen. Es kann sogar das Gegenteil der Fall sein, denn die Preisgestaltung der verschiedenen Sorten hängt nicht von der Größe oder Qualität der Pflanzen ab. Vielmehr ist der Preis das Ergebnis folgender Faktoren – der Schwierigkeitsgrad, die Sorte zu vermehren, wie lange die Sorte auf dem Markt ist, der Lizenzgebühren, die der Vermehrer an den Züchter abzuführen hat, wie selten die Sorte ist und wie stark sich die Nachfrage im Vergleich zu anderen gestaltet.

Es gibt für Rosen drei Hauptvertriebswege: Der am weitesten verbreitete und zweifellos beste Weg ist, die Rosen bei dem Betrieb zu kaufen, der sie vermehrt hat. Meist geschieht das auf dem Versandwege. Es handelt sich in der Regel um „wurzelnackte" Pflanzen. In Großbritannien hat der Verband der Rosenvermehrer RGA (Rose Growers Association) großen Einfluß auf die Rosenvermehrung. Die RGA wird durch ihre Mitgliedsbetriebe geführt und arbeitet kundenorientiert. Sie setzt Mindeststandards für Qualität sowie Service fest und vertritt die Interessen der Mitgliedsbetriebe. Es gibt keine Preisabsprachen; deshalb sind die Preise von Rosenschule zu Rosenschule und von Region zu Region unterschiedlich. Im großen und ganzen sollte aber eine Rose, die bei einem Mitglied der RGA gekauft wurde, zumindest dem Standard entsprechen, der von der British Standards Institution festgelegt wurde. In anderen Ländern gibt es vergleichbare Regelungen. Das soll natürlich nicht heißen, daß Vermehrungsbetriebe, die der RGA nicht angehören, nicht auch gut sein können. Seien Sie aber übervorsichtig, wenn Ihnen Rosen billig angeboten werden. Minderwertige Ware kommt oft durch Händler auf den Markt, die nie selbst eine Rose vermehrt haben. Solche Pflanzen können von geringer Qualität oder falsch ausgezeichnet sein. Natürlich können Sie auch Glück haben, aber das dürfte die Ausnahme sein.

Man kann Rosen zweitens auch im Kübel kaufen. So erhält man sie üblicherweise bei einem Gartencenter; allerdings bieten auch spezialisierte Vermehrer eine Auswahl in Kübeln an. Rosen in Kübeln werden aber nur selten auf dem Versandweg angeboten. Obwohl die Auswahl an Sorten oft sehr beschränkt ist, sind solche Rosen inzwischen beliebt, denn sie haben den Vorteil, daß man sehen kann, was man kauft. Rosen in Kübeln werden meist im Frühjahr und im Sommer verkauft, wenn es nicht möglich ist, die Rosen wurzelnackt zu pflanzen. In Gartencentern kann man manchmal (meist im Frühjahr) wurzelnackte Pflanzen kaufen, bei denen die Wurzeln eingewickelt sind. Um die Wurzeln frisch zu halten, werden bei dieser Methode die Wurzeln in Plastikbeutel gepackt, die feuchten Torf enthalten.

Drittens lassen sich Rosen in Läden und Supermärkten kaufen. Diese Pflanzen sind dann in Plastikbeuteln verpackt, bei denen ein meist geschöntes Bild auf den Inhalt verweist. Wenn Sie solche Rosen kaufen wollen, schauen Sie sich die Pflanzen zuvor gut an. Wenn sie trocken sind oder nicht mindestens zwei kräftige Triebe haben, dann nehmen Sie bitte Abstand von diesem Kauf.

Es ist wichtig, nur Pflanzen höchster Qualität zu kaufen. Wenn Sie mit guten Pflanzen anfangen, haben Sie im Laufe der Jahre viel mehr von Ihren Rosen. Es kann aber keinen Zweifel geben, daß man Rosen am besten direkt beim Vermehrer kauft. Er ist von der Qualität seiner Pflanzen gewöhnlich überzeugt und liefert also

Eine gewerbliche Rosenschule; hier stehen die Pflanzen noch in Blüte; im Herbst werden sie für den Verkauf ausgegraben

Ersatz, falls eine Pflanze in den ersten Wochen der Wachstumsperiode nicht angehen sollte.

Für die Auswahl der Sorten gibt es keinen geeigneteren Ort als eine Rosenschule, wo man die Rosen wachsen sehen kann. Sie lassen sich nicht alle gleich gut fotografieren, außerdem sind die Druckverfahren nicht unbedingt farbverbindlich. Viele Kataloge enthalten Beschreibungen; treffen Sie Ihre Auswahl aber nicht allein auf der Grundlage von Fotos. Entscheiden Sie nach Ihren Anforderungen und nach den Beschreibungen; sprechen Sie auch mit Fachleuten. Rosenschüler sind viel zu sehr auf ihren guten Ruf bedacht, als daß sie Ihnen etwas „andrehen" wollten, was Sie nicht gebrauchen können.

Ausstellungen sind eine gute Gelegenheit, Rosen in Blüte zu sehen. Manchmal aber sind die präsentierten Rosen unter Glas vorgetrieben, besonders im Sommer. Deshalb sollten Sie erst mit dem Vermehrer sprechen. Sobald Sie aber Ihre Auswahl getroffen haben, können Sie Ihre Bestellung aufgeben. Wurzelnackte Pflanzen lassen sich während der Ruhezeit jederzeit pflanzen. Wenn Sie aber im November pflanzen wollen, müssen Sie Ihren Auftrag spätestens im Juli oder im August erteilen. Da die meisten Rosenschulen die vielen Aufträge in der Reihenfolge des Auftrageingangs ausführen, ist es unmöglich, kurzfristige Bestellungen stets termingerecht zu erledigen. Noch aus einem anderen Grund sollte man früh ordern: Es kann sein, daß die Sorte Ihrer Wahl im Angebot knapp ist. Wenn Sie dann eine Enttäuschung erleben, kann es zu spät sein, Ihre Bestellung anderswo aufzugeben. Sollten Sie Ihren Auftrag trotzdem erst spät erteilen, bereiten Sie ein kleines Stück Boden vor, indem Sie es mit frostschützendem Material abdecken. Dann können Sie Ihre Rosenpflanzen einschlagen, wie immer das Wetter sein sollte. Rosenschulen vermeiden es in der Regel, ihre Pflanzen während strenger Frostperioden zum Versand zu bringen. Wenn das Wetter aber umschlägt, können sie nichts mehr ändern. Sollte der Boden zu hart gefroren sein, um einschlagen zu können, stecken Sie die Wurzeln in einen Sack oder in eine Kiste mit Torf und stellen Sie sie in einen Schuppen, bis sich das Wetter wieder gebessert hat. Pflanzen, die bei der Ankunft leicht trocken aussehen, deckt man einige Wochen mit Erde zu; das schadet ihnen nicht, und wenn Sie sie später ausgraben, sehen sie auch wieder frisch aus.

Die gewerbliche Vermehrung von Rosen

Zwar kennt niemand die exakte Zahl, aber in Großbritannien werden jährlich zwischen 18 und 25 Millionen Rosenpflanzen produziert. Das heißt: auf je drei Einwohner kommt eine Pflanze. Schätzen wir eine entsprechende Summe für die übrige rosenliebende Welt, so kommen wir auf eine sehr große Zahl ...

Daß ich mich entschlossen habe, etwas über gewerbliche Rosenvermehrung zu sagen, liegt an einer unangenehmen Erfahrung mit einer Kundin. Sie hatte kein Verständnis, daß es zwei Jahre dauern sollte, bis ich für sie eine seltene Sorte vermehren konnte. Wie in jeder anderen Branche werden Rosen vermehrt, um damit Gewinn zu erzielen. Zwar haben sich die Methoden seit Beginn des 20. Jahrhunderts gewandelt, die wesentlichen Prinzipien sind jedoch die gleichen geblieben, seit entdeckt wurde, daß man zwei Pflanzen durch Okulieren vereinen kann. Erst seit allerjüngster Zeit wird mit neuen Methoden experimentiert, so zum Beispiel mit Mikrovermehrung. Dabei ist noch völlig ungewiß, ob diese Methode breitere Verwendung finden dürfte, ebenso ungewiß ist es, ob alle Rosen so vermehrt werden können. Deshalb beschränke ich mich auf eine allgemeine Darstellung der herkömmlichen Methode, auf Mikrovermehrung komme ich auf Seite 122 zu sprechen.

Gewerbliche Rosenvermehrer brauchen an Anbaufläche mindestens das Vierfache der Fläche, die sie pro Jahr anbauen wollen. Das liegt einmal daran, daß Fruchtwechsel erforderlich ist, zum anderen, daß Rosen zwei Jahre brauchen, um verkaufsreif zu werden. Zu jedem Zeitpunkt wachsen also zwei unterschiedliche Jahrgänge heran. Und weil Rosen in einem Boden, auf dem zuvor schon Rosen gestanden haben, nicht gut gedeihen, müssen jeweils immer mindestens zwei Jahre dazwischen liegen.

Rosenvermehrer müssen heute mit modernen Maschinen ausgerüstet sein; das ist wichtig. Rechtzeitig vor dem Pflanzen wird der Boden durch Pflügen und Erdverbesserung vorbereitet. Rosenunterlagen werden viele Monate zuvor bei spezialisierten Vermehrungsbetrieben bestellt. Sie treffen im November ein und werden entweder im Freiland eingeschlagen oder in einem kühlen Keller aufbewahrt, bis der Boden und die Witterung das Pflanzen zulassen. In Großbritannien ist das meist im Februar oder März der Fall. Die Unterlagenpflanzen werden mit einer von einem Traktor gezogenen Maschine gepflanzt, die von vier Arbeitern bedient wird. Der Abstand zwischen den Reihen beträgt meist 75 bis 90cm, zwischen den Pflanzen einer Reihe meist 15cm. Bei dieser Pflanzdichte kommen 25.000 Pflanzen auf 4.000m². Ein Team schafft an einem Tag just 25.000 Pflanzen. Nach dem Pflanzen wird vom Sprühwagen aus vorsorglich mit einem Insektenschutzmittel gespritzt. Der Dünger wurde vorher dem Boden beigegeben.

Mitte Juni sind die Unterlagenpflanzen so weit, daß okuliert werden kann (siehe Seite 121). Neben dem Herausnehmen der Rosen im Herbst ist das Okulieren die zeit- und kostenintensivste Teilaufgabe im Prozeß der Rosenvermehrung. Es handelt sich dabei um eine Technik, deren Grundlagen nicht besonders schwer zu erlernen sind, sofern der Lernende einigermaßen geschickt ist. Die Geschwindigkeit kommt dann mit der Übung und der Erfahrung. Es ist mehr eine Arbeit für Jüngere; denn die Arbeit muß den ganzen Tag lang im Bücken verrichtet werden. Das Geheimnis des Okulierens liegt in der Geschwindigkeit, mit der die Arbeit ausgeführt wird. Je schneller der Okulierer arbeitet, um so größer ist die Wahrscheinlichkeit, daß die Augen „angehen". In der Regel arbeiten immer zwei Okulierer parallel, gefolgt von jemandem, der die Veredelungsstelle mit einem kleinen Latexpflaster verbindet. Ein gut eingespieltes Dreierteam kann an einem Tag bis zu sechs- oder siebentausend Augen veredeln. Den Okulierern arbeitet ein anderes Team zu, das dafür verantwortlich ist, die Edelreiser zuzuschneiden und die Stacheln zu entfernen. Wenn das Wetter günstig ist, ist die Arbeit des Okulierens bis Ende Juli vollbracht. Es wird niemals bei Regen okuliert. Man kann zwar auch später noch okulieren, aber je kürzer die Tage werden, um so geringer wird die Chance, daß alle Augen „angehen". In der Hochsaison wird versucht, mindestens 90% zu erzielen, bei manchen Sorten sind 100% nicht ungewöhnlich. Weniger als 85% gilt bei modernen Sorten als unbefriedigend, bei alten Rosen allerdings zählt eine solche Quote immer noch als gut. Den Sommer über müssen die Pflanzen durch regelmäßiges Spritzen vor Krankheiten und Schädlingen geschützt werden.

Der Schritt nach dem Okulieren ist das Abschneiden der Krone. Man bezeichnet diese Arbeit als „Absetzen" oder „Abwerfen". Das geschieht in den Wintermonaten, je nach Witterung im Januar oder Februar. Dabei wird die gesamte Krone der Unterlagenpflanze dicht oberhalb der Veredelungsstelle abgeschnitten. Man nimmt dazu eine Rosen- oder Baumschere; einzelne Großbetriebe setzen auch pneumatisch betriebene Scheren ein. Im späten Frühjahr wird dann ein ausgewogener Rosendünger aufge-

1

2

3

4

1 Von einem Trieb oder „Edelreis" wird ein Auge entfernt; 2 das innere Holz wird entfernt; 3 das Auge wird in eine vorbereitete Unterlage eingesetzt; 4 zum Schutz wird die Veredelungsstelle mit einem Latexpflaster verbunden

bracht, außerdem nochmals vorsorglich gegen Insektenschädlinge und Krankheiten gespritzt. Bis Mai hat der Austrieb eine Länge von 7 bis 10cm erreicht. Einige Vermehrer schneiden die jungen Triebe auf 2 bis 3cm zurück, damit von der Veredelungsstelle mehrere Triebe ausgehen. Anfang Juni sind die Jungpflanzen etwa 15cm hoch. Dann hoffen die Vermehrer auf windstilles Wetter, denn in dieser Phase sind die Pflanzen empfindlich; sie können bei starkem Wind leicht aus der Veredelungsstelle gerissen und weggeblasen werden. Ein paar windige Tage bleiben nicht aus, und die Verluste können erheblich sein. Anfang Juli stehen die Pflanzen in Blüte und werden zum Schneiden von Edelreisern verwendet, mit denen wiederum die Veredelungen für das nächste Jahr durchgeführt werden. Während die Pflanzen heranwachsen, muß sorgfältig auf eventuelle Wildtriebe geachtet werden, die sich unterhalb der Veredelungsstelle bilden können. Man entfernt sie, sobald man sie entdeckt. Gegen Blattläuse, Sternrußtau, Mehltau und Rosenrost wird regelmäßig gespritzt.

Bis Oktober sind die jungen Pflanzen ausgereift; dann wird mit dem Herausnehmen begonnen. Man setzt dafür gewöhnlich einen speziellen Pflug ein, mit dem der untere Teil der Pflanzen abgeschnitten wird, so daß sie leicht von Hand herausgezogen werden können. In den großen Vermehrungsbetrieben, die den Handel beliefern, wird ein Teil der herausgenommenen Pflanzen in einem Kühlhaus eingelagert, wo sie geschützt sind. Auch einige Vermehrer, die an Endverbraucher vertreiben, gehen methodisch in dieser Weise vor. Andere Vermehrungsbetriebe nehmen die Pflanzen aus dem Boden, wenn sie gebraucht werden, um ihre Aufträge auszuführen. Die Einteilung in Güteklassen ist besonders wichtig. Bis zum Zeitpunkt des Verkaufs sind etwa 75% als „erstklassig" einzuordnen, die übrigen sind nicht angegangen, durch Wind verloren gegangen oder zu klein. Da es unmöglich ist, den Bedarf zwei Jahre im voraus zu planen, kommt es selten vor, daß alle Pflanzen einer Sorte verkauft werden können, obwohl das natürlich angestrebt wird. Wie bei den meisten Pflanzen mit langer Vegetationsperiode ist die Vermehrung von Rosen sowohl kosten- wie auch arbeitsintensiv; jegliche Kulturfehler können verheerende Folgen haben. Sorgfältige Schulung und erfahrene Arbeiter sind deshalb besonders wichtig.

Vermehrung

Dieser Abschnitt behandelt die Methoden der Rosenvermehrung. Eine ausführliche Darstellung finden Sie in „Klassische Rosen".

Okulieren

Okulieren ist die von gewerblichen Rosenvermehrern am häufigsten verwendete Vermehrungsmethode. Wie der Name vermuten läßt, wird dabei ein Auge von einem Trieb einer Pflanze entnommen und auf einen Trieb oder eine Wurzel einer anderen implantiert. Vorausgesetzt, daß der Lernende geschickt ist und sich gut bücken kann, bedarf es nur weniger Stunden, um das Prinzip zu erlernen. Danach machen Übung und Erfahrung den Meister. Okulieren ist die wirtschaftlichste Methode der Rosenvermehrung, denn aus einem Zweig einer Pflanze können mehrere neue entstehen. Der Trieb einer Pflanze hat im Durchschnitt etwa sechs Augen, deshalb können aus einer gut entwickelten Rosenpflanze mit fünf Trieben dreißig neue Pflanzen entstehen.

Pfropfen

Diese Methode wird bei der Vermehrung von Rosen nur selten angewendet; nur bei Zwergrosen ist sie üblich. Wie beim Okulieren besteht die Methode darin, daß von einer beliebigen Sorte, die vermehrt werden soll, ein Teil des Triebs (das sogenannte Edelreis) genommen und mit der Wurzel einer anderen Rose (der Unterlage) zu einer Einheit zusammengefügt wird.

Bei Zwergrosen erfolgt das Pfropfen in der Regel im zeitigen Frühjahr unter Glas, wobei die verwendeten Pflanzen sich noch fast im Ruhezustand befinden. Mit dieser Methode kann man von jeder Pflanze Dutzende von Veredlungen bekommen, bei denen die veredelten Pflanzen innerhalb von wenigen Wochen zu ausgereiften Pflanzen heranwachsen. Trotz ihrer geringen Größe wachsen Zwergrosen, nachdem sie auf die Wurzeln von beispielsweise *Rosa laxa* gepfropft wurden, sehr schnell, und die neuen Pflanzen sind robuster und größer als solche Pflanzen, die aus Stecklingen vermehrt wurden.

PFROPFEN

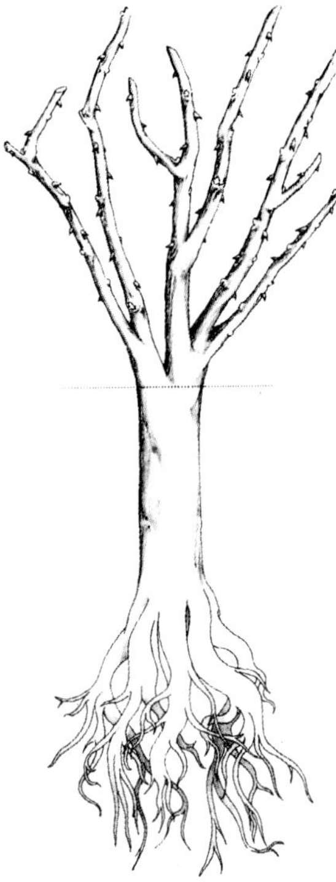

1 Unterlage mit Kennzeichnung der Stelle, an der der obere Teil abgeschnitten wird

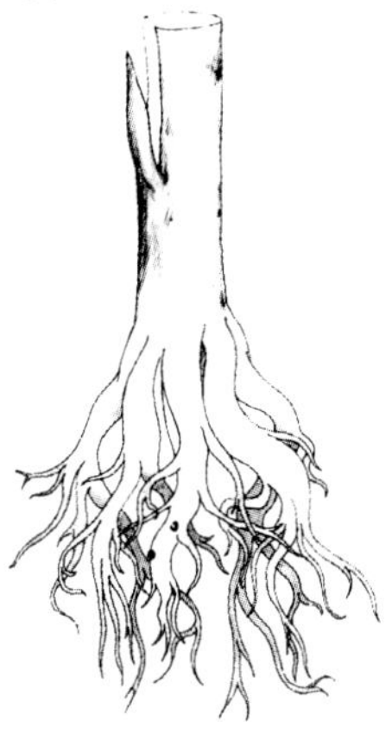

2 Die Unterlage wird eingekerbt

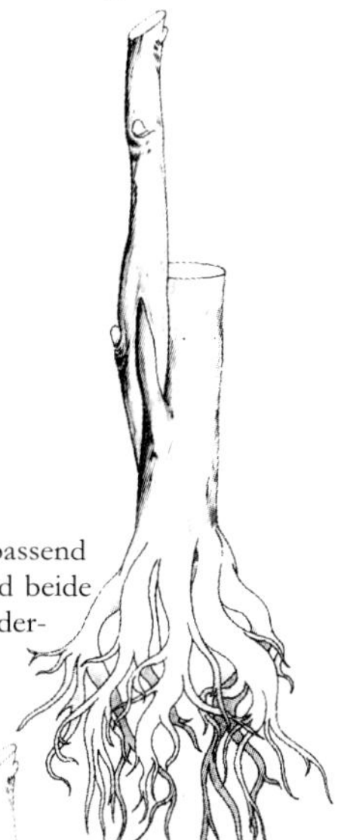

3 Das Edelreis wird passend dazu eingekerbt, und beide werden fest ineinandergefügt

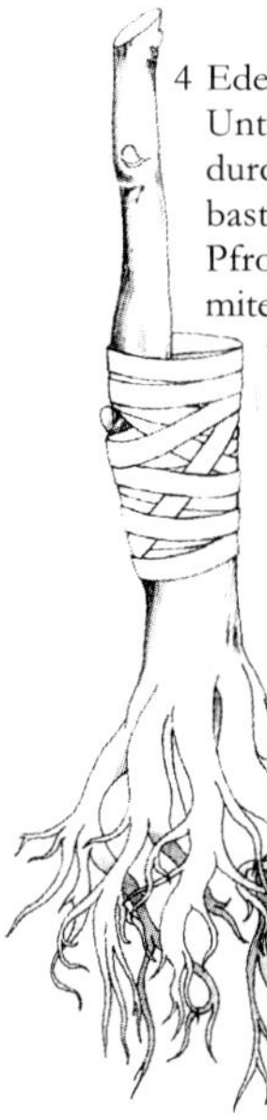

4 Edelreis und Unterlage sind durch Raffiabast oder Pfropfband fest miteinander verbunden

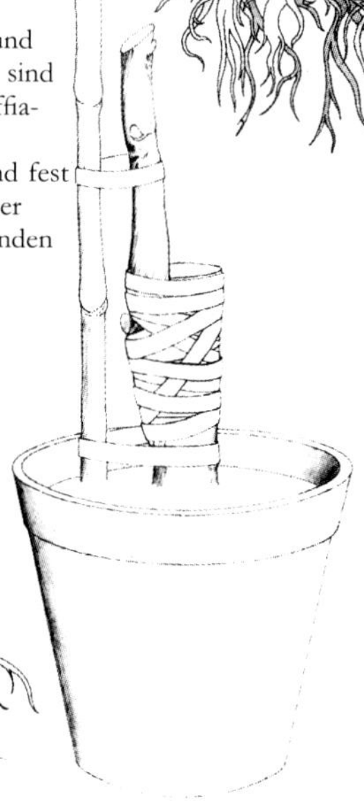

5 Die Verbindungsstelle wird durch Baumwachs wasserdicht gemacht, dann wird die Pflanze eingetopft, mit einem Stab versehen und festgebunden

Stecklinge und Steckhölzer

Die Vermehrung durch Stecklinge (im Sommer) oder Steckholz (im Herbst) wurde in der Vergangenheit bei der gewerblichen Vermehrung, ausgenommen Zwergrosen, nicht angewendet. Heute wird diese Methode bei einigen Sorten, besonders bei den sogenannten „Patiorosen" und den flachwachsenden häufiger verwendet. Denn diese bewurzeln sich anscheinend gut und können in Töpfen leicht umgepflanzt werden. Als wurzelnackte Pflanzen lassen sie sich nicht gut umpflanzen. Eines Tages, wenn die Kundschaft die Vorteile von Pflanzen auf eigener Wurzel erkannt hat und akzeptiert, daß solche Pflanzen kleiner sind als gewöhnlich, dürften in Gartencentern und Baumschulen mehr mit dieser Methode veredelte Pflanzen angeboten werden. Die meisten Rosen, die auf eigener Wurzel vermehrt werden, werden mit Stecklingen oder nicht ausgereiften Steckhölzern produziert und unter Glas mit einer Benebelungseinrichtung bewurzelt. Unter solchen Bedingungen bewurzeln die Stecklinge oder Steckhölzer in wenigen Wochen und können, nachdem sie umgetopft wurden, innerhalb von drei bis vier Monaten eine verkaufsreife Größe erreichen.

STECKLINGE UND STECKHÖLZER

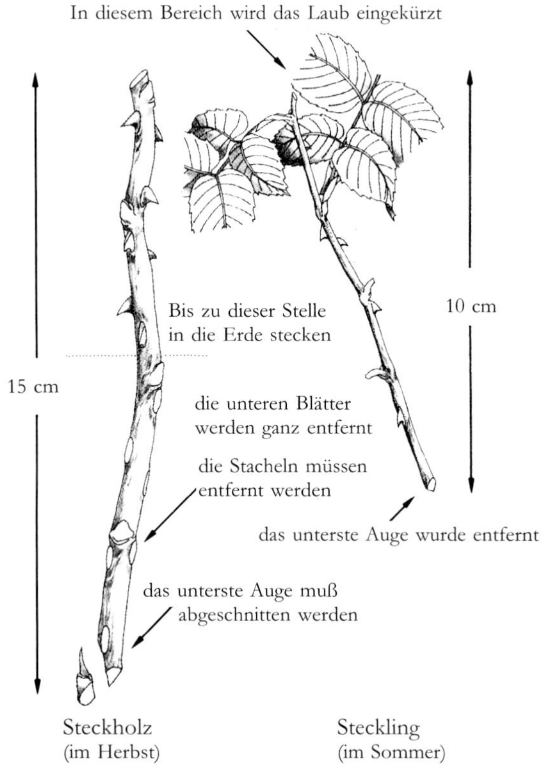

Bei einigen Sorten bewurzelt sogar selbst im Winter geschnittenes Steckholz gut. Trotzdem ist die Vermehrung von Rosen durch Stecklinge oder Steckholz nicht wirtschaftlich. Das Okulieren beispielsweise ergibt bis zu sechs Augen, ein Steckling nur eine Pflanze. Für Liebhaber eignet sich die Steckholz-Vermehrung am besten. Viele Sorten bewurzeln leicht, wenn man das Steckholz beispielsweise im Oktober schneidet. Von einem ausgereiften Trieb schneidet man ein ca. 15cm langes Stück ab und steckt es bis zur Hälfte in eine sandige Kompostmischung. Von Unterlagen wie *Rosa multiflora*, Hybriden wie 'Dr Huey' oder 'Indica Major' wird Steckholz im Winter von genügend starken Trieben geschnitten. Bevor man in Europa dazu überging, Unterlagenpflanzen aus Samen zu ziehen, wurden diese überall so vermehrt.

Stecklinge kann man mit Beginn des Frühsommers (Mitte Juni) schneiden. Das Laub wird eingekürzt, um die Verdunstung zu verringern, und der Steckling wird in einen Topf mit einer Torf-Sand-Mischung gesteckt. Damit diese nicht austrocknet, muß sie mit einem Plastikbeutel abgedeckt werden. Sobald der Steckling etwas ausgetrieben hat, wird der Beutel entfernt und die Pflanze bis zum Winter langsam abgehärtet; dann kann sie umgetopft werden.

Mikrovermehrung

Es ist unwahrscheinlich, daß diese Methode von einem Rosenliebhaber verwendet wird. Da dieses Buch aber die Rosen des 20. Jahrhunderts behandelt und ein wachsender Anteil der in Zukunft verkauften Rosen auf diese Weise vermehrt werden dürfte, möchte ich diese Methode kurz vorstellen: Mikrovermehrung ist eine Form vegetativer Vermehrung, die in sterilen Räumen oder Labors durchgeführt wird. Mit dieser Methode entstehen, wie bei Stecklingen und Steckholz, Rosen auf eigener Wurzel. Bevor diese Methode entdeckt wurde, waren Botaniker der Meinung, daß Wurzeln oder Triebe nur aus den Wachstumspunkten der Pflanzen entstehen könnten. Mikrovermehrung ist eine Form der Gewebekultur. Dabei wird eine geringe Menge Gewebe aus dem Wachstumspunkt oder einem Auge in der Blattachsel entnommen und dazu veranlaßt, weitere Wachstumspunkte zu produzieren, die ihrerseits wiederum Wachstumspunkte produzieren. Die dabei entstehenden Triebe haben zunächst keine Wurzeln; die Wurzelbildung muß extra angeregt werden. Dazu werden dem Medium, in dem die Triebe gezogen werden, natürlich vorkommende Bewurzelungshormone zugefügt. Sobald sie Wurzeln gebildet haben, werden die Pflänzchen noch einige Zeit in dem Medium belassen und dann behutsam in normale Komposterde umgesetzt.

Es ist noch ein weiter Weg, bis diese Vermehrungsmethode Eingang in die Praxis der gewerblichen Rosenvermehrung finden wird. Das schwierigste Stadium ist dabei das Umsetzen der Pflänzchen in normale Erde; aber die Forschung schreitet fort, und es besteht kein Zweifel, daß alsbald Mittel und Wege gefunden werden dürften, um das zu erleichtern.

Nicht alle Gruppen von Rosen eignen sich gleichermaßen für eine Mikrovermehrung. Teehybriden und Floribundarosen gedeihen auf eigener Wurzel nicht so gut wie veredelte Pflanzen, und einige Strauchrosen eignen sich noch weniger. Bei vielen Zwerg- und flachwachsenden Rosen scheint es jedoch zu funktionieren. Deshalb wird diese Methode zur Zeit hauptsächlich bei ihnen angewendet. Das liegt vielleicht daran, daß dergestalt vermehrte Pflanzen im ersten Jahr viel mehr Triebe von der Basis her entwickeln als das bei den durch Okulieren oder durch Steckholz vermehrten der Fall ist. Ein Vorteil der Mikrovermehrung besteht darin, daß die Bewurzelung schneller erfolgt, ein weiterer, daß aus einem winzigen Gewebeteil viele Pflanzen produziert werden. Mit dieser Methode können Züchter neue Sorten schneller auf den Markt bringen als mit konventionellen Methoden.

Züchten

In den bisherigen Kapiteln war schon viel von den Züchtern die Rede; deshalb will ich kurz auf ihre Arbeit eingehen.

Durch Züchten entstehen durch absichtliches Kreuzen zweier Arten oder Sorten Hybriden oder Kreuzungen. Hybriden können auch durch natürliche Kreuzung zweier Pflanzen durch Insektenbestäubung entstehen. In früherer Zeit sammelten Züchter die Hagebutten von Rosen, die nahe bei anderen Rosen gestanden hatten, in der Hoffnung, daß die Natur ihren Lauf genommen habe und Hybriden entstanden waren. Heute heißt Züchten mehr: Züchter erzielen ihre Hybriden durch bewußtes Kreuzen zweier gezielt ausgewählter Sorten. Am besten führt man das Kreuzen unter Glas aus. Unter den Bedingungen eines Gewächshauses kommen die Rosen früher zur Blüte, wodurch die Samen voll ausreifen können, selbst wenn der Sommer sehr unfreundlich war.

Botanisch gesehen handelt es sich bei einer Rosenblüte um eine „perfekte" Blüte; das soll heißen, daß die Blüte sowohl männliche als auch weibliche Organe aufweist. Um Selbstbestäubung auszuschließen, werden die männlichen Organe, die Staubfäden, entfernt, bevor eine Blüte mit Pollen einer anderen Blüte bestäubt wird. Das bezeichnet man als „Beschneiden". Dieser Vorgang muß sehr behutsam erfolgen, damit dabei nicht andere Teile der Samenkapsel bzw. des Fruchtbodens beschädigt werden. Damit die Staubfäden entfernt werden können, müssen zuvor auch die Blütenblätter abgenommen werden. Es kommt dabei auf den richtigen Zeitpunkt an, denn einerseits muß die Blüte vollständig entwickelt sein (und bereit zur Befruchtung), andererseits darf noch keine Selbst- oder Fremdbestäubung stattgefunden haben. Dieser Zeitpunkt ist bei einer Rose dann gegeben, wenn die Blütenblätter die Fortpflanzungsorgane noch bedecken, und kurz bevor der Pollen reif ist.

Obwohl die Züchter sich sehr bewußt sind, daß beim Kreuzen zweier Hybriden eine genaue Vorhersage über die Abkömmlinge nicht möglich ist, achten sie durchaus auf die möglichen Eigenschaften dieser Abkömmlinge, indem sie sich die Stammbäume der beiden Elternsorten ansehen. Auf diese Weise möchten sie eine gewünschte Eigenschaft bewahren oder den Fehler einer Sorte vermeiden. Dabei werden alle Möglichkeiten berücksichtigt – beispielsweise Blütenfarbe, Duft, Wuchsform, Laub, Winterhärte und (heute am allerwichtigsten) Resistenz gegen Krankheiten.

Nachdem die Samenkapsel durch Beschneiden vorbereitet ist, wird etwa einen Tag später, wenn die Narbe aufnahmebereit und leicht klebrig geworden ist, Pollen einer männlichen Elternsorte aufgebracht. Der klebrige Zustand kündigt sich normalerweise durch eine Farbveränderung an, beispielsweise von Crèmegelb zu Orange oder Gold. Der Pollen wird mit einer Kamelhaarbürste direkt von einer vollständig geöffneten Blüte, die von der Elternpflanze genommen wurde, aufgetragen. Je nach Sorte können die Pollenkörner groß, zahlreich und gut zu erkennen sein – oder klein, in geringer Anzahl und mit bloßem Auge kaum zu sehen. Die meisten modernen Rosen verfügen über reichlich Pollen, so daß sich, je nach der verwendeten Methode des Auftragens, mit den Pollen einer Blüte mehrere andere bestäuben lassen. Nachdem der Pollen aufgebracht ist, wird die Kreuzung durch ein Etikett gekennzeichnet, das unterhalb des Fruchtknotens am Blütenstengel befestigt wird. Allgemein wird bei der Beschreibung der Elternsorten die weibliche zuerst genannt. Wenn die Kreuzung erfolgreich war, fängt der Fruchtknoten an zu schwellen und zu reifen, und nach sechs bis acht Wochen wird er

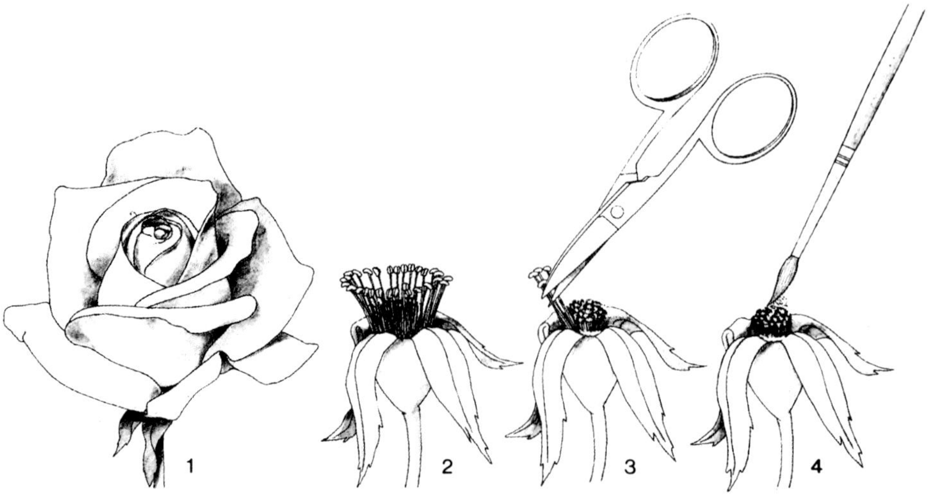

1 Blüte im richtigen Stadium für das Entfernen der Blütenblätter
2 nach dem Entfernen der Blütenblätter
3 nach dem Entfernen der Staubfäden
4 Pollen wird behutsam aufgebracht

orangefarben oder rot. Gegen Ende des Sommers werden die Hagebutten gesammelt und die Samen entnommen. Die unterschiedlichen Samen werden getrennt in Plastiktütchen aufbewahrt und sorgfältig beschriftet, damit alles leicht weiterzuverarbeiten ist.

Es ist wichtig, daß die Samen während des Winters wechselnden Temperaturen ausgesetzt werden. Vor noch gar nicht langer Zeit wurden sie mit Sand vermischt und im Freien aufbewahrt, um sie jedem Wetter auszusetzen; man nennt das „Stratifikation". Heute erzielen einzelne Züchter den gleichen Effekt, indem sie die Samen vor dem Aussäen ein paar Wochen in einen Tiefkühlschrank stellen. Man kann das Keimen dadurch fördern, daß man die Samen vor dem Aussäen eine Zeit lang in eine schwache Lösung von Gibberellinsäure taucht. Im Februar werden sie in einem angewärmten Gewächshaus etwa 1 bis 1,5cm tief in gute Komposterde gesät. Die Samen keimen sehr unterschiedlich, üblicherweise ab April bei einer Bodentemperatur von etwa 7 bis 10° C. Nach dem Keimen wachsen die Sämlinge recht schnell; manche stehen bereits sechs Wochen später in Blüte. In dieser Phase werden nur die besten behalten. Sie kommen ins Freie (entweder umgetopft oder okuliert) und werden dann weiter beobachtet. Von diesen Sämlingen sind nur ca. 10% eigenständig oder vielversprechend, um weitere Beobachtung zu rechtfertigen. Nach einem Jahr im Freien werden nur noch etwa 1% der anfangs ausgewählten Sämlinge für lohnend erachtet und weiterer Prüfung unterzogen.

Das Pflanzen wurzelnackter Rosen

Wurzelnackte Pflanzen können während der Ruhezeit jederzeit gepflanzt werden. In der nördlichen Hemisphäre ist das üblicherweise die Zeit von Ende Oktober bis Ende März. Allerdings sollte man nicht bei starkem Frost pflanzen.

Rosen mögen am liebsten guten, tiefen Lehmboden, mit etwas Nachhilfe gedeihen sie aber in fast allen Böden. Verzweifeln Sie nicht, wenn Ihr Boden leicht und sandig sein sollte oder es sich gar um Kalkboden handelt, denn bei sorgfältiger Auswahl der Sorten können Sie trotzdem schöne Blüten bekommen. Eine Faustregel besagt, daß man für leichte Böden starkwüchsige Sorten wählen soll. Selbst wenn diese nicht ganz die Größen laut Katalog erreichen, gedeihen sie besser als kleinere und zierlichere Sorten. Wenn Ihr Boden einen pH-Wert zwischen 6,5 und 7,5 aufweist, ausreichend tief ist und Sie Ihren Rosen etwas Pflege angedeihen lassen, sollten sie so gut wie überall gedeihen.

Beim Pflanzen einer neuen Rose ist es wichtig, die Erde, in die die Wurzeln eingebettet werden sollen, mit soviel organischem Material wie möglich anzureichern. Gut verrotteter Stallmist ist am besten, wenn dieser aber nicht beschafft werden kann, tut es auch eine gute Mischung aus Torf und Knochenmehl – eine Handvoll Knochenmehl auf einen Eimer Torf. Was auch immer verwendet wird, es muß vor dem Pflanzen sehr gut mit der vorhandenen Erde vermischt werden. Das Pflanzloch muß groß genug sein, damit die Rose darin bequem untergebracht werden kann, ohne daß die Wurzeln gestaucht werden müssen, und es muß tief genug sein, damit die Veredelungsstelle, also die Stelle, an der die Wurzeln in die Triebe übergehen, etwa 2 bis 3cm unter der Erde zu liegen kommt. Die Erde, die rund um die Wurzeln aufgefüllt wird, sollte gut festgetreten werden, damit keine Luftblasen entstehen. Zuletzt wird etwas Erde aufgeschüttet, um die Fußstapfen zu bedecken und um die Pflanze etwas anzuhäufeln. Düngen Sie zum Schluß noch leicht mit Knochenmehl oder einem speziellen Rosendünger, damit geben Sie der Pflanze eine kleine Starthilfe.

Der Abstand zwischen den Pflanzen hängt von der Rosensorte ab. Die meisten modernen Teehybriden und Floribundarosen pflanzt man am besten etwa 60cm auseinander. Bei niedrigeren Sorten reicht ein Abstand von 45cm; einige „Patio-“ und Zwergrosen kann man sogar noch enger pflanzen. Bei Rosen anderer Gruppen (beispielsweise bei Strauchrosen, flachwachsenden und Kletterrosen) orientieren Sie sich am besten an den Angaben in einem seriösen Katalog. Pflanzen Sie die Rosen nicht zu weit auseinander, das könnte die Gesamtwirkung beeinträchtigen. Rosen suchen durchaus gern die Nähe anderer Rosen.

Das Pflanzen von Rosen in Kübeln

Rosen in Kübeln kauft man meist im Sommer; pflanzen kann man sie aber das ganze Jahr über. Beim Herausnehmen aus dem Topf darf der Wurzelballen nicht beschädigt werden. Meist besteht der Kübel lediglich aus Plastikfolie; dann stellt man die Pflanzen am besten in das Pflanzloch hinein und schneidet dort die Folie auf, anstatt die Pflanze zu kippen und herauszulösen. In Deutschland ist Folie weniger üblich, meist wird ein Plastiktopf verwendet, aus dem man sie behutsam herausheben kann. Erst stellt man die Pflanze mit dem intakten Wurzelballen in das Pflanzloch, dann füllt man dieses mit Erde auf. Da die für Kübelrosen verwendete Komposterde meist Torf enthält, der schwierig zu wässern ist, stellt man den Kübel vor dem Pflanzen am besten eine halbe Stunde lang in einen Eimer mit Wasser. Wie bei wurzelnackten Rosen ist beim Pflanzen von Kübelrosen darauf zu achten, daß sich nach dem Pflanzen die Veredlungsstelle etwa 2 bis 3cm unter der Erde befindet. Das ist sehr wichtig, um die Bildung von Wildtrieben zu erschweren und um Windschäden vorzubeugen.

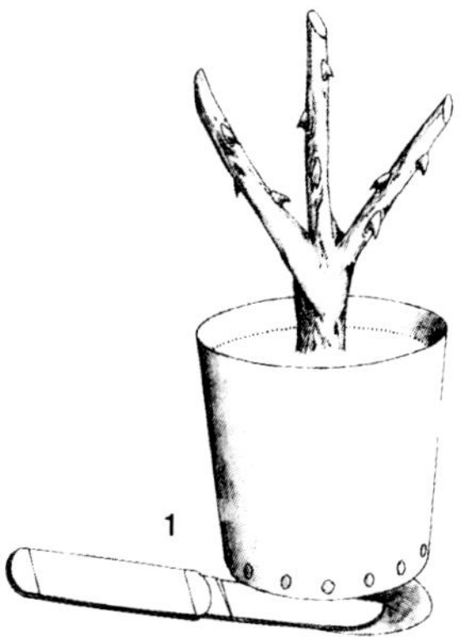

1 Sie entfernen den Boden des Plastikbeutels

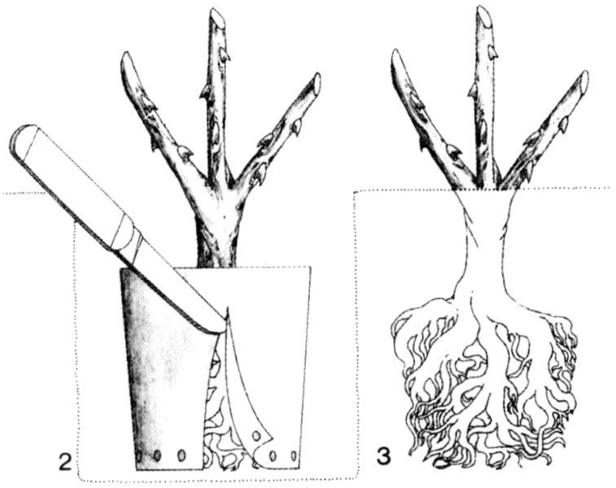

2 Der Kübel wird in das Pflanzloch gestellt, dann die Folie entfernen

3 Pflanzen Sie die Rose so tief ein, daß die Veredlungsstelle 2 bis 3cm unter die Erde kommt

DAS PFLANZEN VON ROSEN IN KÜBELN

Hochstammrosen, ob sie nun wurzelnackt sind oder im Kübel stehen, müssen durch einen stabilen Stab gestützt werden. Diesen Stab sollte man immer zuerst in den Boden rammen, bevor das Stämmchen eingepflanzt wird. Er sollte dabei mindestens 45cm tief eingeschlagen werden, damit er den Pflanzen genügend Halt gibt, bei sandigem Boden sogar noch tiefer. Sehr wichtig ist es, in seinen Überlegungen zu berücksichtigen, daß Rosen die Abneigung gegen einen Boden haben, in dem zuvor bereits Rosen gestanden haben. Pflanzen Sie deshalb eine Rose niemals genau an dieselbe Stelle, ohne entweder die Erde komplett auszutauschen oder dem Boden mindestens zwei Jahre Ruhe zu gönnen. Man kann diesem Problem auch durch chemisches Sterilisieren des Bodens beikommen; lassen Sie sich dafür aber vorher gut beraten und verwenden Sie beim Sterilisieren äußerste Sorgfalt. Wenn nicht das ganze Beet sterilisiert wird, können die benachbarten Pflanzen durchaus Schaden nehmen.

Der Rückschnitt

Die Frage, wie und wann Rosen zurückgeschnitten werden sollten, löst unter Rosenliebhabern gewöhnlich Kontroversen aus. Nach meiner Erfahrung haben fast alle Argumente etwas für sich. Der Rückschnitt ist viel weniger kompliziert, als man den Eindruck haben kann. Zu den wichtigsten „Werkzeugen" gehört als erstes gesunder Menschenverstand. Zweitens muß ein Gefühl für die Pflanze dazukommen. Drittens müssen ein Paar robuste Handschuhe Selbstvertrauen einflößen. Und viertens braucht man eine gute, scharfe Rosenschere. Rückschnitt ist für die Rosen lebenswichtig, denn Rosen, die nicht zurückgeschnitten werden, insbesondere Teehybriden und Floribundarosen, sehen bald kraftlos aus und bringen im Laufe der Jahre immer weniger schöne Blüten hervor.

Die wichtigste Regel ist, daß der Rückschnitt vor allem im ersten Jahr nach dem Pflanzen vorgenommen wird. Ohne Ausnahme sollten alle neugepflanzten Rosen auf 7 bis 8cm von der Basis jedes Triebes zurückgeschnitten werden; das gilt nicht nur für Teehybriden und Floribundarosen, sondern auch für Kletter- und Strauchrosen sowie Hochstämme. Der Grund besteht darin, daß die Pflanze angeregt wird, neue Triebe so nahe wie möglich an der Basis zu bilden, um so einen ausgewogenen, kräftigen Aufbau der Pflanze zu ermöglichen. Es kann kein Zweifel darüber bestehen, daß ein zaghafter Rückschnitt in dieser Phase mehr als jeder andere Kulturfehler dafür verantwortlich ist, daß neugepflanzte Rosen enttäuschen. Im Interesse meiner Kunden würde ich am liebsten alle Rosen fachmännisch geschnitten verschicken. Als wir das aber vor einigen Jahren versuchten, erhielten wir so viele Beschwerden, daß wir den Versuch abgebrochen haben.

In den Folgejahren muß der Rückschnitt nicht mehr so stark sein. Es wird mehr und mehr zu einer Frage des Ermessens, wie viele Triebe man ganz entfernt und um wieviel man die verbleibenden einkürzt. Berücksichtigen Sie, daß Rosen, wenn man ihnen auch nur eine Chance dazu gibt, sehr bald staksig werden und an der Basis verkahlen. Als Faustregel kann gelten, daß bei Teehybriden und Floribundarosen Triebe, die dünner sind als ein Bleistift, höchstwahrscheinlich keine Blüten irgendeiner lohnenden Größe hervorbringen; man sollte sie deshalb stärker zurückschneiden als kräftigere Triebe. Denken Sie daran, daß alles relativ ist, die Dicke eines Triebs ist nämlich immer im Zusammenhang mit der Gesamtgröße einer Pflanze zu sehen. Alles tote Holz sollte entfernt werden, und das Innere der Pflanze möglichst offen gehalten werden. Im Gegensatz zu anderen lege ich nicht so großen Wert auf einen schrägen Schnitt, aber wo immer möglich, sollte der Schnitt dicht oberhalb eines Auges erfolgen – möglichst eines gesunden Auges, das nach außen gerichtet ist. Mit der Zeit werden Sie aus Ihren Fehlern lernen, aber im Zweifel ist ein starker Rückschnitt besser als gar keiner. Was den richtigen Zeitpunkt betrifft, so gibt es Befürworter für den Rückschnitt im Herbst, im Winter und im Frühjahr. In gewissem Umfang hängt das vom Standort und der Strenge des Winters ab. Hier in Norfolk ist die Zeit von Ende Februar bis Anfang März am besten, in etwas milderen Gegenden kann diese Zeit durchaus ein paar Wochen früher beginnen bzw. später enden. Für welche Zeit Sie sich auch immer entscheiden, im Spätherbst sollten Sie alle Triebe ein wenig kürzen. Der Garten sieht dadurch ordentlicher aus, und Sie beugen den Windschäden im Winter vor.

Während des ganzen Sommers sollten Sie verwelkte Blüten abschneiden. Das ist wichtig sowohl für das Wohlbefinden der Pflanzen als auch für ein ordentliches Aussehen des Gartens. Verwelkte Blüten sollten mit einer Rosenschere abgeschnitten werden, und zwar dicht über dem ersten voll ausgebildeten Wachstumspunkt (Auge); knipsen Sie die Blüte nicht einfach mit den Fingern vom Stengel ab. Eine weitere Aufgabe für die Sommerzeit besteht darin, wachsam nach Wildtrieben Ausschau zu halten, also nach Trieben, die von einer Stelle der Pflanze unterhalb

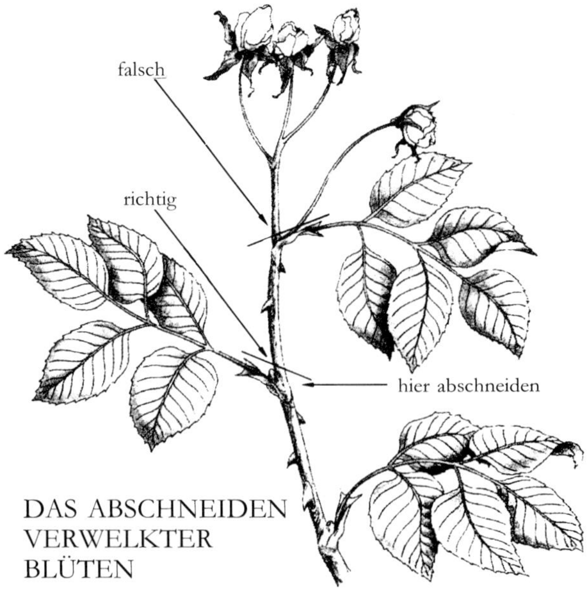

DAS ABSCHNEIDEN VERWELKTER BLÜTEN

Eine noch nicht zurückgeschnittene Rose im zeitigen Frühjahr; *rechts:* dieselbe Rose fachmännisch zurückgeschnitten; schneiden Sie immer oberhalb eines gesunden, nach außen weisenden Auges ab, etwa 3 bis 4 Augen oberhalb der Basis des Triebes

der Veredelungsstelle ausgehen. Für ein ungeübtes Auge sind Wildtriebe nicht immer ohne weiteres zu erkennen. Sobald sie aber eine Länge von 5 bis 7cm erreicht haben, fangen sie an, sich von den Haupttrieben der Rose zu unterscheiden. Dann müssen sie sofort entfernt werden. Dazu verfolgt man sie bis zum Ausgangspunkt zurück. Wenn die Rosen richtig gepflanzt wurden, kommen Wildtriebe fast immer aus dem Boden. Es ist deshalb meist erforderlich, den Wildtrieb im Boden ganz zu entfernen, ohne daß ein Stumpf zurückbleibt, von dem neue Wildtriebe ausgehen würden.

Hochstämme sollten genauso geschnitten werden wie die Buschform derselben Sorte, und Wildtriebe, die vom Stamm ausgehen, müssen sofort entfernt werden. Kletterrosen blühen am diesjährigen Holz. Je mehr Seitentriebe gebildet werden, um so besser, denn an ihnen erscheinen üblicherweise die Blüten. Die langen Haupttriebe sollten möglichst waagerecht gezogen und in verschiedenen Richtungen festgebunden werden. Dazu biegt man sie, so weit es nur eben geht, ohne daß sie brechen. Bei sehr starkwüchsigen Kletterrosen kürzt man die Haupttriebe um etwa ein Drittel ihrer Länge, um so die Bildung von Seitentrieben anzuregen.

Rambler blühen immer am vorjährigen Holz. Deshalb sollte man sie möglichst schon im Sommer zurückschneiden, sobald die Blüte beendet ist. Wenn das nicht möglich ist und sie später zurückgeschnitten werden müssen, sollte man so viele junge Triebe wie möglich stehen lassen und nur altes Holz entfernen, um die Pflanze in Form zu halten. Das gleiche gilt für Trauer-Hochstämme und für die einmalblühenden flachwachsenden Rosen („Bodendecker"), bei denen es auf dichten Wuchs ankommt. Alle Sorten, die den ganzen Sommer über blühen, sollten im Winter oder im Frühjahr zurückgeschnitten werden. Bei Strauchrosen hängt der Zeitpunkt etwas vom Typ ab, meist aber gilt das gleiche wie für Teehybriden und Floribundarosen: Versuchen Sie, die Pflanze im Innern offen zu halten und zur Bildung kräftiger Triebe von der Basis her anzuregen. Einige der älteren, einmalblühenden Strauchrosen läßt man am besten ungeschnitten; aber diese sind nicht eigentlich Gegenstand dieses Buches.

Boden und Düngen

Rosen gedeihen am besten bei einem pH-Wert von ca. 6,5, also in einem leicht sauren Boden, obwohl ihnen ein alkalischer nicht allzuviel ausmacht und viele Rosen einen pH-Wert bis zu 7,5 tolerieren. Sollten Sie der Meinung sein, daß der pH-Wert des Bodens in Ihrem Garten außerhalb dieser Bandbreite liegt, müssen sie ihn entweder bestimmen lassen oder mit Hilfe einer in guten Gartencentern erhältlichen (und sehr preiswerten) Testausrüstung selbst ermitteln.

Wenn die aufgestellten Regeln befolgt wurden, dann ist beim Pflanzen ausgiebig organisches Material in den Boden eingearbeitet worden. In den Folgejahren sollte jeweils im Frühjahr ein gut ausgewogener Dünger aufgebracht werden. Aber selbst bei sehr gut gepflegten Rosenbeeten kann es vorkommen, daß die Mischung der Nährstoffe aus dem Gleichgewicht gerät und die Rosen anfangen, kränklich auszusehen. Mangel oder Überschuß an einem Mineralstoff oder gar an mehreren ist dann wahrscheinlich die Ursache für ihre unglücklichen Rosen. Ein Mangel an Stickstoff zeigt sich in kleinen, entfärbten Blättern und an schwachem Wachstum. Zuviel Stickstoff, oft die Folge von Überdüngung, führt zu üppigem, derbem Laub und spärlichem Blütenansatz. Ein Mangel an Kali zeigt sich an dunklem, sprödem Laub, ein Mangel an Phosphat an kleinen, unterentwickelten, purpurverfärbten Blättern. Genügend Kali gehört bei Rosen zur Grundversorgung. In den meisten Böden besteht ein Mangel an Phosphat; deshalb kann man bei diesen beiden Mineralstoffen kaum zuviel düngen.

Mangel an einem oder mehreren Spurenelementen ist die häufigste Ursache für Probleme der Nährstoffversorgung bei Rosen. Solche Mangelerscheinungen zeigen sich als eine grünlichgelbe Verfärbung der Blätter (Chlorose). Gelegentliche gelbe Flecken, vor allem an älteren Blättern, können einen Mangel an Magnesium andeuten, und wenn junges Laub blaßgrün oder gelb ist, liegt dem oft ein Mangel an Eisen zugrunde. Magnesiummangel kann durch Bittersalz behoben werden, das entweder als Blattdüngung oder im Gießwasser zugeführt wird, und Eisenmangel wird durch Zugabe von löslichem Eisen ausgeglichen. Spurenelemente werden allerdings oftmals wegen eines Mangels an anderen Mineralstoffen von der Pflanze nicht aufgenommen; Zugabe von Kalk, besonders im zeitigen Frühjahr, unterstützt die Aufnahmefähigkeit, besonders die von Eisen.

Heute gibt es spezielle Rosendünger, die genau auf den Bedarf von Rosen abgestimmt sind, eine zweimalige Düngung damit sollte pro Jahr ausreichen, um die Rosen gut zu versorgen. Wenn der Boden allerdings ungeeignet sein sollte, läßt sich mit Düngen auch nicht viel ausrichten. Rosen sind zwar relativ tiefwurzelnd, sie brauchen aber Feuchtigkeit wie andere Pflanzen auch. Denken Sie bei der nächsten Trockenperiode auch an Ihre Rosen. Nichts ist für eine Rose frustrierender, als nach einem Schluck Wasser lechzen zu müssen, wenn nebenan der Rasensprenger, der für saftig grünen Rasen sorgt, sie um ein paar Zentimeter verfehlt.

Für Rosen in Töpfen sollte man möglichst gute Komposterde verwenden. Die ideale Mischung besteht aus einem Drittel sterilisierter Erde, einem Drittel Torf sowie einem Drittel scharfem Sand und Split, angereichert mit einer ausgewogenen Düngermischung und Kalk. Bedecken Sie den Topfboden vor dem Einpflanzen ausreichend mit Drainagematerial, Tonscherben oder ähnlichem.

ANMERKUNG: Rosen, die auch auf armen Böden gedeihen, sind im Lexikon-Teil mit dem Symbol Ar gekennzeichnet.

Schädlinge bei Rosen

Läuse sind die häufigsten Schädlinge bei Rosen, besonders die Blattlaus ist es. Bei geeigneter Witterung vermehren sich diese kleinen Geschöpfe außerordentlich schnell. Hier oder da eine Blattlaus, das ist nicht weiter schlimm, aber sie kommen selten nur als ein Pärchen; oftmals bevölkern binnen weniger Stunden Tausende die jungen Triebe sowie die saftigen Blütenknospen. Es gibt eine breite Auswahl an systemischen Schädlingsbekämpfungsmitteln; alle sind geeignet, diesem Schädling beizukommen.

In der Häufigkeit folgt dann vermutlich die Blattrollwespe. Die durch sie verursachten Schäden sind allerdings selten gefährlich, außer wenn sie epidemisch auftritt. Die Schäden sind eher optisch. In manchen Jahren, besonders nach einem milden, sonnigen Frühjahr, kann sie aber wirklich zum Problem werden. Blattrollwespen bevorzugen Kletterrosen und Rambler sowie solche Rosen, die nahe an einer Wand oder im Halbschatten stehen. Die ausgewachsene Blattrollwespe wandert von Blatt zu Blatt und legt ihre Eier ab. Dabei sondert sie gleichzeitig eine Substanz ab, die das Blatt röhrenartig zusammenrollen läßt, wodurch ihr Nachwuchs, eine kleine Larve, ein schützendes Gehäuse erhält, welches Räuber fernhält. Den ausgewachsenen Wespen kann man beikommen, indem man vom zeitigen Frühjahr an regelmäßig mit einem systemischen Mittel spritzt. Bei den Larven ist der

Schädlingsbefall wegen der gerollten Blätter viel schwieriger zu bekämpfen. Bei geringem Befall genügt es, wenn man die Blätter zwischen Daumen und Zeigefinger zerdrückt. Das ist zwar kein Heilmittel, unterbricht aber den Lebenszyklus des Insekts und beugt einem schlimmeren Befall später im Jahr vor. Für ernsthaften Befall gibt es eine Reihe von Chemikalien gegen Larven und Raupen. Befall von Raupen zeigt sich an abgefressenen Blättern und jungen Trieben.

Nicht ganz so häufig kommt die Schneckenförmige Rosenblattwespe vor. Sie hat einen ähnlichen Lebenszyklus und läßt Rosen unansehnlich aussehen. Dieser Schädling ernährt sich von den saftigen Teilen reifer Blätter und hinterläßt lediglich ein Skelett von Adern. Man bekämpft ihn auf die gleiche Weise wie die Blattrollwespe.

Ein weiterer Schädling ist die Rote Spinne. Ihre Anwesenheit ist nicht offensichtlich. Wenn man Zeichen ihrer Anwesenheit erkennt, deutet das schon auf einen ernsthaften Befall hin. Die Spinnen leben auf den Unterseiten der Blätter und sind als einzelne fast unsichtbar. Befallene Blätter verlieren ihre Farbe, werden schlaff und sind manchmal kokonförmig von einer Kugel aus grauem Spinngewebe eingesponnen. Außer in sehr heißen, trockenen Sommern kommt es selten vor, daß die Rote Spinne im Freien auftritt. Sie kommt viel häufiger in Gewächshäusern vor sowie bei Kletterrosen und Ramblern, die an einer heißen, schützenden Wand stehen. Die Bekämpfung der Rosenspinne ist schwierig, es gibt aber spezielle Chemikalien, die gut wirken, wenn der Befall früh genug erkannt wird.

Ein weiterer Schädlinge ist der Blasenfuß. Er ist eine große Plage für die Aussteller, denn bei heißem trockenen Wetter knabbert er die Ränder der Blütenblätter an. Man bekämpft ihn wie die Blattläuse.

Außer daß sie das Auge beleidigt, ist die Schaumzikade kein ernsthafter Schädling. Sie verbringt die erste Zeit ihres Lebens in einem Klümpchen aus einer speichelähnlichen Substanz, gewöhnlich unterhalb einer Blütenknospe an jungen Trieben. Am besten geht man gegen sie vor, indem man sie mit einem kräftigen Strahl wegwäscht, während man gegen andere Schädlinge oder Krankheiten spritzt. Schließlich gibt es auf dem Lande noch zwei Schädlinge, Kaninchen und Wild, die alles abfressen, wenn sie nur hungrig genug sind; das Aroma von Rosen mögen diese Tiere besonders. Wenn Sie sie in ihrer Umgebung wähnen, sollten Sie Ihren Garten einzäunen. Kaninchen sind besonders schädlich im Winter. Sie nagen, so hoch sie reichen, die Rinde um die Pflanze ab, manchmal, so scheint es, aus reinem Vandalismus.

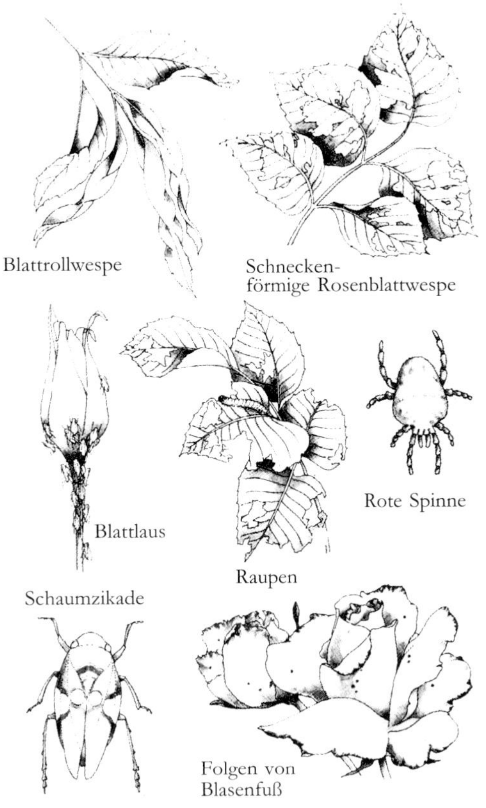

SCHÄDLINGE BEI ROSEN

Krankheiten bei Rosen

Mehltau ist zwar die häufigste, wohl aber die harmloseste von den Krankheiten, die die Rosen befallen. Bei günstigen Bedingungen kann der Befall bei bestimmten Sorten sehr früh in der Wachstumsperiode auftreten. Zuerst zeigen sich kleine Flecken grauen Belags an neuen Trieben, jungen Blättern und kleinen Knospen. Diese breiten sich schnell aus und bedecken bald alle jungen Teile der Pflanze. Wenn man nichts unternimmt, hemmt Mehltau das Wachstum, auch sieht er häßlich aus. Glücklicherweise kann man ihn durch Pilzmittel einfach bekämpfen; das Erfolgsrezept heißt aber vorbeugen, nicht heilen.

Auch bei Sternrußtau ist Vorbeugen besser als Heilen. Wie der Name besagt (englisch „Black Spot“: Schwarzfleckenkrankheit), zeigt er sich durch „schwarze Flecken“ auf den Blättern. Wenn man nichts unternimmt, bedecken diese Flecken bald das gesamte Laub, das dann vorzeitig abfällt. Ernsthafter Befall tritt selten auf, bevor die Rosen in Blüte stehen. Einige Sorten sind aber besonders anfällig für Sternrußtau, und die Bekämpfung ist in diesen Fällen schwierig. Bei den ersten Anzeichen dieses Problems müssen Sie die befallenen Blätter sofort entfernen.

Sternrußtau ist eine Pilzkrankheit, und mit abfallenden Blättern gelangen die Sporen leicht auf den Boden, wo sie den Winter über in Ruhe verharren, um im nächsten Frühjahr wieder da zu sein. Es ist deshalb ratsam, die Pflanzen und den sie umgebenden Boden zu der Zeit des Rückschnitts mit einem vom Fachhandel empfohlenen Spezialmittel zu desinfizieren.

Rosenrost ist mit Abstand die bösartigste und am schwierigsten zu bekämpfende Rosenkrankheit. Er ist außerdem sehr heimtückisch, entwickelt sich nämlich auf den Unterseiten der Blätter und befindet sich, wenn man ihn entdeckt, meist schon in einem fortgeschrittenen Stadium. Zunächst zeigen sich kleine, orangefarbene oder braune Pusteln, die dicht zusammenstehen und sich über die Oberfläche der Blätter, Triebe und Stacheln ausbreiten. Zum Schluß werden sie schwarz und erinnern an Ruß. Eine schwer befallene Pflanze stirbt bald ab, entweder durch die Krankheit selbst, oder weil sie nicht mehr in der Lage ist, im Winter dem Frost zu widerstehen. Bei den ersten Anzeichen der Krankheit müssen die befallenen Blätter entfernt und beseitigt und die befallene sowie die benachbarten Pflanzen sofort mit einem Mittel gegen Rosenrost gespritzt werden. Einige Sorten sind besonders anfällig. Verzichten Sie auf solche Sorten in einem Garten, wo Rosenrost sich schon als Problem herausgestellt hat.

Ich weiß aus bitterer Erfahrung, daß Schädlinge und Krankheiten an Rosen für manche zu einer Abneigung führen können. Wir Rosenschüler werden gern dafür verantwortlich gemacht, wenn die Probleme im ersten Jahr nach dem Pflanzen auftreten. Einmal hat man mich sogar für eine Blattlausplage verantwortlich gemacht. Versuchen Sie aber, realistisch zu bleiben: Rosen können genauso Krankheiten bekommen wie wir Menschen. Es ist nicht Ihr Fehler, sondern Teil des Ausgleichs der Natur, und vieles hängt mehr vom Wetter ab als von der Unzulänglichkeit eines Gärtners. Krankheiten bekämpft man am besten durch gute Pflege; gesunde Rosen leiden weniger unter Krankheitsbefall. Wenn eine Sorte häufig Probleme bereitet, verbannen Sie sie aus Ihrem Garten. Allerdings fällt es manchmal schwer, sich von einem guten Freund nur wegen einiger schwarzer Flecken zu trennen. Wenn man einen Garten ganz frei von Krankheiten halten will, kann er am Ende sehr langweilig aussehen.

ANMERKUNG: Rosen, die für Krankheiten anfällig sind, kennzeichne ich im Lexikon-Teil durch folgende Symbole: ST: anfällig für Sternrußtau; RR: anfällig für Rosenrost; MT: anfällig für Mehltau.

Unkrautbekämpfung

Das Geheimnis der Unkrautbekämpfung liegt darin, von vornherein für einen unkrautfreien Boden zu sorgen. Achten Sie deshalb bei der Vorbereitung des Pflanzlochs darauf, daß Wurzeln von mehrjährigen Unkräutern vollständig entfernt werden. Hat sich ein Unkraut erst einmal festgesetzt, ist es nur sehr schwer wieder auszurotten. Wie bei Krankheiten ist auch hier Vorsorge besser als zu heilen.

Außer bei Gartenfreunden, die viel Zeit haben, ist Hacken aus der Mode gekommen. Heute werden vor allem zwei Methoden angewendet. Die erste besteht in der Anwendung von Chemikalien. Chemische Unkrautbekämpfung ist aber gefährlich, sowohl für den Anwender als auch wegen der dadurch verursachten Umweltbelastung. Wenn Sie keine Bedenken gegen die Verwendung von Chemikalien haben, können diese natürlich sehr wirksam sein. Beachten Sie aber die Gebrauchsanweisung des Herstellers peinlich genau. Es gibt zwei verschiedene Typen, Kontaktmittel und Antikeimmittel. Die Bezeichnungen sprechen für sich: bei ersteren wird das Unkraut durch „Kontakt" mit der Chemikalie abgetötet, bei den zweiten verhindert die Chemikalie das „Keimen".

Die andere Methode ist weit weniger problematisch. Sie besteht darin, den Boden mit einer etwa 5 bis 7cm dicken Schicht von sterilem Mulch zu bedecken. Man kann groben Torf aus Schilf verwenden. Dieser baut sich aber relativ schnell ab und muß jedes Jahr erneuert oder aufgefüllt werden. Am besten eignet sich gehäckselte Baumrinde. Man erhält sie entweder in einem Gartencenter oder direkt bei einem Sägewerk, wenn Sie das Glück haben, in der Nähe eines solchen zu wohnen. Auch Sägespäne lassen sich verwenden; sie können aber, wenn sie von nicht ausgereiftem Holz stammen, Gifte enthalten. Außerdem sind sie leicht und werden bei trockenem Wetter somit schnell weggeblasen. Welches Material Sie zum Mulchen auch immer verwenden, eine Mulchschicht ist sowohl für die Rosen als auch für den Boden vorteilhaft, weil der Boden dadurch mindestens einmal im Jahr (am besten zur Zeit des Rückschnitts) bearbeitet wird. Ein Nachteil von Chemikalien (in geringerem Umfang auch von Mulch) besteht darin, daß dadurch das Unterpflanzen der Rosen mit Begleitpflanzen behindert oder gar unmöglich gemacht wird. Wenn Sie also, bevor Sie eine der beiden Methoden anwenden, zunächst einmal ein, zwei Jahre abwarten, erhalten andere Pflanzen (z.B. Frühlingsblüher) ausreichend Zeit, sich zu etablieren.

TEIL IV
Das Lexikon

Auswahl der Sorten

Für die Auswahl der Sorten für das Lexikon habe ich die neuesten Kataloge der Rosenschulen ausgewertet, nicht nur aus Großbritannien, sondern aus allen Teilen der Welt. Dabei habe ich nur solche Sorten oder Wildrosen aufgenommen, die derzeit von Rosenschulen und Gartencentern angeboten werden. Ich gestehe gerne, daß ich bei der Auswahl ein paar meiner Lieblinge einbezogen habe. Die meisten der ausgewählten Sorten sollten aber auf längere Zeit hin erhältlich sein.

Zusätzlich zu den Baumschulkatalogen habe ich mich außerdem in erheblichem Umfang auf folgende Veröffentlichungen gestützt: „Find That Rose" (wird jährlich von der British Rose Growers Association herausgegeben); „The Rose Directory" (erscheint in unregelmäßigen Zeitabständen, hrsg. von der der Royal National Rose Society); „The Combined Rose List" (wird von Beverly R. Dobson jährlich zusammengestellt und ediert); ferner die Bände 8 und 9 von „Modern Roses" (hrsg. von McFarland in Zusammenarbeit mit der American Rose Society).

Die Beschreibungen

Die meisten der beschriebenen Rosen kenne ich aus eigener Erfahrung. Bei Sorten, die eine Aufnahme in dieses Lexikon verdienten, die ich nicht selbst kenne, habe ich mich auf die Angaben der Züchter oder auf sonstige verläßliche Quellen gestützt; in diesen Fällen ist der Name der Rose mit dem Symbol * versehen.

Auszeichnungen

Viele Rosen haben in verschiedenen Teilen der Welt Auszeichnungen erhalten. Obwohl ich anerkenne, daß solche Auszeichnungen Erfolge ausdrücken und im allgemeinen auf eine gute Qualität hindeuten, bin ich nicht der Meinung, daß sie grundsätzlich auf überragende Qualität schließen lassen. Das gilt besonders bei Auszeichnungen, die jedes Jahr verliehen werden. Ehrungen werden deshalb im Lexikon-Teil nur dann erwähnt, wenn ein besonderer Anlaß besteht.

Aufbau der Beschreibungen

Bei allen Beschreibungen werden Buchstaben und andere Symbole verwendet, um auf besondere Verwendungsmöglichkeiten, Eigenschaften oder Schwächen der Rosen hinzuweisen. Diese Hinweise sind nur als Hilfe für diejenigen gedacht, die eine bestimmte Sorte nicht kennen. Sie spiegeln lediglich meine persönliche Erfahrung wider, in einigen Fällen auch die Meinung des Züchters. Die Beschreibung von Farbe und Duft erfolgte nach meiner persönlichen Beobachtung, ebenso die Anfälligkeit für Krankheiten, die übrigens auch von Faktoren abhängen kann, die nicht in der Sorte selbst begründet sind (Wetter, Bodenverhältnisse, schlechter Pflege etc.). Soweit bekannt, sind bei jeder Sorte der Name des Züchters, die Elternsorten und das Jahr ihrer Einführung angegeben.

Synonyme

Soweit Synonyme in Klammern aufgeführt werden, handelt es sich um geschützte Sortenbezeichnungen. Synonyme ohne Klammern sind Namen, unter denen die Rose sonst noch bekannt ist.

Maßangaben

Bei den Maßangaben wurde davon ausgegangen, daß die Rose in normalem Gartenboden kultiviert und, soweit erforderlich, regelmäßig fachmännisch zurückgeschnitten werden kann.

Erläuterung der Buchstaben und Symbole

F	Blüht nur im Frühling, gewöhnlich im Mai/Anfang Juni
S	Blüht nur im Sommer, gewöhnlich von Mitte Juni bis Ende Juli
R	Remontierend oder wiederholt blühend
D	Mehr oder weniger dauerblühend während des ganzen Sommers
K	Eignet sich auch als Kletterrose oder für Säulen
N	Eignet sich auch für Nordlagen (obwohl Rosen einen solchen Standort nur „tolerieren“)
Bd	Flachwachsende Rose („Bodendecker“)
Ra	Starkwüchsige Rose; ist befähigt, in Bäume zu klettern („Rambler“)
aB	Gedeiht auch auf armen Böden
H	Eignet sich auch für Hecken
Gh	Eignet sich als Treibrose bzw. gedeiht am besten im Gewächshaus
d*	Leicht duftend
d**	Gut duftend
d***	Stark duftend
BR	Eignet sich besonders als Beetrose oder für gruppenweise Anpflanzung
Au	Eignet sich besonders für Ausstellungen
V	Nur bei spezialisierten Rosenschulen verfügbar
⛉	Eignet sich für Töpfe, Urnen, Kübel usw.
MT ☂	Anfällig für Mehltau
RR ☂	Anfällig für Rosenrost
ST ☂	Anfällig für Sternrußtau
◍	Schattenverträglich (keine Rose liebt allerdings vollen Schatten)
☼	Gedeiht besonders gut in sonniger, warmer Lage
☺	Verträgt während der Blütezeit kein feuchtes Wetter
✂	Eignet sich auch gut als Schnittblume

Teehybriden (Edelrosen)

Die Bezeichnung „Teehybriden“ mag früher einmal gerechtfertigt gewesen sein – zur Bezeichnung der Hybriden von Teerosen, als diese neu auf den Markt kamen. Heute haben die meisten Sorten dieser Gruppe eine viel komplexere Abstammung als früher.

Im englischen Sprachraum wurde die Bezeichnung deshalb vor einigen Jahren in „Large Flowered“ („mit großen Blüten“) geändert. Diese neue Bezeichnung hat aber bei den meisten Rosenschülern nur geringe Beachtung gefunden, und in den meisten heutigen Katalogen werden sie immer noch als Teehybriden bezeichnet. Nachdem 1867 mit ‘La France’ die erste Teehybride eingeführt wurde, sind Tausende auf den Markt gebracht worden, von denen viele, vermutlich zu Recht, schnell wieder in Vergessenheit gerieten. In diesem Lexikon habe ich 221 Sorten beschrieben. Darunter sind einige recht neue und ein paar meiner besonderen Lieblinge, insgesamt aber hoffe ich, daß meine Auswahl einen guten Querschnitt zur Geschichte dieser beliebten und auffallenden Gruppe von Rosen darstellt.

Ihre Verwendbarkeit ist vielfältig. Viele moderne Sorten blühen so reich wie Floribundarosen und lassen sich ebenso als Beetrosen sowie für flächige Pflanzungen verwenden. Viele gedeihen auch gut zusammen mit anderen Pflanzen, beispielsweise machen sie sich sehr gut in Staudenrabatten. Für Hecken eignen sich nur wenige Sorten, die meisten aber fühlen sich in Töpfen oder Urnen wohl. Fast ohne Ausnahme eignen sie sich als Schnittblumen. Einige sind gerüstet, auf Ausstellungen Preise zu gewinnen, und eine noch größere Anzahl hat dieses Potential, wenn man sie unter Glas kultiviert.

‘Abbeyfield Rose’ (Cocbrose)

Cocker GROSSBRITANNIEN 1985
‘Bad Nauheim’ × ‘Silver Jubilee’
Reichblühend. Die Blüten von dunklem Rosarot sind nicht besonders dicht, haben aber eine sehr schöne Form. Buschiger Wuchs mit mittelgrünem Laub.
[D d* BR V] 90 × 60cm

‘Ace of Hearts’ *siehe* ‘Toque Rouge’

‘Admiral Rodney’

Trew GROSSBRITANNIEN 1973
Elternsorten unbekannt
Diese Sorte trägt riesige, aber sehr schöne Blüten in klarem Rosarot an einer buschigen Pflanze mit schönem Laub. Für Ausstellungen wird sie geschätzt. Für eine gute Gartenrose fehlen ‘Admiral Rodney’ die Starkwüchsigkeit und der Blütenreichtum.
[D d** Au ☺ ST V] 60 × 60cm

‘Adolf Horstmann’

Kordes DEUTSCHLAND 1971
‘Königin der Rosen’ × ‘Dr A. J. Verhage’
Die Blüten in dunklem Gelb, das orangerosa durchzogen ist, sind fast offen besonders schön. Aufrechter Wuchs mit mittelgrünem, glänzendem Laub.
[D d* Au V] 90 × 60cm

‘Alec’s Red’ (Cored)

Cocker GROSSBRITANNIEN 1970
‘Duftwolke’ × ‘Dame de Cœur’
Karmesin- bis kirschrote Blüten werden im Überfluß hervorgebracht. Knospen sind, bevor sie sich öffnen, groß und dick. Kräftige Blütenstiele, dunkelgrünes

'Alec's Red'; *unten:* 'Alpine Sunset'

Laub und stachelige Triebe. Eine gute Allerweltsrose.
[D BR d*** aB] 75 × 60cm

'Alexander' *siehe* Strauchrosen

'Alpine Sunset'

Cant GROSSBRITANNIEN 1974
'Dr A. J. Verhage' × 'Grandpa Dickson'
Große, gefüllte, schön geformte Blüten in zartem Pfirsichgelb an kräftigen Stielen. Wuchs niedrig und buschig, aber aufrecht. Laub mittelgrün.
[D BR Au d***] 75 × 60cm

* 'Amatsu-Otome'

Teranishi JAPAN 1960
'Chrysler Imperial' × 'Doreen'
Sehr große Blüten in leuchtendem Gelb; orange und kupferrot durchzogen. Sie erscheinen an aufrechten und staksigen Trieben. Die Blätter sind geädert, mittelgrün und leicht glänzend.
[D Au ST V] 1,20m × 90cm

'Angèle Pernet'

Pernet-Ducher FRANKREICH 1924

'Bénédicte Sequin' × eine Teehybride
Eine besonders schöne Rose mit exquisiter Blütenform. Sie stammt von Pernet-Ducher und ist nicht gerade leicht zu kultivieren, auch etwas blühfaul. Die Blüten sind kupferorange, aber in keiner Weise grell. Üppiges, dunkles, glänzendes Laub.
[D d** V] 60 × 60cm

'Anna Pavlova'

Beales GROSSBRITANNIEN 1981
Elternsorten unbekannt
Eine sehr schöne Rose, dicht gefüllt, mit vielen Blütenblättern; intensiv duftend. Die Blüten sind zart-

rosa mit dunkleren Schattierungen und erscheinen an einem sehr kräftigen Stiel. Bei der ganz geöffneten Blüte sind einzelne Blätter gefranst. Große, rundliche Blätter in sattem, dunklem Grün.
[D d*** Au Gh ☺ ⁘ T ✂ V] 1,20m × 90cm

'Anne Watkins'

Watkins GROSSBRITANNIEN 1962
'Ena Harkness' × 'Grandmère Jenny'
Crèmerosa Blüten mit pfirsichfarbener Schattierung, hochgebaut, exquisite Form an kräftigen Stielen; Laub dunkelgrün. Wuchs mäßig stark mit dunklen Trieben.
[D d** Gh ▽ ✂ V] 60 × 60cm

'Anneliese Rothenberger', 'Miss Harp', 'Silhouette', 'Oregold'

Tantau DEUTSCHLAND 1975
'Piccadilly' × 'Königin der Rosen'
Schön geformte, hochgebaute Blüten in dunklem Gelb an einer robusten, buschigen Pflanze mit dunkelgrünem, glänzendem Laub.
[D BR d* ▽ V] 90 × 60cm

'Apricot Silk'

Gregory GROSSBRITANNIEN 1965
Unbekannt × 'Souvenir de Jacques Verschuren'
Eine reichblühende Rose mit großen, schön geformten Blüten in Orangeapricot bis Rot. Sie ist starkwüchsig bis zu einer mittleren Höhe, braucht aber, um richtig zu gedeihen, einen guten Boden.
[D d** BR ▽ ST MT V] 60 × 60cm

'Arianna' (Meidali)

Meilland FRANKREICH 1968
'Charlotte Armstrong' × ('Gloria Dei' × 'Michèle Meilland')
Dunkelkarminrote Blüten, korallenrot umrandet und durchzogen; Blüten groß, dicht gefüllt, mit gekräuselten Blättern, mit hoher Mitte, bis sie sich ganz öffnen. Dunkelgrünes Laub. Wuchs aufrecht und stark.
[D Au BR d** aB V] 90 × 90cm

'Asso di Cuori' *siehe* 'Toque Rouge'

'Baccara' (Meger)

Meilland FRANKREICH 1954
'Rouge Meilland' × 'Kordes Sondermeldung'
Wuchs stark, aufrecht und mit schönem Laub. Triebe dunkelgrün mit großen Stacheln. Gut für die Kultur unter Glas, dann sind die Blüten leuchtend rot, im Freiland ist das Rot dunkler.
[D Gh T ⁘ ✂ V] 90 × 60cm

'Barbara Richards' (Text siehe Seite 136)

'Beauté'

'Benson & Hedges Gold'; *unten:* 'Bettina'

'Bad Nauheim', 'National Trust'

McGredy GROSSBRITANNIEN 1970
'Irish Wonder' × 'King of Hearts'
Eine reichblühende Rose mit herrlichen, hochgebauten Blüten in leuchtendem Rot. Sie werden größer, wenn man die Seitenknospen entfernt. Dunkles Laub an einer aufrechten und buschigen Pflanze.
[D aB d* BR ▽] 60 × 60cm

'Barbara Richards'

Dickson GROSSBRITANNIEN 1930
Elternsorten unbekannt
Eine alte Teehybridensorte, die nicht leicht erhältlich ist. Trotzdem konnte ich nicht widerstehen, sie hier aufzunehmen. Schön geformte, dicht gefüllte Blüten in mit Rosa durchzogenem Gelb. Die Blüten sind für den relativ schwachen Stiel zu groß. Sehr reichblühend. Buschiger Wuchs mit gutem, dichtem Laub.
[D d*** ▽ V] 60 × 60cm

'Basildon Bond' (Harjosine)

Harkness GROSSBRITANNIEN 1980
('Sabine' × 'Circus') × ('Yellow Cushion' × 'Glory of Ceylon')
Große, apricotfarbene Blüten, recht dicht mit Blütenblättern gefüllt. Sie erscheinen reichlich an einer niedrigen, buschigen Pflanze mit hübschem Laub.
[D BR d** ▽ V] 60 × 60cm

'Beauté'

Mallerin FRANKREICH 1953
'Mme Joseph Perraud' × ein Sämling
Ich hoffe, daß diese Rose nie aus der Mode kommt. Lange Knospen öffnen sich zu halbgefüllten Blüten in sattem Apricot bis Orange. Sie ist nicht üppig mit Laub ausgestattet und auch nicht leicht zu kultivieren. Dennoch lohnt sich der Versuch. Aufrechter Wuchs.
[D d* BR ▽ ✂ V] 75 × 60cm

'Belle Blonde'

Meilland FRANKREICH 1955
'Gloria Dei' × 'Lorraine'
Zahlreiche dicht gefüllte, kugelige Blüten in klarem Gelb. Schönes lederiges Laub wie bei der Elternsorte 'Gloria Dei', aber nicht so gesund. Buschiger Wuchs.
[D d* BR ▽ ST ≋ V] 60 × 60cm

'Benson & Hedges Gold' (Macgem)

McGredy NEUSEELAND 1979
'Yellow Pages' × ('Arthur Bell' × 'Cynthia Brooke')
Große, dicht gefüllte Blüten in dunklem Goldgelb. Recht schön geformt und reichblühend. Schönes, frisches Laub. Buschiger, starker Wuchs.
[D d** BR ▽ V] 75 × 60cm

'Bettina' (Mepal)

Meilland FRANKREICH 1953
'Gloria Dei' × ('Mme Joseph Perraud' × 'Demain')

Eine beliebte Sorte. Schöne Knospen, die fast einen Kupferton haben, öffnen sich zu flachen, gefüllten Blüten in zartem Pfirsichorange mit dunklerer Äderung; dunkelgrünes Laub. 'Bettina' ist nicht ganz winterhart, in Regionen mit mildem Klima ist sie jedoch lohnend.
[D Gh d* ⊽ ST ≋ V] 60 × 60cm

'Betty Uprichard'

Dickson GROSSBRITANNIEN 1922
Elternsorten unbekannt
Eine schöne alte Sorte. Ihre schön geformten Blüten sind zart lachsrosa mit dunklerer Rückseite. Sie ist sehr reichblühend. Aufrechter und starker Wuchs, schönes, lederiges Laub.
[D d*** MT ≋ ✂ V] 90 × 60cm

* 'Big Chief', 'Portland Trailblazer'

Dickson GROSSBRITANNIEN 1975
'Ernest H. Morse' × 'Red Planet'
Sehr große Blüten in dunklem Karmesinrot, ideal für Ausstellungen, aber für den Garten weniger geeignet. Hoher, staksiger Wuchs.
[R d* Au Gh] 1m × 60cm

* 'Black Beauty'

Delbard FRANKREICH 1973
('Gloire de Rome' × 'Impeccable') × 'Papa Meilland'
Große, sehr feine, granatrote Blüten. Der Wuchs ist buschig. Wie viele dunkelrote Rosen ist sie nicht leicht zu kultivieren.
[D d* ⊽ V] 75 × 60cm

'Blessings'

Gregory GROSSBRITANNIEN 1967
'Queen Elizabeth' × ein Sämling
Eine sehr reichblühende, schön geformte Rose in weichem Lachs mit üppigem Laub an dunklen Trieben. Wuchs ziemlich dicht, aber aufrecht; gut geeignet für große Flächen.
[D d** BR aB ✂] 75 × 60cm

'Blue Moon' *siehe* 'Mainzer Fastnacht'

'Blue Parfum' (Tanfifum)

Tantau DEUTSCHLAND 1978
Elternsorten unbekannt
Halbgefüllte Blüten in einem zartgrau und rosa überhauchten Malve. Aufrechter Wuchs; braucht liebevolle Pflege, um richtig zu gedeihen.
[D d*** BR ⊽ ☺ V] 75 × 60cm

'Blessings'

'Bobby Charlton'

Fryer GROSSBRITANNIEN 1974
'Königliche Hoheit' × 'Primaballerina'
Ihre Blüten in dunklem Rosarot mit blasserer Rückseite können auf einem guten Boden sehr groß werden. Wuchs aufrecht und stark, oft aber etwas sperrig.
[D d*** Au ⊽ V] 90 × 60cm

* 'Bonnie Scotland'

Anderson GROSSBRITANNIEN 1976
'Wendy Cussons' × 'Percy Thrower'
Große, gefüllte, schön geformte Blüten in klarem Rosarot an einer Pflanze mittlerer Größe von aufrechtem Wuchs.
[D d* BR V] 75 × 60cm

'Bonsoir'

Dickson GROSSBRITANNIEN 1968
Sämling × ein Sämling
Pfirsichfarbene Blüten rosa überhaucht – groß, schön geformt und dicht gefüllt. Aufrechter Wuchs, aber nicht gerade reichblühend. Gut für Ausstellungen.
[R d* Au Gh ⊽ ☺ V] 75 × 60cm

'Buccaneer'

Swim USA 1952
'Geheimrat Duisberg' × ('Max Krause' × 'Captain Thomas')
Eine Rose von hohem und aufrechtem Wuchs, die in den USA als *Grandiflora*-Rose bezeichnet wird. Obwohl sie heute nicht mehr häufig anzutreffen ist, habe ich sie doch hier aufgenommen, zum einen aus persönlichen Gründen (ich kann mich aus meiner Jugendzeit noch gut an sie erinnern), zum anderen, weil sie zu den besten gelben Rosen zählt. Lange, spitze Knospen öffnen sich zu leicht unordentlichen Blüten in klarem Gelb. Reichblühend und gesund.
[D aB H d** ✂ V] 1,20m × 60cm

'Champs Elysées'

'Christian Dior'

'Burgund '81', 'Loving Memory', 'Red Cedar' (Korgund)

Kordes DEUTSCHLAND 1981
Sämling × ein 'Red Planet'-Sämling
Große, dicht gefüllte, hochgebaute Blüten in leuchtendem Karmesinrot an kräftigen Stielen. Buschiger und aufrechter Wuchs mit glänzendem Laub.
[D d** BR Au Gh ✂] 1m × 60cm

'Can Can' (Legglow)

LeGrice GROSSBRITANNIEN 1982
'Just Joey' × ('Superior' × 'Mischief')
Große Blüten in dunklem Orangerot erscheinen reichlich an einer robusten, buschigen Pflanze. Hübsches Laub.
[D d** BR V] 60 × 60cm

'Champion'

Fryer GROSSBRITANNIEN 1976
'Grandpa Dickson' × 'Whisky'
Große, dicht gefüllte, schön geformte Blüten in zartem Crèmegelb; niedriger und buschiger Wuchs.
[R d** Au ▽ ST ⚐] 60 × 60cm

'Chicago Peace'

'Chrysler Imperial'

'Comtesse Vandal'

'Champs Elysées'

Meilland FRANKREICH 1957
'Monique' × 'Rouge Meilland'
Viele mittelgroße, gefüllte Blüten in Karmesinrot an einer buschigen Pflanze mit ungeordnetem Wuchs und hübschem Laub. Es kann nur an dem fehlenden Duft liegen, daß diese Sorte ein Schattendasein führt.
[D aB BR ▽ V] 60 × 60cm

'Cheshire Life'

Fryer GROSSBRITANNIEN 1972
'Primaballerina' × 'Princess Michiko'
Sie trägt schön geformte, nicht sehr dichte Blüten in Zinnoberrot. Aufrechter Wuchs mit hübschem Laub.
[D d* BR] 75 × 60cm

'Chicago Peace'

Johnston USA 1962
Abart von 'Gloria Dei' ('Peace')
Mit 'Gloria Dei' identisch, variiert von satt- bis primelgelb, kräftig überzogen mit Kupfer und Orange.
[D aB d* BR H Au ✂] 1,20m × 90cm

'Christian Dior' (Meilie)

Meilland FRANKREICH 1959
('Kordes Sondermeldung' × 'Rouge Meilland') × ('Gloria Dei' × 'Rouge Meilland')
Große, gefüllte, schöne Blüten in Leuchtendrot mit kräftigen Stielen von aufrechtem Wuchs. Mit etwas Pflege kann sie großartig sein. Ohne Duft.
[D Au MT ⛆ ☺ ✂ V] 90 × 60cm

'Chrysler Imperial'

Lammerts DEUTSCHLAND 1952
'Charlotte Armstrong' × 'Mirandi'
Spitze Knospen öffnen sich zu großen, gefüllten, etwas zerzausten Blüten in dunklem Samtrot. Das Laub ist dunkelgrün, der Wuchs buschig und stark. Diese Rose hat einen reinen Duft.
[D d* BR Au V] 75 × 60cm

'Cleo' (Beebop)

Bees GROSSBRITANNIEN 1981
'Perfecta' × 'Primaballerina'
Große, gefüllte Blüten in zartem Rosarot. Buschiger, aber aufrechter Wuchs; reichblühend.
[D d* BR Au V] 75 × 60cm

'Cocagold' *siehe* 'Golden Jubilee'

'Colorama', 'Dr R. Maag' (Meirigalu)

Meilland FRANKREICH 1968
'Suspense' × 'Confidence'
Leuchtend rote Blüten mit gelber Rückseite; groß und gefüllt. Wuchs aufrecht und buschig. Ohne Duft.
[D BR ▽ V] 75 × 60cm

'Colour Wonder' *siehe* 'Königin der Rosen'

'Comtesse Vandal'

Leenders NIEDERLANDE 1932

'Cynthia Brooke'; *unten:* 'Dainty Bess'

('Ophelia' × 'Mrs Aaron Ward') × 'Souvenir de Claudius Pernet'
Eine wunderschöne Rose, etwas für diejenigen, die die klassische, hochgebaute Form bevorzugen. Spitze, orangegetönte Knospen öffnen sich in rosagetöntem Apricot mit dunklerer Mitte. Eine großartige alte Sorte; starkwüchsig, buschig und mit schönem Laub.
[D d** Gh BR Au ✂ V] 75 × 60cm

'Congratulations' *siehe* 'Sylvia'

'Corso'

Cocker GROSSBRITANNIEN 1976
'Anne Cocker' × 'Dr A. J. Verhage'
Wuchs hoch und aufrecht, mit großen, gefüllten Blüten in leuchtendem Orange an kräftigen Stielen. Diese Rose erfordert ein bißchen zusätzliche Pflege, damit sie ihr Bestes geben kann, dann aber ist sie großartig; schönes, glänzendes Laub.
[D BR Au Gh ST MT V] 1,20m × 60cm

'Crimson Glory'

Kordes DEUTSCHLAND 1935
'Catherine Kordes'-Sämling × 'W. E. Chaplin'
Eine besonders schöne alte Sorte vergangener Zeiten. Ihre großen, kugeligen Blüten in dunklem Samtrot duften herrlich. Leider sind die Stiele etwas schwach. Das Laub ist dunkelgrün, aber etwas spärlich. Stachelige Triebe an einer buschigen, etwas ungeordnet wachsenden Pflanze.
[D d*** Gh BR V] 60 × 60cm

* 'Cynthia Brooke'

McGredy GROSSBRITANNIEN 1943
'Le Progrès'-Sämling × ('Mme Mélanie Soupert' × 'Le Progrès')
Sehr große, dicht gefüllte, kugelige Blüten in einem dunklen brünierten Goldton, verwischt mit Lachsrosa. Eine Sorte, die größere Beachtung verdient. Diese Rose hat üppiges, lederiges Laub und nur wenige Stacheln; der Wuchs ist kräftig und etwas ungeordnet.
[D BR aB V] 75 × 60cm

'Dainty Bess'

Archer GROSSBRITANNIEN 1925
'Ophelia' × 'K. of K.'
Eine großartige Teehybride mit einfachen Blüten in silbrigem Rosarot, die in wohlproportionierten Büscheln erscheinen. Die Gesamtwirkung wird durch die Staubgefäße in kräftigem Goldbraun noch verstärkt. Süß duftend, große, gesunde Blätter.
[D aB H d** ▽ V] 90 × 60cm

'Dame Edith Helen'

Dickson GROSSBRITANNIEN 1926
Elternsorten unbekannt
Sehr große, schalenförmige Blüten mit vielen Blättern in sattem, dunklem Silberrosa öffnen sich manchmal geviertelt im Stil alter Rosen. Die Blüten erscheinen an kräftigen Stielen; glänzendes, mittelgrünes Laub an einer aufrechten, aber buschigen Pflanze.
[R d*** ▽ ☺ V] 90 × 60cm

'Deep Secret' *siehe* 'Mildred Scheel'

'Diamond Jubilee'

Boerner USA 1947
'Maréchal Niel' × 'Feu Pernet-Ducher'
Eine der klassischen Teehybriden. Schön geformte Blüten in bräunlichgelbem Apricot erscheinen reichlich an einer kräftigen, gesunden Pflanze mit lederigem, dunkelgrünem Laub.
[D aB Au BR ▽ Gh ✂ V] 90 × 60cm

'Diorama'

de Ruiter NIEDERLANDE 1965
'Gloria Dei' × 'Beauté'
Schön geformte, große Blüten in einem rot durchzogenen Gelb an einer mittelhohen buschigen Pflanze mit hübschem Laub.
[D BR aB ▽ ✂] 90 × 60cm

'Doreen'

Robinson GROSSBRITANNIEN 1951
'Lydia' × 'McGredy's Sunset'
Die mittelgroßen, kräftig geaderten Blüten in sehr dunklem Gelb, das mit Orange durchzogen ist, öffnen sich locker und erscheinen reichlich an einer niedrigen, buschigen, kompakten Pflanze. Das Laub ist kupfergrün, die Triebe sind sehr stachelig.
[D d** aB BR V] 45 × 60cm

'Doris Tysterman'

Tysterman GROSSBRITANNIEN 1975
'Peer Gynt' × ein Sämling

'Doris Tysterman'

Aufrechter Wuchs mit schönem, bronzegrünem Laub. Mittelgroße, kugelige Blüten in leuchtendem Mandarin bis Orange, das mit der Zeit eine bronzene Tönung annimmt; sehr reichblühend.
[D aB H Gh d* ▽ ✂] 90 × 60cm

'Double Delight' (Andeli)

Swim & Ellis USA 1977
'Granada' × 'Garden Party'
Die Blüten sind groß und recht dicht gefüllt, rahmweiß mit rosaroten Streifen an den Rändern der Blütenblätter. Eine Rose, die großartig aussehen kann, aber nicht leicht zu kultivieren ist.
[D Gh d*** ▽ ⁘ ☺] 90 × 60cm

'Dr A. J. Verhage', 'Golden Wave'

Verbeek NIEDERLANDE 1963
'Tawny Gold' × ('Baccara' × ein Sämling)
Schöne gelbe Blüten mit dunklerer Schattierung, die Blätter verblassen am Rand in der Sonne zu bräunlichem Rahmgelb. Eine gute Treibrose mit schönem Laub, unter Glas gedeiht sie besser als im Freiland.
[D Gh BR aB ▽ ✂ V] 75 × 60cm

* 'Dr John Snow'

Gandy GROSSBRITANNIEN 1979
'Helen Traubel' × ein Sämling
Große, gefüllte, crèmeweiße und duftende Blüten an einer hohen Pflanze von aufrechtem Wuchs mit hübschem Laub.
[D BR aB d*** ✂ V] 1,20m × 60cm

* 'Dr McAlpine' (Peafirst)

Pearce GROSSBRITANNIEN 1983
Elternsorten unbekannt
Große, edle, schön geformte Blüten in dunklem Rosarot. Niedriger, buschiger, leicht in die Breite gehender Wuchs.
[D d*** BR V] 45 × 60cm

* 'Duftgold', 'Fragrant Gold' (Tandugoft)

Tantau DEUTSCHLAND 1982
Elternsorten unbekannt
Dunkelgelbe Blüten, wenn ganz geöffnet, halbgefüllt; aufrechter Wuchs, schönes, glänzendes Laub.
[D BR d*** ▽] 75 × 60cm

'Duftwolke', 'Fragrant Cloud', 'Nuage Parfumé' (Tanellis)

Tantau DEUTSCHLAND 1968
Sämling × 'Primaballerina'
Die korallenroten Blüten erscheinen in großer Fülle. Sie sind intensiv duftend und variieren in ihrer Farbe: manchmal etwas verschwommen, manchmal recht leuchtend; leicht offener Wuchs, dunkles Laub.
[D BR d*** ▽] 75 × 60cm

'Duftzauber '84', 'Royal William' (Korzaun)

Kordes DEUTSCHLAND 1984
'Feuerzauber' × ein Sämling
Die hoch gebauten und schön geformten dunkelroten Blüten erscheinen reichlich an einer Pflanze mit aufrechtem Wuchs und dunkelgrünem, leicht glänzendem Laub.
[D BR d** ▽ ✂ V] 75 × 60cm

'Duke of Windsor' *siehe* 'Herzog von Windsor'

* 'Dutch Gold'

Tysterman GROSSBRITANNIEN 1978
'Peer Gynt' × 'Whisky'
Große, kugelige Blüten in klarem Gelb mit Andeutungen von Orange. Eine gesunde Rose von aufrechtem Wuchs.
[D d* BR Au Gh ✂] 90 × 60cm

'Eden Rose'

Meilland FRANKREICH 1950
'Gloria Dei' × 'Signora'
Große, schön geformte Blüten in dunklem Rosa, die Rückseiten der Blütenblätter in blasserem Silberrosa, an kräftigen Stielen. Starkwüchsig und robust; kräftige Triebe, stachelig, dunkelgrünes Laub.
[D aB Gh d** Au] 1,05m × 60cm

'Electron', 'Mullard Jubilee'

McGredy GROSSBRITANNIEN 1970
'Paddy McGredy' × 'Primaballerina'
Große, hochgebaute Blüten in dunklem Rosa erscheinen reichlich an kräftigen Trieben. Üppiges dunkles Laub an einer buschigen Pflanze.
[D aB d** BR ✂ V] 60 × 60cm

'Elizabeth Harkness'

'Ernest H. Morse'

'Erotika'

* 'Elina', 'Peaudouce' (Dicjana)

Dickson GROSSBRITANNIEN 1985
'Nana Mouskouri' × 'Lolita'
Dicht gefüllte, große, schöne Blüten in Elfenbein und Zartgelb. Buschiger, aufrechter Wuchs mit viel Laub.
[D aB d* BR Au V] 75 × 60cm

'Elizabeth Harkness'

Harkness GROSSBRITANNIEN 1969
'Red Dandy' × 'Piccadilly'
Blüten sind gefüllt, rahmweiß bis elfenbeinfarben, rosa überzogen; buschiger Wuchs mit schönem Laub.
[D aB d* BR Au] 75 × 60cm

'Ena Harkness'

Norman GROSSBRITANNIEN 1946
'Crimson Glory' × 'Southport'
Schöne Blüten in leuchtendem, samtigem Karmesinrot. Reichblühend, aber mit schwachen Stielen.
[D aB Gh d** BR ☺ V] 60 × 60cm

'Ernest H. Morse'

Kordes DEUTSCHLAND 1964
Elternsorten unbekannt
Dunkle, schön geformte Knospen öffnen sich zu lockeren, leuchtend karmesinroten Blüten an kräftigen Stielen. Das Laub ist dunkelgrün, die Triebe sind fast purpurfarben. Aufrechter Wuchs.
[D aB Gh d** H BR ✂] 90 × 60cm

'First Love' (siehe Text Seite 144)

'Eroica' *siehe* 'Erotika'

'Erotika', 'Eroica'

Tantau DEUTSCHLAND 1968
Elternsorten unbekannt
Im Ausland wurde der Name in 'Eroica' geändert. Gefüllte, dunkelrote Blüten, das Laub glänzend.
[D d*** BR V] 90 × 60cm

'Etoile de Hollande'

'Duftwolke' ('Fragrant Cloud')

'Esmeralda', 'Keepsake' (Kormalda)

Kordes DEUTSCHLAND 1981
Sämling × 'Red Planet'

'Esmeralda' zeigt eine gefällige Mischung verschiedener Rosatöne von Karmin- bis zu Zartrosa und dicht gefüllte, große Blüten. Bei der halbgeöffneten Blüte biegen sich die äußeren Blätter zurück. Die Pflanze hat dunkelgrünes Laub und kräftige Triebe mit vielen großen Stacheln sowie einen aufrechten, aber dichten Wuchs.

[D aB d** BR V] 75 × 60cm

'Etoile de Hollande'

Verschuren NIEDERLANDE 1919
'General MacArthur' × 'Hadley'

'Etoile de Hollande' ist heute leider nur noch selten zu sehen, höchstens in ihrer Kletterform. Trotzdem verdient sie es, hier erwähnt zu werden, denn sie war in der Vergangenheit eine bedeutende Rose. Sie hat stark duftende Blüten in einem düsteren Rot sowie dunkelgrünes Laub, das sich weich anfühlt, an einer Pflanze von buschigem und etwas ungeordnetem Wuchs. Sie wurde zu ihrer Zeit besonders als Treibrose kultiviert.

[D d*** Gh MT ✂ V] 60 × 60cm

'First Love', 'Premier Amour'

Swim USA 1951
'Charlotte Armstrong' × 'Show Girl'

Die langen, spitzen Knospen öffnen sich zu lockeren, halbgefüllten Blüten in zartestem Rosa mit einer dunkleren Schattierung. Die Blüten erscheinen an kräftigen Stielen an einer schmalen, aufrechten Pflanze. Sie ist äußerst reichblühend.

[D aB Gh d** ✂ V] 90 × 45cm

'Flaming Peace' *siehe* 'Kronenbourg'

'Forgotten Dreams'

Bracegirdle GROSSBRITANNIEN 1981
'Duftwolke' × 'Tenerife'

Die Blüten in leuchtendem Kardinalrot öffnen sich halbgefüllt. Mittelgrünes, leicht glänzendes Laub erscheint an einer Pflanze von buschigem, aufrechtem Wuchs.

[D aB d*** V] 90 × 60cm

'Fragrant Cloud' *siehe* 'Duftwolke'

'Fragrant Gold' *siehe* 'Duftgold'

'Gay Gordons'

'Golden Melody' (siehe Text Seite 146)

'Frau Karl Druschki', 'Reine des Neiges', 'Snow Queen', 'White American Beauty'

Lambert DEUTSCHLAND 1901
'Merveille de Lyon' × 'Mme Caroline Testout'
Eigentlich eine Remontantrose, trotzdem verdient sie, hier erwähnt zu werden, denn sie ist eine der berühmtesten Rosen des frühen 20. Jahrhunderts. Die großen, dicht gefüllten Blüten sind reinweiß. Es ist eine kräftige Pflanze mit gesundem Laub. Wegen ihres aufrechten Wuchses braucht sie aber an exponierten Standorten eine Stütze. Am besten ist es, wenn man sie nach alter Sitte am Boden festpflockt. Leider ist sie überhaupt nicht duftend.
[R aB ☺ V] 1,20m × 90cm

'Fryjingo' *siehe* 'The Lady'

'Gail Borden'

Kordes DEUTSCHLAND 1956
'R.M.S. Queen Mary' × 'Viktoria Adelheid'
Eine große Blüte mit vielen Blütenblättern und einer schönen Form. Die fast geöffnete Blüte ist schalenförmig. Die Blüten sind rosarot mit zart crèmegelber Rückseite. Reichblühend, buschig und schönes Laub.
[D aB d* BR ▽] 75 × 60cm

'Gay Gordons'

Cocker GROSSBRITANNIEN 1969
'Belle Blonde' × 'Karl Herbst'
Der Name ist treffend gewählt für diese gefüllten und schön geformten Blüten in rot durchzogenem Orange und Gelb. Reichblühend; Wuchs buschig mit leicht glänzendem Laub und stacheligen Trieben.
[D d* BR ▽ ST] 60 × 60cm

'Gloria Dei', 'Peace', 'Gioia', 'Mme A. Meilland'

Meilland FRANKREICH 1945
[('George Dickson' × 'Souvenir de Claudius Pernet') × ('Joanna Hill' × 'Charles P. Kilham')] × 'Margaret McGredy'
Eine der beliebtesten Rosen überhaupt. Große, kugelige Knospen öffnen sich zu riesigen Blüten in klarem Gelb mit rosaroten, manchmal dunkleren Rändern. Festes und stark glänzendes Laub; starker und buschiger Wuchs. Blüht gelegentlich etwas zögerlich.
[D aB H d* Au ✂] 1,20m × 90cm

'Gold Crown' *siehe* 'Goldkrone'

'Golden Days' (Rugolda)

de Ruiter NIEDERLANDE 1980
'Peer Gynt' × ein Sämling
Große, dicht gefüllte Blüten in dunklem Gelb an einer buschigen Pflanze mit schönem, mittelgrünem, leicht glänzendem Laub.
[D d* BR V] 75 × 60cm

'Grace de Monaco'

'Golden Jubilee' (Cocagold)

Cocker GROSSBRITANNIEN 1981
'Peer Gynt' × 'Gay Gordons'
Große, schön geformte Blüten in klarem Gelb, das mit Rosa verwischt ist. Eine Pflanze von aufrechtem Wuchs mit schönem, frischem Laub (ebenfalls als 'Golden Jubilee' war bereits 1948 von Jacobus in den Vereinigten Staaten eine andere Sorte eingeführt worden).
[D d* BR ⛉ V] 75 × 60cm

'Golden Melody', 'Irene Churruca'

La Florida USA 1934
'Mme Butterfly' × ('Lady Hillingdon' × 'Souvenir de Claudius Pernet')
Eine wunderschöne Rose, eine der besten aus den 30er Jahren, mit großen, schön geformten, hochgebauten, mäßig gefüllten Blüten in zartem, rosa überzogenem gelblichen Hellbraun mit dunklerer Mitte. Das Laub ist dunkelgrün, die Triebe sind noch dunkler, fast kastanienfarben, mit vereinzelten großen Stacheln. Eine Pflanze von etwas ungeordnetem Wuchs, deren Winterhärte zweifelhaft ist.
[D d*** BR Au ⛉ ✂ V] 75 × 60cm

'Golden Sceptre' *siehe* 'Spek's Yellow'

'Golden Times'

Cocker GROSSBRITANNIEN 1970
'Duftwolke' × 'Golden Splendour'
Blüten in klarem Zitronengelb; die ganz geöffneten Blüten sind locker geformt. Reichblühend, aufrechter Wuchs mit hübschem Laub.
[D d* BR V] 75 × 60cm

'Golden Wave' *siehe* 'Dr A. J. Verhage'

'Goldkrone', 'Gold Crown', 'Corona de Oro', 'Couronne d'Or'

Kordes DEUTSCHLAND 1960
'Gloria Dei' × 'Spek's Yellow'
Hoch- und aufrecht wachsende, ziemlich steife und schlanke Pflanze. Die dunkelgelben Blüten (mit äußeren, gelegentlich rot gesprenkelten Blättern) sind groß und gefüllt, manchmal bei der ganz geöffneten Blüte geviertelt. Sie erscheinen an langen Trieben. Das Laub ist glänzend, die Triebe sind dunkel.
[D aB d** ✂ V] 1m × 60cm

'Gold Star', 'Point du Jour' (Candide)

Cant GROSSBRITANNIEN 1983
'Yellow Pages' × 'Dr A. J. Verhage'

'Grandmère Jenny'; *unten:* 'Harry Wheatcroft'

Mittelgroße bis große dunkelgelbe Blüten erscheinen zahlreich an einer aufrechten, mittelgroßen Pflanze.
[D d* BR V] 75 × 60cm

'Grace de Monaco' (Meimit)

Meilland FRANKREICH 1956
'Gloria Dei' × 'Michèle Meilland'
Die großen, kugeligen Blüten haben glatte, glänzende Blätter in silbrigem Rosa. Die Triebe sind dunkel und ungeordnet, das Laub ist dunkelgrün und lederig.
[D d*** BR ▽ ☺ V] 75 × 60cm

'Grandmère Jenny'

Meilland FRANKREICH 1950
'Gloria Dei' × ('Julien Potin' × 'Sensation')
Die Blüten sind meist zartgelb, unterschiedlich intensiv mit Rosa verwischt, manchmal dunkler, überzogen mit bräunlichem Orange. Eine schön geformte Rose, etwas schlanker als 'Gloria Dei'. Aufrechter Wuchs mit leicht glänzendem, lederigem Laub.
[D d* BR ▽ ST ≋ ✂ V] 75 × 60cm

'Grandpa Dickson', 'Irish Gold'

Dickson GROSSBRITANNIEN 1966
('Kordes Perfecta' × 'Governador Braga da Cruz') × 'Piccadilly'
Große, anmutige, schön geformte zitronengelbe Blüten, manchmal rosa überhaucht. Die geöffneten Blüten sind oftmals rosa überzogen. Kräftiger und aufrechter Wuchs mit mittelgrünem Laub, sehr stachelig.
[D d* BR Au] 75 × 60cm

'Harry Wheatcroft' (Caribia)

Wheatcroft GROSSBRITANNIEN 1972
Abart von 'Piccadilly'
Die orangeroten Blüten sind flammenartig gelb gestreift und gefleckt, bei geöffneten Blüten dunkler. Wuchs aufrecht und kräftig, mit glänzendem Laub.
[D d* BR ▽ RR ≋ V] 75 × 60cm

'Hector Deane'

McGredy GROSSBRITANNIEN 1938
'McGredy's Scarlet' × 'Lesley Dudley'
Eine schöne Sorte mit hochgebauten, gefüllten Blüten in Orange und Rosa mit dunklerer Schattierung; schönes glänzendes Laub und buschiger Wuchs.
[D d*** aB BR ▽ V] 60 × 60cm

'Helen Traubel'

Swim USA 1951
'Charlotte Armstrong' × 'Glowing Sunset'
Eine schöne Rose mit langen, spitzen Knospen, die sich rosa-apricotfarben öffnen. Etwas schwache Stiele, aber ihre Vorzüge machen das wett. Hoher und aufrechter Wuchs mit großem, dunkelgrünem Laub.
[D H d** BR ☺ V] 1m × 60cm

'Helmut Schmidt', 'Simba', 'Goldsmith' (Korbelma)

Kordes DEUTSCHLAND 1981
'Mabella' × ein Sämling
Große, dicht gefüllte Blüten in klarem, leuchtendem Gelb erscheinen aufrecht an einer starkwüchsigen, buschigen Pflanze mit hübschem, mattgrünem Laub.
[D d* BR ▽ ✂ V] 75 × 60cm

'Herzog von Windsor', 'Duke of Windsor'

Tantau DEUTSCHLAND 1969
'Primaballerina' × ein Sämling
Schöne spitze Knospen öffnen sich zu gefüllten, flachen, duftenden Blüten an kräftigen Stielen. Eine Rose von kräftigem, aufrechtem Wuchs mit vielen Stacheln. Sie braucht besondere Zuwendung.
[D d*** BR ▽ MT ≋] 75 × 60cm

'Ingrid Bergman' (Poulman)

Poulsen DÄNEMARK 1983
Sämling × ein Sämling
Dicht gefüllte, dunkelrote Blüten an einer reichblühenden Pflanze von aufrechtem Wuchs mit mittel- bis dunkelgrünem, leicht glänzendem Laub.
[D d* BR ♡ V] 60 × 60cm

'Intermezzo'

Dot SPANIEN 1963
'Grey Pearl' × 'Lila Vidri'
Dicht gefüllte, manchmal geviertelte Blüten in Büscheln in gräulichem Lavendel mit rosa Schimmer. Die Knospen sind rundlich. Eine buschige Pflanze, stachelig und gut mit glänzendem Laub ausgestattet.
[D aB d** BR ♡ V] 45 × 45cm

'Irene Churruca' *siehe* 'Golden Melody'

'Irish Elegance'

Dickson GROSSBRITANNIEN 1905
Elternsorten unbekannt
Eine Sorte mit einfachen Blüten aus dem beginnenden 20. Jahrhundert mit großen orangescharlachroten Blüten; aufrechter Wuchs und hübsches Laub. Sie ist nur selten zu sehen; ich konnte jedoch nicht widerstehen, sie hier aufzunehmen – als Beispiel für eine frühe Teehybride mit einfachen Blüten.
[R d** ♡ MT ⛆ V] 75 × 60cm

'Irish Gold' *siehe* 'Grandpa Dickson'

'Isobel Harkness'

Norman GROSSBRITANNIEN 1957
'Phyllis Gold' × 'McGredy's Yellow'
Große Blüten in leuchtendem Gelb, das mit der Zeit etwas verblaßt. Die geöffnete Blüte ist halbgefüllt. Lederiges, dunkles Laub an einer buschigen Pflanze.
[D d** BR ST ⛆ ✂ V] 60 × 60cm

'Jema'

Astor Perry USA 1982
'Helen Traubel' × 'Lolita'
Dicht gefüllte und schön geformte apricotfarbene Blüten an einer Pflanze von aufrechtem Wuchs mit hellgrünem Laub und leicht getönten Stacheln.
[D d** BR ✂ V] 1,20m × 60cm

'Jennifer Hart'

Swim USA 1982

'King's Ransom' (siehe Text Seite 150)

'Pink Parfait' × 'Yuletide'
Hochgebaute, dicht gefüllte, dunkelrote Blüten an kräftigen Stielen. Laub mittelgrün und leicht glänzend.
[D d** BR Gh ✂ V] 90 × 60cm

'John Waterer'

McGredy GROSSBRITANNIEN 1970
'King of Hearts' × 'Hanne'
Große, gefüllte, hochgebaute karmesinrote Blüten erscheinen reichlich an einer aufrechten Pflanze mit schönem dunkelgrünem Laub.
[D aB d** BR ♡ ✂ V] 90 × 60cm

'Johnny Walker' (Frygran)

Fryer GROSSBRITANNIEN 1982
'Sunblest' × ('Arthur Bell' × 'Belle Blonde')
Ziemlich große, apricotfarbene Blüten in einem Whiskyton; mäßig und, ganz geöffnet, halbgefüllt. Wuchs aufrecht und buschig mit mittelgrünem Laub.
[D d** BR ♡ ✂] 1m × 60cm

'Josephine Bruce'

Bees GROSSBRITANNIEN 1949
'Crimson Glory' × 'Madge Whipp'
Unter günstigen Bedingungen eine großartige Rose mit samtartig karmesinroten Blüten. Kräftiger, leicht ungeordneter Wuchs mit mattem, graugrünem Laub.
[D d*** BR ♡ MT ⛆] 60 × 60cm

'Joyce Northfield'

Northfield GROSSBRITANNIEN 1977

Oben: 'Kronenbourg' (siehe Text Seite 150)
Unten: 'Lady Alice Stanley' (siehe Text Seite 150)

'Fred Gibson' × 'Wiener Charme'
Spitze Knospen öffnen sich zu großen, hochgebauten Blüten in dunklem Orange. Dunkles Laub an einer kräftigen Pflanze von aufrechtem Wuchs.
[D aB d* BR ✂ V] 90 × 60cm

'Julia's Rose'

Tysterman GROSSBRITANNIEN 1976
'Mainzer Fastnacht' × 'Dr A. J. Verhage'
Kleine, gefüllte Blüten in einem dunklen Kupferton, der mit Rosa vermischt ist – eine außergewöhnliche Rose. Das dunkle Laub hat einen rötlichen Schimmer. Der Wuchs ist aufrecht, aber nicht zu hoch.
[D d* BR ✂ V] 60 × 60cm

'Just Joey'

Cant GROSSBRITANNIEN 1972
'Duftwolke' × 'Dr A. J. Verhage'
Große, an den Rändern unregelmäßige Blüten in kupfrigem Orange verblassen bei geöffneten Blüten am Rand zu Zartrosa. Dunkelgrünes, lederiges Laub an einer etwas ungeordnet wachsenden Pflanze.
[D d** BR ▽] 60 × 60cm

'Kan-pai'

Suzuki JAPAN 1980
['Yu-ai' × ('Rouge Meilland' × 'American Beauty')] × 'Pharao'
Hochgebaute, dunkelrote Blüten an kräftigen Stielen. Aufrechter Wuchs mit dunkelgrünem Laub.
[D aB d** BR V] 75 × 60cm

'Keepsake' *siehe* 'Esmeralda'

'King's Ransom'

Morey USA 1961
'Golden Masterpiece' × 'Lydia'
Schöne hochgebaute, goldgelbe Blüten an kräftigen Stielen in einer Fülle von glänzendem, leuchtend grünem Laub; Wuchs aufrecht, Triebe stark bestachelt.
[D Gh d** BR ▽] 75 × 60cm

'Königin der Rosen', 'Colour Wonder', 'Queen of Roses', 'Reine des Roses', (Korbico)

Kordes DEUTSCHLAND 1964
'Kordes' Perfecta' × 'Super Star'
Große, gefüllte Blüten in Orange und Zartrosa, außerdem reichblühend; buschiger, aufrechter Wuchs.
[D d* BR Au ▽] 75 × 60cm

'Königliche Hoheit', 'Royal Highness'

Swim USA 1962
'Virgo' × 'Gloria Dei'
Eine schöne Rose, wenn sie bei gutem Wetter ihr Bestes zeigt. Lange, spitze Knospen öffnen sich zu gefüllten, hochgebauten Blüten in zartem Perlrosa; Laub saftig dunkelgrün, Triebe kräftig und aufrecht.
[D aB d** BR Au ✂] 1,20 × 60cm

'Kordes' Perfecta', 'Perfecta' (Koralu)

Kordes DEUTSCHLAND 1967
'Spek's Yellow' × 'Karl Herbst'
Große, schön geformte Blüten in zartem Crèmeton, kräftig dunkelrosa durchzogen mit einem Hauch Gelb an der Basis. Reichblühend; Wuchs aufrecht und stachelig mit dunklem, glänzendem und gesägtem Laub.
[D aB H d** BR ▽] 75 × 60cm

'Korzaun' *siehe* 'Duftzauber 84'

'Kronenbourg', 'Flaming Peace' (Macbo)

McGredy GROSSBRITANNIEN 1965
Abart von 'Gloria Dei' ('Peace')
Große, gefüllte Blüten in der Farbmischung einer Pflaume und bräunlich mit zartgelber Rückseite. Ansonsten mit 'Gloria Dei' ('Peace') identisch.
[D aB H d* BR Au ▽ V] 1,20m × 90cm

* 'Lady'

Weeks USA 1984
'Song of Paris' × 'Königliche Hoheit'
Mittelgroße Blüten in mittlerem Rosa erscheinen reichlich an einer kompakten Pflanze mit leicht glänzendem, mittelgrünem Laub.
[D BR d* ▽ V] 60 × 60cm

'Lady Alice Stanley'

McGredy GROSSBRITANNIEN 1909
Elternsorten unbekannt
Blüten sind mit über siebzig Blättern gefüllt, fleischrosa mit dunklerer Rückseite. Laub sattgrün, Wuchs streng und verzweigt. Eine sehr schöne Sorte.
[D BR d*** ▽ Gh ☺ V] 60 × 60cm

'Lady Barnby'

Dickson GROSSBRITANNIEN 1930
Elternsorten unbekannt
Sehr große, gefüllte, hochgebaute Blüten in leuchtendem Rosa. Lederiges, sattgrünes Laub. Eine niedrige und buschige Pflanze.
[R BR d*** Gh ▽ V] 45 × 60cm

* 'Lady Beauty'

Kono JAPAN 1984
'Lady' × 'Princess Takamatsu'
Die runden Knospen von 'Lady Beauty' öffnen sich zu großen Blüten in blassem, crèmegelb überzogenem Rosa mit dunklerer Rückseite. Reichlich mittelgrünes, glänzendes Laub an einer buschigen Pflanze.
[D aB d* Gh ▽ ✂ V] 90 × 60cm

'Lady Belper'

Verschuren NIEDERLANDE 1948
'Mrs G. A. van Rossem' × ein Sämling
Eine schön geformte, leicht dickbauchige, hochgebaute Blüte in kupfrigem Gelb, das mit bräunlichem Orange überzogen ist. Dunkelgrünes, glänzendes Laub wächst an einem mittelgroßen Busch.
[D aB BR d*** ▽ V] 60 × 60cm

'Lady Belper'

'Lincoln Cathedral'

* 'Lady Diana'

Hill USA 1983
'Sonia' × 'Caress'
Eine Treibrose mit hochgebauten Blüten in zartem Rosa. Lange Triebe und mittelgrünes Laub; hoch.
[D d* Gh ⛉ ✂ ⁘ V] 1,20m × 60cm

'Lady Elgin' *siehe* 'Thaïs'

'Lady Rose', 'Kordes Rose Lady Rose' (Korlady)

Kordes DEUTSCHLAND 1979
Sämling × 'Träumerei'
Lange spitze Knospen öffnen sich zu großen, hochgebauten Blüten in Lachsorange. Buschiger Wuchs mit hübschem, mittelgrünem Laub.
[D d*** BR ⛉ V] 75 × 60cm

'Lady Sylvia'

Stevens GROSSBRITANNIEN 1926
Abart von 'Mme Butterfly'
Eine Rose mit schönen, blaßrosa Blüten. Aufrechter Wuchs und dunkelgrünes, leicht glänzendes Laub.
[D aB d*** BR Gh ⛉ ✂ V] 60 × 60cm

'Lakeland'

Fryer GROSSBRITANNIEN 1976
'Duftwolke' × 'Queen Elizabeth'
Große, dicht gefüllte Blüten in hellem Rosa. Üppiges, schönes Laub an einer aufrechten Pflanze. Eignet sich gut für Ausstellungen.
[D d* Au ⛉ V] 90 × 60cm

'Landora', 'Sunblest'

Tantau DEUTSCHLAND 1970
Sämling × 'King's Ransom'
Eine sehr reichblühende Beetrose. Schlanke Knospen öffnen sich zu ziemlich großen und gefüllten Blüten in sattem Gelb an kräftigen Stielen. Laub mittelgrün und glänzend; Wuchs buschig und aufrecht.
[D d* BR Gh ⛉ ✂ V] 90 × 60cm

* 'Las Vegas'

Kordes DEUTSCHLAND 1981
'Ludwigshafen am Rhein' × 'Feuerzauber'
Große, hochgebaute Blüten in dunklem Orange mit blasserer Rückseite. Leicht glänzendes, mittelgrünes Laub; buschiger und aufrechter Wuchs.
[D aB BR d** V] 75 × 60cm

'Legglow' *siehe* 'Can Can'

* 'Lincoln Cathedral' (Glanlin)

Langdale GROSSBRITANNIEN 1985
'Silver Jubilee' × 'Royal Dane'
Die schön geformten, ziemlich großen Blüten sind rosa, zur Mitte hin zu orange werdend und mit gelber Rückseite. Reichblühend; glänzendes, mittelgrünes Laub an einer buschigen, stark stacheligen Pflanze.
[D aB d* BR ⛉ V] 75 × 60cm

'Liselle', 'Royal Romance' (Rulis)

de Ruiter NIEDERLANDE 1980
'Whisky' × 'Esther Ofarim'
Mittelgroße, schön geformte Blüten in einer Mischung aus zartem Lachsorange und Pfirsich. Großes Laub, dunkelgrün und leicht glänzend; Wuchs buschig und aufrecht.
[D BR ⛉ V] 75 × 60cm

'Lolita', 'Litakor' (Korlita)

Kordes DEUTSCHLAND 1973
'Königin der Rosen' × ein Sämling
Blüten in zartem Orange an einer hohen Pflanze von aufrechtem Wuchs mit hübschem Laub.
[D BR d** ⛉ V] 1m × 60cm

'L'Oréal Trophy' *siehe* Kapitel „Strauchrosen"

'Los Angeles'

Howard USA 1916
'Mme Segond Weber' × 'Lyon Rose'
Eine schön geformte Rose. Spitze Knospen öffnen sich zu dicht gefüllten Blüten in Korallenrosa, an der Basis dunkel goldfarben. Der Wuchs geht etwas in die Breite; lederiges, dunkelgrünes Laub. Sie war ihrer Zeit voraus und wurde zur Züchtung verwendet.
[D aB d*** BR ▽ V] 60 × 60cm

* 'Louisville Lady'

Weddle USA 1986
'Osiria' × ein Sämling
Blüten von Ausstellungsgröße in Rosa mit silbriger Rückseite. Dunkelgrünes, glänzendes Laub; dichter und aufrechter Wuchs.
[D Au d*** V] 90 × 60cm

'Lovely Lady', 'Dickson's Jubilee' (Dicjubell)

Dickson GROSSBRITANNIEN 1986
'Silver Jubilee' × ('Eurorose' × 'Anabell')
Schön geformte, dicht gefüllte Blüten in mittlerem Rosa an einer buschigen Pflanze mit glänzendem, mittelgrünem Laub.
[D BR d*** V] 60 × 60cm

'Lovers' Meeting'

Gandy GROSSBRITANNIEN 1980
Sämling × 'Egyptian Treasure'
Hochgebaute, schön geformte Blüten in leuchtendem Zinnoberorange an einer aufrechten, ziemlich hohen Pflanze mit bronzegrünem Laub.
[D aB d*** BR ✂] 90 × 60cm

'Loving Memory' *siehe* 'Burgund 81'

'Luis Brinas'

Dot SPANIEN 1934
'Mme Butterfly' × 'Federico Casas'
Schalenförmige Blüten in Rosaorange an kräftigen Stielen. Das Laub sieht immer etwas schlaff aus. Eine starkwüchsige alte Sorte, die auch heute noch lohnt.
[R d*** Gh BR ✂ V] 90 × 60cm

'Lyon Rose'

Pernet-Ducher FRANKREICH 1907

'Lovely Lady'

'Mme Mélanie Soupert' × 'Soleil d'Or'-Sämling
Blüten in Korallenrosa, Gelb und Rot – eine Farbkombination, die aufregender klingt, als sie ist. Buschiger Wuchs und hübsches Laub. Eine bedeutende alte Sorte für die Züchtung.
[R d*** Gh ▽ V] 60 × 60cm

'Maestro' (Mackinju)

McGredy NEUSEELAND 1980
'Picasso'-Sämling × ein Sämling
Blüten von ansehnlicher Größe in zartem Karmesinrot mit Crèmeweiß vermischt. Die Farbe variiert, ist aber immer auffallend. Dunkelgrünes Laub an einem stacheligen Busch.
[D d* BR ▽ V] 75 × 60cm

'Mainzer Fastnacht', 'Blue Moon', 'Blue Monday', 'Sissy' (Tannacht)

Tantau DEUTSCHLAND 1964
'Sterling Silver'-Sämling × ein Sämling
Schöne Knospen öffnen sich zu gefüllten Blüten in einem silbrigen Lila, das sich fast zu Lavendel verändert; aufrechter Wuchs mit schönem Laub. 'Mainzer Fastnacht' ist eine der besten „blauen" Rosen.
[D d*** BR Au ▽ ✂ V] 75 × 60cm

'Mala Rubinstein'

Dickson GROSSBRITANNIEN 1971

'Sea Pearl' × 'Duftwolke'
Stark gefüllte, schön geformte Blüten in sattem Korallenrosa. Extrem reichblühend; mattes, dunkelgrünes Laub an einer aufrechten, buschigen Pflanze.
[D d*** BR ST ☂] 75 × 60cm

'Manuela'

Tantau DEUTSCHLAND 1968
Elternsorten unbekannt
Große, schön geformte Blüten in sattem Rosarot; glänzendes Laub an einer buschigen Pflanze.
[D d*** BR Au ☺] 60 × 60cm

* 'Marijke Koopman'

Fryer GROSSBRITANNIEN 1979
Elternsorten unbekannt
Verhältnismäßig große Blüten in zartem Satinrosa mit dunklerer Mitte und gelber Basis. Mittelgrünes Laub und aufrechter Wuchs.
[D aB BR d* V] 90 × 60cm

'Marion Harkness' (Harkantabil)

Harkness GROSSBRITANNIEN 1979
[('Isle of Man' × 'Primaballerina') × ('Chanelle' × 'Piccadilly')] × 'Piccadilly'
Die schön geformten, dunkelgelben Blüten sind mit Orange vermischt und werden mit der Zeit dunkler. Aufrechter, buschiger Wuchs und schönes Laub.
[D aB d* BR ▽ V] 75 × 60cm

'Mary Donaldson', 'Lady Donaldson' (Canana)

Cant GROSSBRITANNIEN 1984
'English Miss' × ein Sämling
Große, gefüllte, lachsrosa Blüten an einer kräftigen, gesunden Pflanze von aufrechtem Wuchs mit viel dunkelgrünem, glänzendem Laub (diese Rose wird gelegentlich den Floribundarosen zugeordnet).
[D aB d*** BR Au ▽ V] 75 × 60cm

'McGredy's Yellow'

McGredy GROSSBRITANNIEN 1934
'Mrs Charles Lamlough' × ('The Queen Alexandra Rose' × 'J. B. Clark')
Schön geformte Blüten in Primelgelb, das nicht verblaßt, und dunkles, bronzeglänzendes Laub. Buschig, starkwüchsig. Im Farbton bisher unübertroffen.
[D aB d* BR ▽ ✂ V] 60 × 60cm

'Melina', 'Sir Harry Pilkington' (Tanema)

Tantau DEUTSCHLAND 1974
'Inge Horstmann' × 'Sophia Loren'

'Mischief'

Große, schön geformte, dicht gefüllte Blüten in leuchtendem Rot. Laub dunkel. Wuchs buschig und aufrecht.
[D d* BR Au V] 75 × 60cm

'Message', 'White Knight' (Meban)

Meilland FRANKREICH 1955
('Virgo' × 'Gloria Dei') × 'Virgo'
Eine gute, alte weiße Sorte, hochgebaut und gefüllt. Nicht besonders groß, aber reichblühend. Laub klein und dunkel; Pflanze aufrecht und stachelig.
[D d* Gh ▽ ✂ MT ⁂ V] 90 × 60cm

'Michèle Meilland'

Meilland FRANKREICH 1945
'Joanna Hill' × 'Gloria Dei'
Ein Klassiker. Die schöngeformten Blüten sind im bräunlichen Crèmeton gehalten. Reichblühend; buschiger, aufrechter Wuchs, Laub und Triebe dunkel.
[D d** BR Gh ▽ ✂ ⁘ V] 60 × 60cm

'Mildred Scheel', 'Deep Secret'

Tantau DEUTSCHLAND 1977
Elternsorten unbekannt
Recht dicht gefüllte, große, schön geformte Blüten in dunklem Karmesinrot an kräftigen Stielen. Schönes, glänzendes Laub an einer aufrechten Pflanze.
[D aB d*** BR ✂] 75 × 60cm

'Mischief' (Macmi)

McGredy GROSSBRITANNIEN 1961
'Gloria Dei' × 'Spartan'
Eine reichblühende Rose in sattem Lachsrosa, im Herbst ist sie dunkler. Buschiger, reich verzweigter, aber aufrechter Wuchs. Leider wird das matte dunkelgrüne Laub oft durch Sternrußtau beeinträchtigt.
[D aB BR ▽ ST ⁂ ✂ V] 90 × 60cm

'Miss Harp' *siehe* 'Anneliese Rothenberger'

'Mister Lincoln'

Swim USA 1964
'Chrysler Imperial' × 'Charles Mallerin'
Ansehnliche und schön geformte Blüten in dunklem Rot, nahezu schalenförmig, wenn sie fast geöffnet sind, an kräftigen Stielen. Dunkles, lederiges, mattes Laub an einer aufrechten und starkwüchsigen Pflanze.
[D aB d*** BR Gh ✂] 90 × 60cm

'Mme Butterfly'

Hill USA 1918

Oben: 'Mme Butterfly'; *unten:* 'Mme Louis Laperrière'

Abart von 'Ophelia'
Die zart rosafarbenen Blüten mit dunklerer Mitte und einem Hauch von Gelb an der Basis ihrer Blätter sind wunderschön, wenn sie ganz geöffnet sind und goldfarbene Staubgefäße zeigen. Das Laub ist dunkelgrün und leicht glänzend, der Wuchs aufrecht. Eine ausgezeichnete Allerweltsrose vergangener Zeiten.
[D aB d*** BR Gh ▽ ✂ V] 60 × 60cm

'Mme Louis Laperrière'

Laperrière FRANKREICH 1951
'Crimson Glory' × ein Sämling
Blüten in sattem, dunklem Karmesinrot erscheinen reichlich an einer aufrechten, aber buschigen Pflanze mit dunkelgrünem, mattem Laub. Eine sehr gute Sorte, die sich besonders als Beetrose eignet.
[D aB d*** BR ▽ V] 60 × 60cm

'Mojave'

Swim USA 1954
'Charlotte Armstrong' × 'Signora'
Geäderte Blüten, Apricotorange mit rostroter Schattierung, präsentieren sich an langen, kräftigen Stielen. Üppiges, glänzendes Laub, Wuchs aufrecht und stark.
[D aB d** BR Gh T ⁘ ✂ V] 90 × 60cm

'Monique'

Paolino FRANKREICH 1949
'Lady Sylvia' × ein Sämling
Schöne Knospen öffnen sich zu reizvollen großen, gut proportionierten, flach schalenförmigen Blüten. Die Farbe ist eine Mischung von Rosatönen. Mattes, mittelgrünes Laub; aufrechter, hübscher Wuchs.
[D d*** BR ⊽ ✂ V] 75 × 60cm

'Montezuma'

Swim USA 1955
'Fandango' × 'Floradora'
Dicke Knospen öffnen sich zu großen, gut proportionierten lachsroten Blüten. Eine starkwüchsige Rose mit lederigem, dunklem, leicht glänzendem Laub.
[D aB d* BR Gh ⊽ ✂ V] 75 × 60cm

* 'Moriah' (Ganhol)

Holtzman ISRAEL 1983
'Duftwolke' × ein Sämling
Große, schöne Blüten in zartem Orange mit dunklerer Rückseite. Hübsches Laub, matt und dunkelgrün.
[D d*** BR T ⁘ ✂ V] 75 × 60cm

'Mrs Oakley Fisher'

Cant GROSSBRITANNIEN 1921

'Monique'

Elternsorten unbekannt
Große, gleichmäßige Büschel einfacher Blüten in dunklem, lederigem Gelb mit auffälligen bernsteinfarbenen Staubgefäßen; dunkelgrünes, bronzeglänzendes Laub. Die Triebe sind pflaumenfarben und stachelig. Ein Blickfang aus vergangener Zeit.
[D aB d** BR ▽ V] 60 × 60cm

'Mrs Sam McGredy'

McGredy GROSSBRITANNIEN 1929
('Donald Macdonald' × 'Golden Emblem') × (Sämling × 'The Queen Alexandra Rose')
Große, etwas unordentliche Blüten in bräunlichem Lachsorange mit gelber Mitte und rot überzogener Rückseite; bronzeglänzendes Laub, Triebe dunkel. Ziemlich ungeordneter Wuchs.
[R aB d** BR ▽ V] 90 × 60cm

'Mullard Jubilee' *siehe* 'Electron'

'My Choice'

LeGrice GROSSBRITANNIEN 1958
'Wellworth' × 'Ena Harkness'
Große, urnenförmige, hochgebaute Blüten in dunklem Lachsrosa, Rückseite von zartem gelblichem Hellbraun. Laub matt graugrün; Wuchs aufrecht.
[D aB d*** BR Au V] 75 × 60cm

'National Trust' *siehe* 'Bad Nauheim'

* 'Olympiad' (Macauck)

McGredy NEUSEELAND 1984
'Red Planet' × 'Pharaoh'
Leuchtend rote, fast strahlende Blüten, groß und gefüllt. Der Wuchs ist aufrecht und buschig, mit mittelgrünem, mattem Laub.
[D d* Au BR ✂ V] 90 × 60cm

'Opa Pötschke' *siehe* 'Red Star'

'Opéra'

Gaujard FRANKREICH 1950
'La Belle Irisée' × ein Sämling
Schmale Knospen öffnen sich zu dicken, schalenförmigen Blüten in sattem Scharlachrot mit gelber Basis. Das Laub ist lederig und mittel- bis hellgrün.
[D aB d** BR V] 90 × 60cm

'Ophelia'

Paul GROSSBRITANNIEN 1912
Vermutlich ein Sämling von 'Antoine Rivoire'
Ein Klassiker. Herrlich geformte zartrosa Blüten mit zartgelber Basis. Wunderschön als Knospe; die ganz geöffneten Blüten zeigen sehr reizvoll goldfarbene

'Mrs Oakley Fisher'

'My Choice' (siehe Text Seite 157)

Staubgefäße. Dunkelgrünes Laub an einer Pflanze von aufrechtem Wuchs. Elternsorte mehrerer Abarten von gleichem Format.
[D aB d*** BR Gh ▽ ✂ V] 60 × 60cm

'Oregold' *siehe* 'Anneliese Rothenberger'

'Orient Express'

Wheatcroft GROSSBRITANNIEN 1978
'Sunblest' × ein Sämling
Große, gefüllte, schön geformte Blüten in Korallenrosa. Viel dunkles, bronzegrünes Laub. Starker, buschiger Wuchs.
[D aB H d*** BR ▽ V] 1m × 60cm

'Pacemaker' (Harnoble)

Harkness GROSSBRITANNIEN 1981
'Red Planet' × 'Wendy Cussons'
Hochgebaute Blüten in klarem, leuchtendem Rosarot,

'Bad Nauheim' (siehe Text Seite 136)

sehr reichblühend. Großes, dunkelgrünes Laub an einer Pflanze von aufrechtem und buschigem Wuchs.
[D aB H d*** BR ▽ V] 90 × 60cm

'Papa Meilland' (Meisar)

Meilland FRANKREICH 1963
'Chrysler Imperial' × 'Charles Mallerin'
Großartige Blüten in samtigem Karmesinrot mit auffälliger Äderung. Mittel- bis dunkelgrünes, glänzendes Laub an einer aufrechten Pflanze mit großen Stacheln. Nicht leicht zu kultivieren, aber lohnend.
[R d*** MT ST] 90 × 60cm

'Pascali' (Lenip)

Lens BELGIEN 1963
'Queen Elizabeth' × 'White Butterfly'
Schön geformte, aufrecht stehende Blüten in fast reinem Weiß mit crèmefarbener Basis; Laub dunkelgrün und halbmatt, aufrechter Wuchs.
[D aB Gh d* BR ▽ ✂] 90 × 60cm

'Paul Shirville', 'Heart Throb' (Harqueterwife)

Harkness GROSSBRITANNIEN 1983
'Compassion' × 'Mischief'
Schön geformte und elegante Blüten in einer Mischung aus Lachs und Pfirsich. Der Wuchs geht etwas in die Breite; dunkelgrünes, fast glänzendes Laub.
[D aB d*** BR ▽] 90 × 75cm

'Peace' *siehe* 'Gloria Dei'

'Peaudouce' *siehe* 'Elina'

'Peer Gynt' (Korol)

Kordes DEUTSCHLAND 1968
'Königin der Rosen' × 'Goldrausch'
Große, schön geformte, dicht gefüllte Blüten in sattem, klarem Gelb, an den Rändern rot überzogen. Schönes mittelgrünes und leicht glänzendes Laub an einer starkwüchsigen, buschigen Pflanze.
[D aB H d* BR ▽ ✂] 75 × 60cm

'Perfecta' *siehe* 'Kordes' Perfecta'

'Piccadilly'

McGredy GROSSBRITANNIEN 1960
'McGredy's Yellow' × 'Karl Herbst'
Schön geformte Knospen öffnen sich zu lockeren Blüten in Scharlachrot und Gelb, die noch nicht ganz

geöffnete Blüte ist hochgebaut. Laub dunkel und glänzend; Triebe sehr stachelig. Eine kompakte, aufrechte und sehr reichblühende Pflanze.
[D aB H d* BR ▽ RR ⚘ ST ⚘] 75 × 60cm

'Picture'

McGredy GROSSBRITANNIEN 1932
Elternsorten unbekannt
Eine schöne alte Sorte. Im halbgeöffneten Stadium sind die reinrosa Blüten wunderschön gerollt, ganz geöffnet sind sie regelmäßig und symmetrisch. Laub graugrün, matt; Wuchs niedrig und buschig.
[D aB d* BR Gh ▽ ✂] 45 × 45cm

'Pink Favourite'

Von Abrams USA 1956
'Juno' × ('Georg Arends' × 'New Dawn')
Reichblühend; große, schalenförmige, rosafarbene Blüten erscheinen an einer buschigen Pflanze mit glänzendem, mittel- bis leuchtendgrünem Laub.
[D d* BR Au] 75 × 60cm

'Pink Peace' (Meibil)

Meilland FRANKREICH 1959
('Gloria Dei' × 'Monique') × ('Gloria Dei' × 'Mrs John Laing')
Sehr große, kugelige Blüten in leuchtendem, silbrigem Dunkelrosa mit auffälliger Äderung. Eine starkwüchsige und aufrecht wachsende Pflanze mit mittelgrünem, mattschimmerndem Laub.
[D aB H d*** Au RR ⚘ ☺] 1m × 75cm

'Pinta'

Beales GROSSBRITANNIEN 1973
'Ena Harkness' × 'Pascali'
Reichblühend; Büschel schöner, rahmweißer Blüten an einer etwas ungeordnet wachsenden Pflanze mit dunkelgrünen Trieben und mittelgrünem Laub. Ihr besonderer Vorzug ist ein intensiver Duft.
[D aB H d*** Au RR ⚘ ☺ ▽] 1m × 75cm

'Polar Star' *siehe* 'Polarstern'

'Polarstern', 'Polar Star' (Tanlarpost)

Tantau DEUTSCHLAND 1982
Elternsorten unbekannt
Eine reichblühende Rose; schön geformte, rahmweiße Blüten an kräftigen Stielen; hellgrünes Laub und stachelige Triebe.
[D aB BR] 90 × 60cm

'Portland Trailblazer' *siehe* 'Big Chief'

Oben: 'Kordes' Perfecta' (siehe Text Seite 150); *unten:* 'Picture'

'Pot o' Gold' (Dicdivine)

Dickson GROSSBRITANNIEN 1980
'Eurorose' × 'Whisky'
Große, gefüllte Blüten in klarem, leuchtendem Gelb, leicht goldfarben überhaucht. Laub mittelgrün und kräftig purpurfarben geadert; Wuchs buschig, aber regelmäßig; ziemlich stachelig.
[D aB H BR d*** ▽ ✂] 75 × 60cm

'Precious Platinum' *siehe* 'Red Star'

'President Herbert Hoover'

Coddington USA 1930
'Sensation' × 'Souvenir de Claudius Pernet'
Lange, spitze Blüten, Orangerosa mit goldbrauner Rückseite; öffnen sich flach an langen, kräftigen Stielen. Das Laub ist lederig und halbmatt, der Wuchs stark und aufrecht. Eine ausgezeichnete alte Sorte.
[R H aB d*** ✂ V] 1,20m × 90cm

'Primaballerina', 'Prima Ballerina', 'Première Ballerine'

Tantau DEUTSCHLAND 1957

'Piccadilly' (siehe Text Seite 158); *unten:* 'Polarstern' (siehe Text Seite 159)

Sämling × 'Gloria Dei'
Schön geformte und ziemlich große Blüten in dunklem Rosarot öffnen sich locker pausbäckig; Laub dunkel und matt, Triebe dunkel und stachelig. Wuchs aufrecht und kräftig.
[D d*** BR MT] 75 × 60cm

'Princess Margaret of England'

Meilland FRANKREICH 1968
'Queen Elizabeth' × ('Gloria Dei' × 'Michèle Meilland')
Gefüllte, schön geformte Blüten in leuchtendem Rosarot. Aufrechter Wuchs mit lederigem, mattem Laub.
[D d* BR V] 75 × 60cm

'Pristine' (Jacpico)

Warriner USA 1978
'White Masterpiece' × 'First Prize'
Ziemlich große und schön geformte weiße Blüten, zartrosa überzogen. Dunkelgrünes Laub an einer aufrechten, kompakten, aber regelmäßigen Pflanze.
[D aB H d*** BR Gh ✂] 1m × 60cm

'Red Devil', 'Cœur d'Amour' (Dicam)

Dickson GROSSBRITANNIEN 1970

'Old Blush' oder 'Common Monthly'

'Silver Lining' × 'Primaballerina'
Sehr große, hochgebaute Blüten in rosigem Scharlach mit hellerer Rückseite, etwas zögerlich blühend. Laub leicht glänzend, mittelgrün; Wuchs aufrecht und robust mit kräftigen, stacheligen Trieben.
[D aB d* Au ☺ ✂] 1m × 60cm

'Red Planet'

Dickson GROSSBRITANNIEN 1970
'Red Devil' × ein Sämling
Große, dicht gefüllte Blüten in leuchtendem Karmesinrot. Laub mittelgrün und glänzend; der Wuchs die-

'Pot o'Gold' (siehe Text Seite 159)

ser Pflanze ist buschig, aber auch regelmäßig.
[D aB d*** BR V] 90 × 60cm

'Red Star', 'Precious Platinum', 'Opa Pötschke'

Dickson GROSSBRITANNIEN 1974
'Red Planet' × 'Franklin Engelmann'
Leuchtend rote Blüten, fast mit einem glänzenden Schimmer, schön geformt und ohne Tadel. Glänzendes, lederiges, mittelgrünes Laub. Aufrechter und buschiger Wuchs.
[D aB H BR d*** Gh ▽ ✂] 75 × 60cm

'Remember Me' (Cocdestin)

Cocker GROSSBRITANNIEN 1984
'Ann Letts' × ('Dainty Maid' × 'Pink Favourite')
Eine Mischung aus satten Kupfer- und Orangetönen, die Blüten sind nicht besonders dicht gefüllt, aber schön geformt. Reichblühend, üppiges, kleines, dunkelgrünes Laub; buschiger, aufrechter Wuchs.
[D aB d* BR] 75 × 60cm

'Reverend F. Page-Roberts'

Cant GROSSBRITANNIEN 1921
'Queen Mary' × ein Sämling

'President Herbert Hoover' (siehe Text Seite 159)

Eine alte, auffällige Sorte, die auch heute noch einen Platz in unseren Gärten verdient. Dicht gefüllte gelbe Blüten mit roter Schattierung. Hübsches, glänzendes Laub; buschiger, etwas ungeordneter Wuchs.
[R aB d*** ▽ V] 60 × 60cm

* 'Roddy MacMillan' (Cocared)

Cocker GROSSBRITANNIEN 1982
('Duftwolke' × 'Postillon') × 'Wisbech Gold'
Große, gefüllte schöne Blüten in sattem Apricot. Laub mittelgrün und fast glänzend; Wuchs buschig.
[D aB d** BR ▽ V] 60 × 60cm

'Primaballerina' (siehe Text Seite 159)

'Rose Gaujard' (Gaumo)

Gaujard FRANKREICH 1957
'Gloria Dei' × 'Opéra'-Sämling
Die Farbe gefällt vielleicht nicht jedem, aber 'Rose Gaujard' ist eine der vielseitigsten Rosen, die jemals gezüchtet wurden. Sehr große Blüten in Kirschrot und Silber mit blasserer Rückseite. Die Blüten öffnen sich manchmal geteilt oder geviertelt. Kräftige, dunkle Triebe, dicht mit dunkelgrünem, glänzendem Laub besetzt; aufrechter Wuchs und ausgesprochen gesund.
[D aB H d* BR Au ☺ ✂] 1,20m × 90cm

'Rosy Cheeks'

Anderson GROSSBRITANNIEN 1975
'Beauty of Festival' × 'Grandpa Dickson'
Eine große, etwas dickbauchige Blüte, karmin bis rot mit zartgelber Rückseite. Laub dunkelgrün und matt; Wuchs buschig.
[D aB d** BR ▽ V] 75 × 60cm

'Royal Albert Hall'

Cocker GROSSBRITANNIEN 1972
'Duftwolke' × 'Postillon'
Eine interessante Rose von außergewöhnlicher Farbe: dunkles Weinrot mit zart primelgelber Rückseite. Die dicht gefüllten Blüten öffnen sich schalenförmig mit dachziegelartig angeordneten Blütenblättern. Kleines, aber reichliches Laub, dunkelgrün; Wuchs aufrecht und buschig.
[D d*** BR ST ⁂ RR ⁂ V] 60 × 60cm

'Royal Dane', 'Troika'

Poulsen DÄNEMARK 1971
['Super Star' × ('Baccara' × 'Princesse Astrid')] × 'Hanne'
Große, gefüllte, farbenfrohe Blüten in einer Mischung aus Orange und Rosa. Laub groß, dunkel und glänzend; Wuchs buschig und aufrecht.
[D d** BR H ▽ ✂] 75 × 60cm

'Royal Highness' *siehe* 'Königliche Hoheit'

'Royal Romance' *siehe* 'Liselle'

'Royal Smile'

Beales GROSSBRITANNIEN 1980
'Duftwolke' × 'Pascali'
Rahmweiße Blüten mit feiner zartrosa Schattierung, zur Mitte hin dunkler. Blüten hochgebaut und schön geformt. Sie zeichnen sich durch einen intensiven Duft aus. Das Laub ist matt dunkelgrün, der Wuchs buschig. Gut geeignet für ein wärmeres Klima.
[D BR Gh d*** ▽ RR⁂ ☺ ✂ V] 75 × 60cm

'Remember Me' (siehe Text Seite 161); *unten:* 'Royal Albert Hall'

'Royal Smile'; *unten:* 'Duftzauber 84'

'Royal William' *siehe* 'Duftzauber '84'

'Ruby Wedding'

Gregory GROSSBRITANNIEN 1979
'Mayflower' × unbekannt
Schön geformte, rubinrote, mittelgroße Blüten. Bei der ganz geöffneten Blüte sind die Blütenblätter locker angeordnet. Laub mittelgrün; Wuchs buschig und regelmäßig.
[D BR Gh d* ⛉ ✂ V] 75 × 60cm

'Ruhm von Steinfurth', 'Red Druschki'

Weigand DEUTSCHLAND 1920
'Frau Karl Druschki' × 'Ulrich Brunner Fils'
Obwohl diese Rose von Remontantrosen abstammt, ähnelt sie in Blüten und Wuchs eher einer Teehybride. Lange, spitze Knospen öffnen sich zu wunderschönen, schalenförmigen, gefüllten Blüten erstaunlicher Größe, deren Rubinrot zu Kirschrot verblaßt. Laub groß und matt mit einem grauen Schimmer; Wuchs aufrecht.
[R aB H d*** ⛉ ✂ V] 90 × 60cm

'Sandringham Centenary'

Tysterman GROSSBRITANNIEN 1981
'Queen Elizabeth' × 'Baccara'
Große Blüten in sattem, bräunlichem Orange, das mit der Zeit leicht zu Lachsrosa verblaßt. Bei der fast geöffneten Blüte ist die Blütenfarbe besonders intensiv. Kräftiger aufrechter Wuchs mit viel mittelgrünem, leicht glänzenden Laub.
[D aB H Gh d* ✂ V] 1,20m × 75cm

'Shot Silk'

Dickson GROSSBRITANNIEN 1924
'Hugh Dickson'-Sämling × 'Sunstar'
Ohne Zweifel eine der besten Dicksonrosen aus der Zeit vor dem Zweiten Weltkrieg. Kugelige, gefüllte,

hochgebaute Blüten fast in einem Lachston, mit gelber Basis und einem silbrigen Schimmer. Üppiges Laub, reichlich und glänzend. Wuchs buschig, aufrecht und niedrig.
[D aB H Gh BR d** ▽ ✂ V] 45 × 45cm

'Silver Jubilee'

Cocker GROSSBRITANNIEN 1978
[('Highlight' × 'Königin der Rosen') × ('Parkdirektor Riggers' × 'Piccadilly')] × 'Mischief'
Eine schöne, reichblühende Rose in silbrigem Rosa und Apricot mit dunklerer Rückseite. Die Blüten erscheinen in Büscheln; wenn man die Seitenknospen entfernt, werden sie riesig. Laub glänzend; Wuchs buschig, aber aufrecht; die Triebe sind sehr stachelig. Eine der besten Rosen, die jemals gezüchtet wurden.
[D aB d** H Gh BR Au ▽ ✂] 1m × 60cm

'Silver Lining'

Dickson GROSSBRITANNIEN 1958
'Karl Herbst' × 'Eden Rose'
Blüten in zartem Blaßrosa mit dunkleren Schattierungen. Schön geformt; kugelig, aber hochgebaut und an kräftigen Stielen. Das Laub ist spärlich, dunkel und mattgrün; Triebe kräftig und stachelig.
[D aB BR d* ▽ ✂ V] 60 × 60cm

'Silver Wedding'

Gregory GROSSBRITANNIEN 1976
Elternsorten unbekannt
Eine großartige, weithin unterschätzte Rose mit schön geformten rahmweißen Blüten. Laub matt, mittelgrün.
[D d* BR Gh ▽ ✂ V] 75 × 60cm

'Simba' *siehe* 'Helmut Schmidt'

'Sir Frederick Ashton'

Beales GROSSBRITANNIEN 1985
Abart von 'Anna Pavlova'

'Ruhm von Steinfurth' (siehe Text Seite 163)

Oben: 'Sandringham Centenary' (siehe Text Seite 163); *unten:* 'Shot Silk'

'Silver Lining'; *rechts:* 'Helmut Schmidt' ('Simba')

Sehr stark duftende, große, gefüllte Blüten in Reinweiß mit rahmweißer Mitte. Laub groß, rundlich und dunkel mattgrün; Triebe kräftig, Wuchs aufrecht.
[D d*** Au Gh ☺ ⁘ V] 1,20m × 90cm

'Sir Harry Pilkington' *siehe* 'Melina'

'Sonia', 'Sweet Promise', 'Sonia Meilland' (Meihelvet)

Meilland FRANKREICH 1974
'Zambra' × ('Baccara' × 'Message')
Großartig geformte Blüten in zartem, seidigem Lachston; rundlich, aber hochgebaut. Eine reichblühende Rose, auch ausgezeichnet unter Glas. Laub mittelgrün und halbmatt; Wuchs dicht, aber aufrecht.
[D d* BR Gh ⊽ ☺ ✂] 75 × 60cm

'Spek's Yellow', 'Golden Sceptre'

Spek GROSSBRITANNIEN 1950
'Geheimrat Duisberg' × ein Sämling
Lange, spitze Knospen öffnen sich zu lockeren Blüten in dunklem Goldton an langen Stielen. Bei dieser Rose sollte man die Seitenknospen entfernen, wenn die Blüten eine gewisse Größe erreichen sollen. Das Laub dieser Sorte ist intensiv hellgrün, der Wuchs ziemlich wuchernd; sie wirkt gut unter Glas.
[D d** BR Gh ✂ V] 90 × 60cm

'Stella'

Tantau DEUTSCHLAND 1958
'Horstmann's Jubiläumsrose' × 'Gloria Dei'
Eine dicke, hochgebaute Blüte in zartem Rosa an kräftigen Stielen. Nicht besonders reichblühend. Laub dunkelgrün und lederig; Wuchs kräftig und buschig.
[D d* BR ⊽ ST ⁘ ✂ V] 75 × 60cm

'Summer Sunshine', 'Soleil d'Été'

Swim USA 1962
'Buccaneer' × 'Lemon Chiffon'
Eine hohe, nahezu pflegeleichte Rose mit zahlreichen locker geformten Blüten in einem satten Dunkelgelb, die sich aus langen, spitzen Knospen öffnen. Laub mittelgrün und lederig; Wuchs aufrecht.
[D aB H Gh d* ✂ V] 90 × 60cm

'Sunblest' *siehe* 'Landora'

'Sunny South'

Clark AUSTRALIEN 1918

'Stella' (siehe Text Seite 165)

'Gustav Grünerwald' × 'Betty Berkeley'
Große, kugelige, hochgebaute Blüten in karminüberzogenem mittleren Rosa mit gelber Basis, die ganz geöffneten Blüten sind halbgefüllt. Üppiges sattgrünes Laub; Wuchs buschig und kräftig. Eine wunderschöne Rose, ein großartiges Beispiel für eine Rose aus Australien.
[R d*** BR Gh ▽ ✂ V] 1 × 1m

'Sunset Song' (Cocasun)

Cocker GROSSBRITANNIEN 1981
('Sabine' × 'Circus') × 'Landora'
Mit bernsteinfarbenen Blüten, die kupferfarben überzogen sind, ist dies eine schön geformte, gefüllte Rose mit eigenem Charakter. Schönes, hellgrünes, glänzendes Laub, aufrechter buschiger Wuchs.
[D d* BR ▽ ✂] 90 × 60cm

'Super Star', 'Tropicana' (Tanorstar)

Tantau DEUTSCHLAND 1960
(Sämling × 'Gloria Dei') × (Sämling × 'Alpenglühen')
'Super Star' hat große, gefüllte und hochgebaute Blüten in leuchtendem Korallenzinnoberrot. Das Laub ist mattgrün, die Triebe sind stachelig, der Wuchs ist ungeordnet.
[D H d** BR ▽ MT ✿ ✂] 1m × 90cm

'Super Sun'

Bentley GROSSBRITANNIEN 1967
Abart von 'Piccadilly'
Dunkelgelbe Blüten, orangefarben überzogen und geädert, mit blasserer Rückseite, schön geformt, sich

'Sunny South'

locker öffnend. Laub dunkelgrün und glänzend, Triebe sehr stachelig; Wuchs dicht und aufrecht.
[D aB H d* BR ▽ ST ✿ V] 75 × 60cm

'Susan Hampshire' (Meinatac)

Paolino FRANKREICH 1972
('Monique' × 'Symphonie') × 'Maria Callas'
Eine reichblühende Rose mit vielen schön geformten, gefüllten, hochgebauten Blüten in leuchtendem Rosarot. Das Laub ist mittelgrün und matt, der Wuchs aufrecht und dicht.
[D aB H d* BR ▽ ✂] 75 × 60cm

'Sutter's Gold'

Swim USA 1950
'Charlotte Armstrong' × 'Signora'
Sehr reichblühend; schlanke Knospen an langen, kräftigen Stielen öffnen sich zu reizenden, locker geformten Blüten in dunklem Gelb, das mit Orange und Rosa vermischt sowie schattiert ist. Das Laub ist mittelgrün und leicht glänzend, der Wuchs aufrecht, aber buschig.
[D aB d** BR Gh ▽ ✂] 90 × 60cm

'Sweetheart' (Cocapeer)

Cocker GROSSBRITANNIEN 1980
'Peer Gynt' × ('Duftwolke' × 'Gay Gordons')
Große, gefüllte Blüten in einem dunklen, warmen Rosa. Das Laub ist mittelgrün, der Wuchs aufrecht und hoch.
[D aB d* BR ✂ V] 1m × 60cm

'Sweet Promise' *siehe* 'Sonia'

'Sylvia', 'Kordes' Rose Sylvia', 'Congratulations', (Korlift)

Kordes DEUTSCHLAND 1978

'Super Sun'; *unten:* 'Susan Hampshire'

'Carina' × Sämling
Eine hohe und gesunde, aufrecht wachsende Rose. 'Sylvia' hat schön geformte und gefüllte Blüten in einem klaren Rosarot mit einem sehr hübschen Laubwerk.
[D aB d* Au] 1,20m × 60cm

'Taifun', 'Typhoon'

Kordes DEUTSCHLAND 1972
'Dr A. J. Verhage' × 'Königin der Rosen'
Mittelgroße Blüten in einer Mischung aus Lachs und Gelb. Das Laub ist mittelgrün und halbmatt, der Wuchs aufrecht.
[D d*** BR H ▽ ✂ V] 75 × 60cm

'Talisman'

Montgomery USA 1929
'Ophelia' × 'Souvenir de Claudius Pernet'
Die dicht gefüllten Blüten öffnen sich reizvoll flach, sie sind nicht besonders groß, stehen aber auf kräftigen Stielen, dadurch eignen sie sich ideal zum Schneiden. Die Farbe ist Goldgelb mit einer Schattierung in Kupferorange. Das Laub ist hellgrün und glänzend, der Wuchs aufrecht. Eine gute und beliebte alte Sorte.
[D d** aB Gh BR ▽ ✂ V] 90 × 60cm

'Tallyho'

Swim USA 1948
'Charlotte Armstrong' × ein Sämling
Große Knospen öffnen sich zu schalenförmigen Blüten in dunklem Rosa, fast kastanienfarbig. Laub lederig; dunkle Triebe an einer buschigen Pflanze.
[D aB d*** BR ▽ V] 90 × 60cm

* 'Tenerife'

Bracegirdle GROSSBRITANNIEN 1972
'Duftwolke' × 'Piccadilly'
Große, dicht gefüllte Blüten in Orangerot mit pfirsichgelber Rückseite. Das Laub ist glänzend, der Wuchs aufrecht.
[D aB d*** BR ⛉ V] 75 × 60cm

'Texas Centennial'

Watkins USA 1935
Abart von 'President Herbert Hoover'
Lange, spitze Knospen an langen, kräftigen Stielen öffnen sich zu flachen Blüten in leuchtendem Zinnoberrot mit goldfarbener Basis. Das Laub ist lederig und halbmatt, der Wuchs kräftig sowie aufrecht. Diese Rose ist auch gut als Solitärstrauch.
[R H aB d*** ✂ V] 1,20m × 90cm

'Thaïs', 'Lady Elgin'

Meilland FRANKREICH 1954
'Mme Kriloff' × ('Gloria Dei' × 'Genève')
Obwohl diese Rose sehr selten ist, konnte ich nicht widerstehen, diese alte Sorte hier aufzunehmen. Runde Knospen öffnen sich zu gefüllten, schalenförmigen Blüten in Apricot-Hellbraun-Gelb, das mit Orange vermischt und geädert ist. Das Laub ist dunkelgrün und lederig, der Wuchs aufrecht.
[D aB d*** Au ⛉ ✂ V] 90 × 60cm

* 'The Coxswain' (Cocadilly)

Cocker GROSSBRITANNIEN 1985
('Super Star' × 'Ballet') × 'Silver Jubilee'
Verschiedene Schattierungen von Rosa und Rahmweiß. Die großen und gefüllten Blüten werden reichlich hervorgebracht. Das Laub ist mittelgrün und leicht glänzend; buschiger, aufrechter Wuchs.
[D aB BR H Au ⛉ ✂ V] 75 × 60cm

'The Doctor'

Howard USA 1936
'Mrs J. D. Eisele' × 'Los Angeles'
Eine berühmte Sorte, die trotz ihrer Anfälligkeit für Sternrußtau nicht in Vergessenheit geraten sollte. Sie hat große Blüten in sattem Silberrosa mit einem seidigen Schimmer; schön geformt, die halbgeöffnete Blüte ist hochgebaut. Das Laub ist matt graugrün, der Wuchs kräftig und aufrecht.
[D d*** BR Au T ST ⚘ ☺ ✂ V] 75 × 60cm

'The Lady' (Fryjingo)

Fryer GROSSBRITANNIEN 1985
'Pink Parfait' × 'Redgold'

'Texas Centennial'

'Uncle Bill'

Sehr große Blüten von Ausstellungsgröße in mit Lachs vermischtem Honiggelb. Leicht glänzendes und mittelgrünes Laub sowie aufrechter Wuchs.
[D aB d** Au T ✂ V] 75 × 60cm

'Toque Rouge', 'Ace of Hearts', 'Asso di Cuori' (Korred)

Kordes DEUTSCHLAND 1981
Elternsorten unbekannt
Sehr schön geformte karmesin- bis scharlachrote Blüten mit festen, gekräuselten Blütenblättern. 'Toque Rouge' ist stark duftend und hat einen kräftigen, aufrechten Wuchs mit einem dunkelgrünen, glänzenden Laubwerk.
[D d** BR V] 90 × 60cm

* 'Torvill & Dean' (Lantor)

Sealand GROSSBRITANNIEN 1984
'Grandpa Dickson' × 'Alexander'
'Torvill & Dean' hat sehr große und schön geformte Blüten in einem warmen Rosaton, der mit Rahmweiß unterlegt ist (auch an der Blütenbasis). Das Laubwerk ist mittelgrün und leicht glänzend, der Wuchs aufrecht.
[D d* BR Au T V] 75 × 60cm

'Tranquillity', 'Handout' (Barout)

Barrett GROSSBRITANNIEN 1982
'Whisky' × 'Pink Favourite'
Große Blüten in Pfirsichrosa, das apricotfarben und gelb überzogen ist. Das Laub ist dunkelgrün und glänzend, der Wuchs aufrecht und buschig.
[D d* BR T V] 75 × 60cm

'Troika' *siehe* 'Royal Dane'

'Tropicana' *siehe* 'Super Star'

'Typhoon' *siehe* 'Taifun'

'Uncle Bill'

Beales GROSSBRITANNIEN 1984
Abart von 'Alec's Red' (entdeckt von Rev. W. Temple-Bourne)
Große, dicke Knospen öffnen sich zu Blüten in zartem, silbrigem Mittelrosa und werden in großer Fülle hervorgebracht. Die halboffenen Blüten sind hochgebaut. Das Laub ist mittelgrün und matt, die Triebe sind stachelig, der Wuchs ist buschig und aufrecht.
[D d*** BR aB V] 75 × 60cm

'Velvet Hour'

LeGrice GROSSBRITANNIEN 1978
Elternsorten unbekannt
Sehr gut duftende, mittelgroße, gefüllte, blutrote Blüten erscheinen zahlreich an kräftigen Stielen. Das Laub ist dunkel und leicht glänzend, der Wuchs ausgeprägt aufrecht.
[D aB H d* BR ⛉ ☺ ✂ V] 75 × 60cm

'Vienna Charm' *siehe* 'Wiener Charme'

'Violinista Costa'

Camprubi SPANIEN 1936
'Sensation' × 'Shot Silk'
Reichblühend, schön geformte Blüten in dunklem Orangerosa, dunkler unterlegt und mit gelber Basis, gelegentlich fast rot. Das Laub ist mittelgrün und glänzend, die Triebe sind sehr stachelig, der Wuchs ist ungeordnet.
[D aB H BR d* ⛉ V] 75 × 60cm

'Virgo', 'Virgo Liberationem'

Mallerin FRANKREICH 1947
'Blanche Mallerin' × 'Neige Parfum'
Schön geformte, spitze Knospen öffnen sich zu genügend großen lockeren Blüten an kräftigen Stielen. Sie sind weiß mit einer leicht getönten Basis. Das Laub ist mittelgraugrün und halbmatt, der Wuchs schlank und aufrecht.
[D d** BR Gh ⛉ ✂ V] 75 × 60cm

'Wiener Charme', 'Vienna Charm', 'Charme de Vienne' (Korschaprat)

Kordes DEUTSCHLAND 1963
'Chantré' × 'Goldene Sonne'
Große, spitze Knospen öffnen sich zu großen, gefüllten, gut duftenden Blüten in kupfrigem Orange. Das Laub ist dunkel und leicht glänzend, der Wuchs etwas hoch und aufrecht. Sie ist nicht ganz winterhart.
[D H d** BR T ⁘ ✂ V] 1m × 60cm

'Wendy Cussons'

Gregory GROSSBRITANNIEN 1963
Sämling von 'Kordes Sondermeldung'
Großartig geformte, hochgebaute Blüten in einem dunklen Kirschrot erscheinen reichlich an einer kräftigen Pflanze mit dunklem, mattgrünem Laub, allerdings mit ziemlich ungeordnetem Wuchs.
[D aB d*** Au ☺ V] 60 × 60cm

'Whisky', 'Whisky Mac' (Tanky)

Tantau DEUTSCHLAND 1967

'Violinista Costa'

‘Virgo’; *unten:* ‘Wendy Cussons’

‘Whisky’; *unten:* ‘White Wings’

Elternsorten unbekannt
Schön geformte Blüten in sattem Gold- und Bernsteinton mit dunkelgrünem, glänzendem Laub. Der Wuchs ist ungeordnet, aber aufrecht; nicht völlig winterhart.
[D aB d*** BR Gh ▽ ✂ ST ☼ RR ☼] 75 × 60cm

‘White Knight’ *siehe* ‘Message’

‘White Wings’

Krebs USA 1947
‘Dainty Bess’ × ein Sämling
Lange, spitze Knospen öffnen sich zu schönen großen, einfachen, reinweißen Blüten mit recht auffälligen, schokoladebraunen Staubgefäßen. Eine wunderschöne Rose, wenn man sie an den richtigen Platz pflanzt. Das Laub ist mittelgrün und matt, der Wuchs buschig.
[D d** T ⁘ V] 1m × 75cm

‘Wisbech Gold’

McGredy GROSSBRITANNIEN 1964
‘Piccadilly’ × ‘Golden Star’
Große, schön geformte Blüten in Goldgelb mit rosa Rändern wachsen an kräftigen Stielen. Das schöne Laub ist dunkelgrün und glänzend, der Wuchs aufrecht.
[D aB d** BR Gh ▽ ✂ V] 75 × 60cm

* ‘With Love’ (Andwit)

Anderson GROSSBRITANNIEN 1983
‘Grandpa Dickson’ × ‘Daily Sketch’
Eine wunderschöne reichblühende Rose mit mittelgroßen Blüten in einem klaren Gelb mit rotem Rand. Das Laub ist mittelgrün und glänzend, der Wuchs aufrecht.
[D d** BR ▽ ✂ V] 75 × 60cm

‘Yorkshire Bank’, ‘True Love’ (Rutrulo)

de Ruiter NIEDERLANDE 1979
‘Pascali’ × ‘Peer Gynt’
Große weiße Blüten mit einem Hauch von Rosa. ‘Yorkshire Bank’ ist reichblühend und hat ein leuchtend grünes, leicht glänzendes Laubwerk. Ihr Wuchs ist buschig.
[D aB BR d** ▽ V] 60 × 60cm

Floribundarosen (Beetrosen)

Die Gruppenbezeichnung „Floribundarosen" umfaßt alle Buschrosen mit Blüten in Büscheln, mit Ausnahme der Zwergrosen und der „Patiorosen". Erst in den letzten Jahren wurde diese Gruppe im englischen Sprachraum in „Büschelblütige Rosen" umbenannt. Wie der Begriff „Großblütige Rosen" wurde auch dieser von den Pflanzschülern nicht völlig akzeptiert.

Im Laufe der letzten fünfzig Jahre wurden viele hundert (vermutlich mehrere tausend) verschiedene Sorten von Floribundarosen auf den Markt gebracht. Es ist unmöglich, sie alle hier aufzuführen. Ich werde Ihnen 167 vorstellen und glaube, daß diese eine gute Auswahl der heute erhältlichen Floribundarosen darstellen, einschließlich einiger Klassiker der Vergangenheit. Obwohl letztere nicht gerade leicht erhältlich sind, sind sie als bedeutende Vertreter dieser Gruppe doch wichtig.

Floribundarosen lassen sich vielfältig verwenden; hauptsächlich dienen sie als Beetrose. Viele eignen sich sehr gut für Hecken; die meisten kann man auch gut mit Stauden oder mit anderen Gehölzen kombinieren. Besonders die niedrigeren Sorten eignen sich auch gut für Pflanzgefäße, Töpfe oder Kübel. Die größeren Sorten sind ideal als Schnittblumen.

* 'Abundance'

Gandy GROSSBRITANNIEN 1974
Sämling × 'Firecracker'
Büschel dicht gefüllter, rosa Blüten an einem kräftigen, niedrigen Busch mit dunklem, mattgrünem Laub.
[D aB H d* BR ▽ V] 45 × 45cm

'Alison Wheatcroft'

Wheatcroft GROSSBRITANNIEN 1959
Sport von 'Circus'
Büschel schöner, schalenförmiger, gefüllter Blüten in karmesinrot überzogenem, dunklem Gelb und Apricot. Laub üppig und glänzend; Wuchs aufrecht.
[D aB H d* BR V] 75 × 60cm

'Allgold'

LeGrice GROSSBRITANNIEN 1956
'Goldilocks' × 'Ellinor LeGrice'
Eine außergewöhnliche alte Sorte mit locker angeordneten Büscheln halbgefüllter Blüten in klarem Goldgelb. Das Laub ist klein, mittelgrün und glänzend, der Wuchs aufrecht.
[D aB d* BR ▽ ✂] 60 × 60cm

'Amanda' (Beesian)

Bees GROSSBRITANNIEN 1979
'Arthur Bell' × 'Zambra'
Kugelige Knospen öffnen sich zu dicht gefüllten Blüten in klarem Gelb. Sie werden in schönen, großen Büscheln hervorgebracht. Üppiges kleines, hellgrünes Laub und aufrechter Wuchs.
[D d* BR V] 60 × 60cm

'Amberlight'

LeGrice GROSSBRITANNIEN 1962
(Sämling × 'Lavender Pinocchio') × 'Marcel Bourgouin'
Dicht gefüllte, etwas unordentliche Blüten erscheinen in wohl proportionierten, großen Büscheln. Dunkelgrünes und halbmattes Laub sowie buschiger Wuchs.
[D d** H BR ☺ V] 75 × 60cm

Oben: 'Alison Wheatcroft'
Unten: 'Amber Queen' (siehe Text Seite 175)

'Münchner Kindl' ('Anisley Dickson')

'Amber Queen' (Harroony)

Harkness GROSSBRITANNIEN 1984
'Southampton' × 'Taifun'
Große, üppige Büschel dicht gefüllter bernsteingelber Blüten. Das Laub ist groß, fast kastanienfarben und leicht glänzend, der Wuchs buschig.
[D d** BR Gh ⛉ ✂] 60 × 60cm

'Anisley Dickson' *siehe* 'Münchner Kindl'

* 'Anita'

Christensen USA 1982
'Rumba' × 'Marmalade'
Büschel großer, dicht gefüllter Blüten in einer Mischung verschiedener Rosatöne erscheinen an einer aufrechten Pflanze mit hübschem, glänzendem Laub und großen, bösartigen Stacheln.
[D d* BR H V] 75 × 60cm

'Ann Aberconway'

Mattock GROSSBRITANNIEN 1976
'Arthur Bell' × ein Sämling
Ziemlich große, gefüllte Blüten in Apricotorange werden in mittelgroßen Büscheln hervorgebracht. Das Laub ist dunkel und lederig, der Wuchs aufrecht.
[D d* BR H V] 75 × 60cm

'Anna Wheatcroft'

Tantau DEUTSCHLAND 1958
'Tantau's Triumph'-Sämling × unbekannt
Sehr große, einfache Blüten in leuchtendem Lachston, fast Zinnoberrot, mit auffälligen gelben Staubgefäßen erscheinen in riesigen Büscheln. Laub dunkel, leicht glänzend; Wuchs kräftig.
[D d* BR H V] 90 × 60cm

'Anne Cocker'

Cocker GROSSBRITANNIEN 1970
'Highlight' × 'Königin der Rosen'
Große, üppige Büschel kleiner, dicht gefüllter Blüten in leuchtendem Zinnoberrot und hell- bis mittelgrünes, glänzendes Laub. Triebe sehr stachelig; Wuchs aufrecht. Hält sich als Schnittblume längere Zeit in der Vase.
[D aB BR H MT ✂] 1m × 60cm

'Anne Harkness' (Harkaramel)

Harkness GROSSBRITANNIEN 1979
'Bobby Dazzler' × [('Isle of Man' × 'Primaballerina') × ('Chanelle' × 'Piccadilly')]
Mittelgroße, gefüllte Blüten erscheinen in sehr großen Büscheln, apricotgelb mit dunklerer Basis. Leicht glänzendes Laub; Wuchs aufrecht und hoch.
[D aB d* BR H Gh ⛉ ✂] 1m × 60cm

'Apricot Nectar'

Boerner USA 1965
Sämling × 'Spartan'
Große, schalenförmige Blüten in Chamoisgelb und Apricot stehen zu mehreren in Büscheln; gut duftend. Laub dunkel und glänzend; Wuchs buschig.
[D d*** BR H ⛉] 60 × 60cm

'Arcadian', 'New Year' (Macnewye)

McGredy NEUSEELAND 1982
'Mary Sumner' × ein Sämling
Mittelgroße, dicht gefüllte Blüten in einer Mischung aus Orange und Gold erscheinen in Büscheln. Laub dunkelgrün und glänzend; Wuchs aufrecht.
[D aB d* BR H ⛉ ✂ V] 75 × 60cm

* 'Ards Beauty' (Dicjoy)

Dickson GROSSBRITANNIEN 1986
('Eurorose' × 'Whisky') × 'Bright Smile'
Große, teehybridenähnliche, gut duftende Blüten in sanftem Gelb erscheinen in Büscheln ansehnlicher Größe. Das Laub ist mittelgrün und glänzend.
[D d** BR H V] 60 × 60cm

'Arthur Bell'

McGredy GROSSBRITANNIEN 1965
'Cläre Grammerstorf' × 'Piccadilly'
Schön geformte Knospen öffnen sich zu hübschen, halbgefüllten Blüten in sattem Dunkelgelb, das mit der Zeit zu Zitronengelb verblaßt. Sie erscheinen meist in großen Büscheln, gelegentlich auch einzeln. Das Laub ist mittel- bis hellgrün und glänzend, der Wuchs dicht und aufrecht.
[D d** BR H ⛉ ✂] 75 × 60cm

'Ards Beauty'

'Arthur Bell'

'August Seebauer', 'The Queen Mother'

Kordes DEUTSCHLAND 1944
'Break o'Day' × 'Else Poulsen'
Große, gefüllte, hochgebaute Blüten in klarem Rosa erscheinen in Büscheln ansehnlicher Größe. Kleines, sehr reichliches Laub, mittelgrün und glänzend; Wuchs buschig und kräftig.
[D aB d* BR H ▽ V] 75 × 60cm

'Avignon'

Cant GROSSBRITANNIEN 1974
'Zambra' × 'Allgold'
Mittelgroße, gefüllte Blüten in klarem Gelb werden in Büscheln hervorgebracht. Das Laub ist hellgrün und glänzend, der Wuchs aufrecht und kräftig.
[D aB d* BR H V] 1m × 60cm

* 'Avocet' (Harpluto)

Harkness GROSSBRITANNIEN 1984
'Dame of Sark' × ein Sämling
Sie bringt sehr große Büschel halbgefüllter Blüten hervor, in einem Orange, das an den Rändern schwach rosa bis kupferfarben getönt ist. Laub reichlich, dunkelgrün und glänzend; Wuchs buschig.
[D aB d* BR H ▽ ✂ V] 75 × 60cm

'Baby Bio'

Smith GROSSBRITANNIEN 1977
'Golden Treasure' × ein Sämling
Sehr große Büschel gefüllter, dunkelgelber Blüten erscheinen an einer niedrigen, buschigen Pflanze mit schönem, dunkelgrünem glänzenden Laub.
[D d* BR H ▽] 45 × 45cm

'Beautiful Britain' (Dickfire)

Dickson GROSSBRITANNIEN 1983
'Red Planet' × 'Eurorose'
Sie hat schön geformte Blüten in sattem Orange-Tomatenrot, die wohlproportioniert in großen Büscheln

'August Seebauer'

Oben: 'Beautiful Britain' (siehe Text Seite 176)
Unten: 'Bonfire Night' (siehe Text Seite 178)

erscheinen; Laub mittelgrün und leicht glänzend. Eine schöne Sorte mit leuchtender Farbe.
[D aB d* BR H ⊽ ✂] 75 × 60cm

* 'Beauty Queen' (Canmiss)

Cant GROSSBRITANNIEN 1984
'English Miss' × ein Sämling
Ihre dicht gefüllten Blüten werden in hübsch angeordneten großen Büscheln hervorgebracht. Laub dunkelgrün und glänzend; Wuchs aufrecht.
[D d** BR H ⊽ V] 75 × 60cm

'Bonfire Night'

McGredy GROSSBRITANNIEN 1971
'Tiki' × 'Variety Club'
Große Büschel halbgefüllter, ziemlich großer Blüten in Scharlachrot-Orange und Gelb. Laub dunkelgrün sowie matt und deutlich gesägt; Wuchs buschig.
[D d* BR H V] 75 × 60cm

* 'Bright Smile' (Dicdanse)

Dickson GROSSBRITANNIEN 1980
'Eurorose' × ein Sämling
Flache, nach außen gewölbte, halbgefüllte Blüten in klarem Gelb erscheinen in mittelgroßen Büscheln. Das Laub ist dicht und mittelgrün; dunkle Stacheln, buschiger und aufrechter Wuchs.
[D d* BR H] 60 × 60cm

'Brown Velvet', 'Colorbreak' (Macultra)

McGredy NEUSEELAND 1982
'Mary Sumner' × 'Kapai'
Dicht gefüllte Blüten in dunklem Orange mit bräunlicher Schattierung, eine ungewöhnliche Farbkombination, erscheinen in großen Büscheln. Laub dunkelgrün und glänzend; Wuchs aufrecht.
[D d* BR H ⊽ ✂ V] 90 × 60cm

'Burma Star'

Cocker GROSSBRITANNIEN 1974
'Arthur Bell' × 'Isle of Man'
Ziemlich große, gefüllte Blüten in Apricotgelb werden in großen Büscheln an einer hohen Pflanze hervorgebracht. Schönes Laub, groß und glänzend sowie aufrechter Wuchs.
[D aB d** BR H V] 90 × 60cm

'Cairngorm'

Cocker GROSSBRITANNIEN 1973
'Anne Cocker' × 'Arthur Bell'
Große Büschel dicht gefüllter Blüten in einem kräftig mandarinfarben überzogenen Goldton. Laub dunkelgrün und glänzend; Wuchs aufrecht.
[D aB d* BR H V] 75 × 60cm

'Centenaire de Lourdes', 'Delge', 'Mrs Jones'

Delbard-Chabert FRANKREICH 1958
('Frau Karl Druschki' × ein Sämling) × ein Sämling
Riesige Büschel schön angeordneter Blüten, die sowohl als Knospe als auch ganz geöffnet schön geformt sind, in leuchtendem Krebsrosa. Laub groß, dunkelgrün und schimmernd; Wuchs buschig und aufrecht. In Gegenden mit etwas rauherem Klima etwas frostempfindlich; aber eine großartige Sorte.
[D aB d* BR H V] 90 × 60cm

* 'Champagne Cocktail' (Horflash)

Horner GROSSBRITANNIEN 1985
'Old Master' × 'Southampton'
Mittelgroße, gefüllte Blüten in sanftem Gelb, rosa gesprenkelt; mehrere Blüten bilden jeweils einen Büschel. Laub mittelgrün; Wuchs buschig.
[D d* BR H V] 75 × 60cm

'Chanelle'

McGredy GROSSBRITANNIEN 1959
'Ma Perkins' × ('Fashion' × 'Mrs William Sprott')
Große Büschel halbgefüllter Blüten in crèmigem Apricot erscheinen an einer kräftigen Pflanze mit hübschem, dunkelgrünem, glänzendem Laub; der Wuchs ist buschig.
[D d** BR H] 75 × 60cm

'Charleston' (Meiridge)

Meilland FRANKREICH 1963
'Masquerade' × ('Radar' × 'Caprice')
Büschel halbgefüllter Blüten in sanftem Gelb, das kräftig karmesinrot überzogen ist und mit der Zeit dunkler wird. Laub lederig; Wuchs buschig.
[D d* BR H ST V] 75 × 60cm

'Chinatown', 'Ville de Chine'

Poulsen DÄNEMARK 1963
'Columbine' × 'Cläre Grammerstorf'
Die einzelnen Blüten sind sehr groß und dicht gefüllt, in klarem Gelb, das oft rosa überlaufen ist. Die Blüten erscheinen in mittelgroßen Büscheln zwischen üppigem, hellgrünem Laub. Der Wuchs ist aufrecht und kräftig. 'Chinatown' kann auch gut als Solitärstrauch verwendet werden.
[D aB d*** BR H] 1,20m × 90cm

'City of Belfast'; *unten:* 'Clydebank Centenary' (siehe Text Seite 180)

'Chorus' (Meijulito)

Meilland FRANKREICH 1975
'Tamango' × ('Sarabande' × 'Zambra')
Gefüllte Blüten ansehnlicher Größe in leuchtendem Rot werden in großen Büscheln hervorgebracht. Laub mittelgrün und glänzend; Wuchs kräftig und aufrecht.
[D aB d* BR H V] 75 × 60cm

'Chuckles'

Shepherd USA 1958
('Jean Lafitte' × 'New Dawn') × 'Orange Triumph'
Halbgefüllte Blüten in Orangerosa mit einem weißen Auge in der Mitte erscheinen in großen Büscheln.
[D d* BR H V] 60 × 60cm

'Circus'

Swim USA 1956
'Fandango' × 'Rosenmärchen'
Schalenförmige, gefüllte Blüten in mit Orange überzogenem Gelb. Glänzendes Laub; Wuchs aufrecht.
[D aB H d* BR V] 75 × 60cm

'City of Belfast' (Macci)

McGredy GROSSBRITANNIEN 1968
'Irish Wonder' × ('Circus' × 'Korona')
Die leuchtend scharlachroten, sehr ins Auge fallenden Blüten erscheinen in großen Büscheln. Das Laub ist reichlich und glänzend, der Wuchs buschig.
[D aB BR H] 60 × 60cm

'City of Leeds'

McGredy GROSSBRITANNIEN 1965

‘Disco Dancer’; *unten:* ‘English Miss’

‘Irish Wonder’ × (‘Spartan’ × ‘Schweizer Gruß’)
Große, halbgefüllte Blüten in Lachsrosa werden in großen Büscheln hervorgebracht. Das Laub ist dunkel und lederig, der Wuchs aufrecht und buschig.
[D aB BR H d* V] 75 × 60cm

‘City of Portsmouth’

Cant GROSSBRITANNIEN 1975
‘Arthur Bell’ × ein Sämling
Große Blüten in Kupferorange und Gelb mit rosa Glanzlichtern erscheinen in Büscheln ansehnlicher Größe. Das Laub ist bronzegrün, der Wuchs kräftig und aufrecht.
[D aB BR d* H V] 90 × 60cm

* ‘Clydebank Centenary’ (Cocdazzle)

Cocker GROSSBRITANNIEN 1987
Sämling × ‘Minuetto’
Schön geformte, teehybridenähnliche Blüten in funkelndem Orange-Zinnoberrot mit gelber Rückseite; hübsches Laub und aufrechter Wuchs.
[D BR H d* □ V] 75 × 60cm

‘Daily Sketch’ (Macai)

McGredy GROSSBRITANNIEN 1961
‘Ma Perkins’ × ‘Grand Gala’
Dicht gefüllte, teehybridenähnliche Blüten in Silber mit rosa Rand erscheinen in Büscheln. Laub dunkelgrün und leicht glänzend; Wuchs kräftig und aufrecht.
[D aB BR d* H V] 75 × 60cm

‘Dainty Maid’

LeGrice GROSSBRITANNIEN 1940
‘D. T. Poulsen’ × unbekannt
Wunderschöne, große, einfache Blüten in silbrigem Rosa mit dunklerer Rückseite und auffälligen gelben Staubgefäßen erscheinen in großen Büscheln. Das Laub ist dunkelgrün und lederig, der Wuchs aufrecht.
[D aB BR H V] 90 × 60cm

‘Dame of Sark’

Harkness GROSSBRITANNIEN 1976
(‘Pink Parfait’ × ‘Masquerade’) × ‘Tablers’ Choice’
Eine auffallende Sorte, große Büschel gefüllter Blüten in einer Mischung aus Orange und Gelb mit roter Marmorierung. Das Laub ist dunkelgrün, der Wuchs buschig und aufrecht.
[D aB BR H] 75 × 60cm

‘Dearest’

Dickson GROSSBRITANNIEN 1960
Sämling × ‘Spartan’
Große, halbgefüllte Blüten in Lachsrosa mit einem guten Duft erscheinen in Büscheln ansehnlicher Größe. Laub dunkel graugrün und matt; Wuchs buschig.
[D BR H d*** ☺] 60 × 60cm

‘Deb’s Delight’ (Legsweet)

LeGrice GROSSBRITANNIEN 1983
‘Tip Top’ × ein Sämling
Eine hübsche Mischung aus silbrigem Lachs und Rosa; dicht gefüllte Blüten in großen Büscheln. Das Laub ist mittelgrün und leicht glänzend.
[D BR H d** □ V] 60 × 60cm

'Dicky' *siehe* 'Münchner Kindl'

* 'Disco Dancer' (Dicinfra)

Dickson GROSSBRITANNIEN 1984
'Coventry Cathedral' × 'Memento'
Leuchtend scharlachrote Blüten mit orangefarbenen Glanzlichtern, halbgefüllt und in großen Büscheln. Mittelgrünes, glänzendes Laub; Buschig und kräftig.
[D aB BR H d* ⊽] 90 × 60cm

'Dreamland' *siehe* 'Traumland'

'Dusky Maiden'

LeGrice GROSSBRITANNIEN 1947
('Daily Mail Scented Rose' × 'Etoile de Hollande') × 'Else Poulsen'
Große, einfache Blüten in dunklem Samtrot in Büscheln an einer aufrechten, kräftigen Pflanze mit dunkelgrünem Laub. Eine großartige alte Sorte.
[D aB BR H d*** ⊽ ✂ V] 60 × 60cm

'Elizabeth of Glamis' *siehe* 'Irish Beauty'

'English Miss'

Cant GROSSBRITANNIEN 1977
'Dearest' × 'Sweet Repose'
Die einzelnen Blüten in sanftem, zartem Rosarot sind schön geformt und erscheinen in großen, kompakten Büscheln. Das Laub ist dunkelgrün und purpurüberzogen, der Wuchs buschig und aufrecht.
[D aB BR H d* ⊽] 60 × 60cm

'Escapade' (Harpade)

Harkness GROSSBRITANNIEN 1967
'Pink Parfait' × 'Baby Faurax'
Duftende, halbgefüllte Blüten in rosigem Violett mit lavendelfarbener Schattierung erscheinen in großen Büscheln. Das Laub ist hellgrün und leicht glänzend, der Wuchs aufrecht und verzweigt.
[D aB BR H d** ⊽ ✂] 90 × 60cm

'Europeana'

de Ruiter NIEDERLANDE 1963
'Ruth Leuwerik' × 'Rosemary Rose'
Wunderschön geformte, große, dicht gefüllte dunkelrote Blüten öffnen sich flach sowie geviertelt und erscheinen in großen Büscheln. Laub dunkelgrün, kräftig kastanienfarben überzogen; Triebe dunkel, mit wenigen Stacheln; buschiger, ungeordneter Wuchs.
[D BR H d* ⊽ MT V] 60 × 60cm

'Europeana'

'Evelyn Fison' *siehe* 'Irish Wonder'

'Evening Star'

Warriner USA 1974
'White Masterpiece' × 'Saratoga'
Große Büschel gefüllter Blüten in reinem Weiß mit zitronengelber Schattierung, hochgebaut und schön geformt. Das Laub ist dunkelgrün und lederig; aufrechter, buschiger Wuchs.
[D aB BR H d* ⊽] 75 × 60cm

'Everest Double Fragrance'

Beales GROSSBRITANNIEN 1979
'Dearest' × 'Irish Beauty'
Die großen, dicht gefüllten und schönen, hochgebauten Blüten erscheinen in kompakten Büscheln in zartem Puderrosa, manchmal fast einem Korallenrosa. Stark duftend. Dunkelgrünes, lederiges und stark genarbtes Laub; kräftige Triebe mit borstigen Stacheln wachsen an einer Pflanze von aufrechtem, kräftigem Wuchs.
[D aB BR H d*** RR ✂ V] 1,20m × 60cm

'Eyepaint', 'Tapis Persan' (Maceye)

McGredy NEUSEELAND 1975

'Irish Wonder' ('Evelyn Fison'; *unten:* 'Everest Double Fragrance'

Sämling × 'Picasso'
Mittelgroße, einfache Blüten, scharlachrot mit weißem Auge, in großen Büscheln. Das Laub ist dunkelgrün, zahlreich, aber kleinblättrig, der Wuchs buschig und auch hoch.
[D aB BR H ▽ V] 90 × 60cm

'Fashion'

Boerner USA 1949
'Rosenmärchen' × 'Crimson Glory'
Schön geformte und hochgebaute Blüten in sattem Lachs- bis Korallenrosa in großen Büscheln. Dunkelgrünes, glänzendes Laub, bräunliche Triebe und buschiger Wuchs.
[D aB H ▽ RR V] 60 × 60cm

* 'Fergie' (Ganfer)

Gandy GROSSBRITANNIEN 1987
Elternsorten unbekannt
Ins Auge fallende, teehybridenähnliche Blüten in einer Mischung aus Orange, Braun und Gelb; die Blütenblätter haben einen muschelrosa Rand. Graugrünes Laub an einer Pflanze von kompaktem Wuchs.
[D aB ▽ V] 45 × 45cm

'Firecracker'

Boerner USA 1956
'Rosenmärchen'-Sämling × 'Numa Fay'-Sämling
Große halbgefüllte Blüten, scharlachrot mit Gelb, in Büscheln ansehnlicher Größe. Das Laub ist hellgrün und lederig; kompakter und aufrechter Wuchs.
[D aB H d* ▽ V] 60 × 60cm

'Fragrant Delight'

Tysterman GROSSBRITANNIEN 1978
'Chanelle' × 'Whisky'
Große, halbgefüllte Blüten in zartem Lachsorange er-

Oben: 'Fergie', *oben rechts:* 'Prince Igor' ('Frenzy'), siehe Text Seite 197; *rechts unten:* 'Geraldine' (siehe Text Seite 184)

scheinen in riesigen, kompakten Büscheln an einer wohlproportionierten Pflanze mit rötlich glänzendem Laub; Wuchs aufrecht.
[D aB H] 75 × 60cm

'Frensham'

Norman GROSSBRITANNIEN 1946
Floribunda-Sämling × 'Crimson Glory'
Schön geformte Blüten in reinem Karmesinrot erscheinen in Büscheln an einer starkwüchsigen Pflanze mit leuchtend grünem Laub. Etwas ungeordneter Wuchs und bösartige Stacheln.
[D aB BR H MT V] 1,20m × 75cm

'Frenzy' *siehe* 'Prince Igor'

'Friesia', 'Korresia', 'Fresia', 'Sunsprite'

Kordes DEUTSCHLAND 1977
'Friedrich Wörlein' × 'Spanish Sun'
Kugelige Knospen öffnen sich zu großen, gelben Blüten, die in großen Büscheln angeordnet sind. Die Pflanze ist kräftig und buschig, das Laub hellgrün.
[D aB BR H d*** V] 60 × 60cm

'Frohsinn', 'Joyfulness'

Tantau DEUTSCHLAND 1963
'Horstmann's Jubiläumsrose' × 'Circus'
Große Büschel halbgefüllter Blüten in Orangerot bis Lachs mit leichtem Crèmeton an einer buschigen, aufrechten Pflanze mit mittelgrünem, glänzendem Laubwerk.
[D BR H d* V] 75 × 60cm

'Garnette'

Tantau DEUTSCHLAND 1951
('Rosenelfe' × 'Eva') × 'Heros'
Im Freiland fühlt sie sich nie besonders wohl, aber unter Glas gedeiht sie ausgezeichnet. Sie ist auch heute noch in Blumengeschäften weit verbreitet. Die Blüten sind schalenförmig, gefüllt, granatrot und erscheinen in Büscheln. Das Laub ist dunkelgrün, der Wuchs aufrecht.
[Gh ✂ V] 60 × 60cm

* 'Geraldine' (Peahaze)

Pearce GROSSBRITANNIEN 1984
Sämling × ein Sämling
Dichte Büschel halbgefüllter Blüten in verschiedenen Orangetönen. Das Laub ist hellgrün und leicht glänzend, der Wuchs aufrecht.
[D BR H d*] 75 × 60cm

'Glenfiddich'

Cocker GROSSBRITANNIEN 1976
'Arthur Bell' × ('Sabine' × 'Circus')
Große, gefüllte, schön geformte Blüten in sattem Bernsteingelb, in großen Büscheln. Laub dunkelgrün und glänzend; Wuchs aufrecht.
[D BR H d* ⊽] 90 × 60cm

'Gold Badge' *siehe* 'Gold Bunny'

'Gold Bunny', 'Gold Badge' (Meigronuri)

Paolino FRANKREICH 1978
'Poppy Flash' × ('Charleston' × 'Allgold')
Ziemlich große, gefüllte Blüten in klarem Gelb erscheinen in großen Büscheln an einer buschigen Pflanze mit mittelgrünem Laub.
[D BR H d* ⊽ ST V] 60 × 60cm

'Gruß an Aachen'

'Golden Slippers'

Von Abrams USA 1961
'Goldilocks' × ein Sämling
Locker geformte, halbgefüllte Blüten in Orange und Gelb werden an einer Pflanze von aufrechtem, buschigem Wuchs in großen Büscheln hervorgebracht. Das Laub ist glänzend und lederig.
[D BR H d* ⊽ V] 60 × 60cm

'Greensleeves' (Harlenten)

Harkness GROSSBRITANNIEN 1980
('Rudolph Timm' × 'Arthur Bell') × [('Pascali' × 'Irish Beauty') × ('Sabine' × 'Violette Dot')]
Eine ungewöhnliche Rose. Die halbgefüllten Blüten sind chartreusegrün, rosa überzogen, und erscheinen in großen Büscheln. Dunkelgrünes, mattes Laub an einer Pflanze von aufrechtem Wuchs.
[D BR H Gh ⊽ ✂ V] 75 × 60cm

'Gruß an Aachen'

Geduldig DEUTSCHLAND 1909
'Frau Karl Druschki' × 'Franz Deegen'
Eine reizende Rose aus vergangener Zeit. Die Blüten sind gefüllt, crèmefarben mit zartrosa und pfirsichfarbenen Glanzlichtern. Sie erscheinen sehr reichlich in kleinen Büscheln. Laub matt dunkelgrün; Wuchs buschig und aufrecht.
[D BR H Gh d* ⊽ V] 45 × 45cm

'Hannah Gordon' (Korweiso)

Kordes DEUTSCHLAND 1983
Sämling × 'Bordure'
Gefüllte, schön geformte Blüten in großen Büscheln, weiß bis crèmefarben mit einem Hauch von Dunkelrosa. Mittelgroßes Laub, mittelgrün und leicht glänzend; Wuchs buschig und aufrecht.
[D aB BR H d* ⊽] 90 × 60cm

'Heaven Scent'

Poulsen DÄNEMARK 1968
'Pernille Poulsen' × 'Isabel de Ortiz'
Große, dicht gefüllte, zart lachsfarbene Blüten werden in großen Büscheln hervorgebracht. Hübsches, mittelgrünes Laub und buschiger Wuchs.
[D BR H d*** ⊽ ✂ V] 60 × 60cm

'Honeymoon' *siehe* 'Honigmond'

'Honigmond', 'Honeymoon'

Kordes DEUTSCHLAND 1960
'Cläre Grammerstorf' × 'Spek's Yellow'

'Horstmanns Rosenresli'

'Honigmond' trägt große Büschel ziemlich großer Blüten in klarem Gelb mit gekräuselten Blütenblättern sowie ausgesprochen schönes Laub – satt mittelgrün, leicht glänzend und geadert. Der Wuchs ist aufrecht und dicht.
[D aB BR H ⛉ V] 90 × 60cm

'Horstmanns Rosenresli'

Kordes DEUTSCHLAND 1955
'Rudolph Timm' × 'Lavender Pinocchio'
Reinweiße, dicht gefüllte Blüten in großen Büscheln. Das Laub ist mittelgrün und leicht glänzend an einer Pflanze von buschigem, aufrechtem Wuchs. Eine ausgezeichnete Sorte.
[D aB BR H d* ⛉ V] 75 × 60cm

'Iceberg' *siehe* 'Schneewittchen'

'Iced Ginger'

Dickson GROSSBRITANNIEN 1971
'Anne Watkins' × unbekannt
Große, gefüllte Blüten in Rosa bis Elfenbein mit kupfriger Rückseite, in mittelgroßen Büscheln. Das Laub ist rötlich überzogen und kräftig genarbt, der Wuchs aufrecht.
[D BR H d* ⛉ ✂ V] 90 × 60cm

* 'Inner Wheel' (Fryjasso)

Fryer GROSSBRITANNIEN 1984
'Pink Parfait' × 'Picasso'
Gefüllte, schön geformte Blüten in Karminrosa mit rosarotem Rand in großen, kompakten Büscheln; rötliches, mattes Laub und buschiger Wuchs.
[D BR H d* ⛉ V] 75 × 60cm

* 'Intrigue' (Korlech) *siehe* 'Lavaglut'

'Intrigue' (Jacum)

Warriner USA 1984
'White Masterpiece' × 'Heirloom'
Große, gefüllte Blüten in rötlichem Purpur. Laub dunkelgrün und leicht glänzend; Wuchs buschig.
[D BR H d*** V] 75 × 60cm

* 'Invincible', 'Fennica' (Runatru)

de Ruiter NIEDERLANDE 1983
'Rubella' × 'Bad Nauheim'
Große Büschel halbgefüllter Blüten in klarem Rot an einer buschigen Pflanze von schönem Wuchs und mit mittelgrünem, glänzendem Laub.
[D BR H d* ⛉ V] 75 × 60cm

'Irene von Dänemark'

Poulsen DÄNEMARK 1948
'Orléans Rose' × ('Mme Plantier' × 'Edina')
Dicht gefüllte, schön geformte Blüten in reinem Weiß mit crèmefarbener Basis. Die Blüten sind zunächst schalenförmig, später, wenn sie ganz geöffnet sind, flach, aber schön geformt. Laub mittelgrün und glänzend; Wuchs aufrecht und buschig.
[D aB BR H d** ⛉ ✂ V] 75 × 60cm

'Irène Watts'

Guillot FRANKREICH 1896
Elternsorten unbekannt, chinesischer Herkunft
Obwohl schon 1896 gezüchtet, konnte ich nicht widerstehen, diese reizende kleine Rose hier aufzunehmen, denn mit ihren herrlichen, duftenden Blüten steht sie auch heute noch hoch im Kurs. Die Blüten sind elfenbeinfarben mit rosaorangefarbener Schattierung, die in der Mitte besonders intensiv ist. Laub dunkelgrün und matt; Wuchs buschig und niedrig.
[D BR H d** Gh ⛉ V] 45 × 45cm

'Irish Beauty', 'Elizabeth of Glamis' (Macel)

McGredy GROSSBRITANNIEN 1964

'Schneewittchen' ('Iceberg'); siehe Text Seite 201

'Spartan' × 'Highlight'
Gefüllte, gut duftende Blüten in Lachsrosa erscheinen in Büscheln. Laub dunkelgrün und matt; Wuchs aufrecht. Braucht gelegentlich einen Winterschutz.
[D BR H d*** ▽ ST MT ✂] 75 × 60cm

'Irish Mist', 'Irish Summers'

McGredy GROSSBRITANNIEN 1966
'Orangeade' × 'Mischief'
Große Büschel halbgefüllter Blüten in Lachsorange. Laub dunkelgrün und leicht glänzend; Wuchs buschig.
[D BR H d* ▽ V] 75 × 60cm

'Irish Wonder', 'Evelyn Fison' (Macev)

McGredy GROSSBRITANNIEN 1962
'Moulin Rouge' × 'Korona'

Große, gleichmäßige Büschel gefüllter, leuchtend roter Blüten. Das Laub ist dunkel- bis mittelgrün, der Wuchs buschig.
[D aB BR H d* ▽] 75 × 60cm

'Isle of Man', 'Manx Queen'

Dickson GROSSBRITANNIEN 1963
'Shepherd's Delight' × 'Circus'
Die Farbe der großen, halbgefüllten Blüten ist eine auffällige Mischung aus Rot, Orange, Gelb und Bronze. Das Laub ist dunkelgrün und lederig, die Pflanze buschig.
[D aB BR H d* V] 75 × 60cm

'Jenny Wren'

Ratcliffe GROSSBRITANNIEN 1957
'Cécile Brunner' × 'Fashion'
Kleine, ausgesprochen feine Blüten in crèmigem Apricot, die Rückseite zart lachsfarben, in großen Büscheln wie bei 'Cécile Brunner'. Laub dunkel und leicht glänzend; Wuchs buschig.
[D BR Gh ▽ ✂ V] 60 × 60cm

'Jiminy Cricket'

Boerner USA 1954
'Goldilocks' × 'Geranium Red'
Schön geformte Knospen öffnen sich zu lockeren Blüten in rosigem Korallenorange in mittelgroßen Büscheln an einer verzweigten, aber dichten Pflanze mit hübschem, dunklem, glänzendem Laub.
[D BR H ▽ V] 75 × 60cm

'Jocelyn'

LeGrice GROSSBRITANNIEN 1970
Elternsorten unbekannt
Dicht gefüllte Blüten in einem Mahagoniton, der sich mit der Zeit in ein bläuliches Braun verwandelt, an einer kompakten und buschigen Pflanze mit dunkelgrünem Laub.
[D BR ▽ ✂ V] 60 × 60cm

'Joyfulness' *siehe* 'Frohsinn'

'Kim'

Harkness GROSSBRITANNIEN 1973
'Orange Sensation' × 'Allgold') × 'Irish Beauty'
Eine sehr hübsche, reichblühende kleine Rose mit großen Büscheln kleiner, dicht gefüllter Blüten in klarem Gelb, das rot überlaufen ist. Laub klein, mittelgrün und mattschimmernd; Wuchs buschig.
[D BR H ▽ V] 45 × 45cm

'Irene von Dänemark'; *unten:* 'Irène Watts'

'Korona' (Kornita)

Kordes DEUTSCHLAND 1955
'Obergärtner Wiebicke' × 'Kordes Sondermeldung'
Eine großartige Rose. Die gefüllten Blüten in sattem Scharlachorange sind geöffnet etwas zerzaust. Sie erscheinen an langen Trieben in großen Büscheln. Laub dunkelgrün und matt; Wuchs aufrecht und kräftig.
[D aB BR H ▽] 90 × 60cm

'Korp' *siehe* 'Prominent'

'Korresia' *siehe* 'Friesia'

* 'La Paloma 85' (Tanamola)

Tantau DEUTSCHLAND 1985
Elternsorten unbekannt
Elegante Knospen öffnen sich zu schön geformten, reinweißen Blüten, die in großen, kompakten Büscheln reichlich an einer Pflanze mit Laub von klarem Grün hervorgebracht werden; Wuchs aufrecht.
[D BR H d* V] 75 × 60cm

'Lady Romsey'

Beales GROSSBRITANNIEN 1985

'Jiminy Cricket' (siehe Text Seite 187); *unten:* 'Jocelyn' (siehe Text Seite 187)

('Duftwolke' × 'Pascali') × ein Sämling
Schön geformte Blüten, die halb geöffneten Blüten hochgebaut, die ganz geöffneten Blüten sind groß, gefüllt und flach, weiß mit crèmefarbenen sowie rosa Glanzlichtern, duftend. Das Laub ist groß, glänzend und hellgrün mit rosa Schattierungen.
[D aB BR H d* Gh ▽ ✂ V] 45 × 45cm

* 'Lavaglut', 'Lavaglow', 'Intrigue' (Korlech)

Kordes DEUTSCHLAND 1978
'Gruß an Bayern' × ein Sämling
Schön geformte, kugelige Blüten mit etwas zerknitterten Blütenblättern, tief dunkelrot, in großen Büscheln. 'Lavaglut' verträgt direkte Sonneneinstrahlung sehr gut. Das Laub ist dunkelgrün und glänzend, der Wuchs buschig. Den Namen 'Intrigue' tragen auch noch andere Sorten.
[D aB H d* ▽] 75 × 60cm

'Lavender Pinocchio'

Boerner USA 1948
'Rosenmärchen' ('Pinocchio') × 'Grey Pearl'
Seit diese Rose auf den Markt gebracht wurde, ist sie häufig zur Züchtung von Rosen mit außergewöhnlichen Farben verwendet worden. Die großen Büschel

dicht gefüllter Blüten sind von einer ziemlich wirren Mischung aus zartem Braun, Rosa und Lavendel.
[D aB BR H d* ▽ ✂ V] 60 × 60cm

'Len Turner' (Dicjeep)

Dickson GROSSBRITANNIEN 1984
'Mullard Jubilee' × 'Eye Paint'

'Friesia' ('Korresia')

Die elfenbein- bis crèmefarbenen Blüten, kräftig dunkelrosa überlaufen und mit karminrosa Rand, sind groß, gefüllt und schön geformt. Sie werden in großen Büscheln hervorgebracht. Das Laub ist mittelgrün und glänzend, die Pflanze niedrig sowie buschig. Die Rose wurde zu Ehren von Herrn Len Turner benannt, Träger des MBE-Ordens und bis zu seinem Eintritt in den Ruhestand 1983 achtzehn Jahre lang Geschäftsführer der Royal National Rose Society.
[D aB BR H d* ▽ ✂] 60 × 60cm

'Lilac Charm'

LeGrice GROSSBRITANNIEN 1952
Gezüchtet aus einem *Rosa californica*-Sämling
Eine wunderschöne Rose, mit großen Büscheln einfacher Blüten in zartem Pastellmalve und mit auffallenden goldfarbenen und roten Staubgefäßen. Laub dunkel mattgrün; Wuchs kräftig und buschig.
[D aB BR H d** ▽ V] 60 × 60cm

'Lilli Marleen', 'Lilli Marlene' (Korlima)

Kordes DEUTSCHLAND 1958
('Our Princess' × 'Rudolph Timm') × 'Ama'
Eine außergewöhnliche Rose mit großartig geformten Blüten in dunklem Samtrot. Die Blüten sind groß und stehen wohlproportioniert in flachen Büscheln zusammen; das Laub ist dunkelgrün und lederig, Triebe sehr stachelig. Wuchs buschig und aufrecht.
[D aB BR H ST] 75 × 60cm

'Liverpool Echo'

McGredy NEUSEELAND 1971
('Little Darling' × 'Goldilocks') × 'München'
Die großen, gut gefüllten Blüten in zartem Lachsrosa erscheinen in ansehnlichen Büscheln an einer hohen und aufrechten Pflanze mit hellgrünem Laub.
[D aB BR H d* ▽ ✂ V] 90 × 60cm

'Living Fire'

Gregory GROSSBRITANNIEN 1972
'Super Star' × unbekannt
Große Büschel gefüllter Blüten in sattem Scharlachorange und Gelb mit viel kleinem, dunkelgrünem und lederigem Laub. Die Triebe sind stachelig.
[D aB BR H V] 75 × 60cm

'Manx Queen' *siehe* 'Isle of Man'

'Len Turner'

'Lilli Marleen'; *unten:* 'Isle of Man' ('Manx Queen')

'Ma Perkins'

Boerner USA 1952
'Red Radiance' × 'Fashion'
Diese Sorte ist zwar nicht leicht erhältlich, rechtfertigt aber trotzdem, daß sie hier aufgenommen wurde. Sie ist besonders schön und gleichzeitig ein typisches Beispiel für Floribundarosen der 50er Jahre. Die Blütenfarbe ist eine Mischung aus Lachs, Muschelrosa und Crème, die Blüten sind groß und gefüllt; sie werden in großen Büscheln hervorgebracht. Das Laub ist glänzend und satt grün (Wuchs buschig und aufrecht).
[D BR H Gh d** ▽ ✂ V] 60 × 60cm

'Margaret Merril' (Harkuly)

Harkness GROSSBRITANNIEN 1977
('Rudolph Timm' × 'Dedication') × 'Pascali'
Eine großartige Sorte. Die Blüten sind weiß mit einem Anflug von Rosa und zeigen, wenn sie geöffnet sind, auffallende goldfarbene Staubgefäße. Sie sind duftend und erscheinen in kleinen Büscheln. Laub dunkelgrün und matt; Wuchs kräftig und aufrecht.
[D aB BR H Gh d*** ▽ ✂] 75 × 60cm

'Mariandel' , 'The Times Rose' (Korpeahn)

Kordes DEUTSCHLAND 1984
'Tornado' × 'Redgold'
Büschel gefüllter, blutroter Blüten an einer kompakten Pflanze mit dunkelgrünem, lederigem Laub.
[D BR H d* ▽ ✂ V] 60 × 60cm

'Marlena'

Kordes DEUTSCHLAND 1964
'Gertrud Westphal' × 'Lilli Marleen'
Eine dezente Mischung roter und karmesinroter Blüten. Sie sind halbgefüllt sowie groß und, wenn sie ganz geöffnet sind, flach. Das Laub ist dunkelgrün, der Wuchs buschig und kompakt.
[D aB BR H ▽] 45 × 45cm

'Masquerade'

Boerner USA 1949
'Goldilocks' × 'Holiday'

Ein Klassiker vergangener Zeiten und Vorreiter vieler leuchtend roter Floribundarosen. Halbgefüllte Blüten in leuchtendem Gelb verändern sich mit der Zeit über Rosa und Orange zu Dunkelrot. Sie werden in großen Büscheln hervorgebracht. Das Laub ist klein, dunkel und lederig, der Wuchs aufrecht. 'Masquerade' setzt leicht Hagebutten an. Die verwelkten Blüten sollten deshalb entfernt werden.
[D aB BR H ▽] 75 × 60cm

'Matangi' (Macman)

McGredy NEUSEELAND 1974
Sämling × 'Picasso'
Die großen Büschel gefüllter Blüten in leuchtendem Zinnoberrot mit einem weißen Auge und silbriger Rückseite sind sehr auffallend; Laub klein, mittelgrün und matt an einer buschigen, aufrechten Pflanze.
[D aB BR H] 90 × 60cm

'Megiddo'

Gandy GROSSBRITANNIEN 1970
'Coup de Foudre' × 'S'Agaró'
Große Büschel halbgefüllter, leuchtend scharlachroter Blüten an einer starkwüchsigen und aufrechten Pflanze mit großem, olivgrünem, matt schimmerndem Laubwerk.
[D aB BR H ST V] 90 × 60cm

'Memento' (Dicbar)

Dickson GROSSBRITANNIEN 1978
'Bangor' × 'Anabell'
Lachsfarbene, rote und leuchtend rosafarbene Blüten mittlerer Größe in sehr großen Büscheln; dunkelgrünes, lederiges Laub an einer buschigen Pflanze.
[D aB BR H d*] 75 × 60cm

'Meteor'

Kordes DEUTSCHLAND 1959
'Feurio' × 'Gertrud Westphal'
Dichtstehende Büschel vieler kleiner, gefüllter Blüten in Orangescharlach an einer kompakten, aufrecht wachsenden Pflanze mit hellgrünem Laub.
[D aB BR H ▽ V] 45 × 45cm

'Mevrouw Nathalie Nypels' *siehe* 'Nathalie Nypels'

* 'Montana', 'Royal Occasion'

Tantau DEUTSCHLAND 1974
'Walzertraum' × 'Europeana'
Große Büschel halbgefüllter, orangeroter Blüten erscheinen an einer hohen und aufrechten Pflanze. Das Laub ist mittelgrün und glänzend.
[D aB BR H d* V] 1m × 60cm

'Margaret Merril'

'Marlena'; *rechts:* 'Matangi'

'Masquerade'

'Münchner Kindl', 'Anisley Dickson', 'Dicky' (Dickimono)

Dickson GROSSBRITANNIEN 1983
'Coventry Cathedral' × 'Memento'
Büschel großer, dicht gefüllter Blüten in dunklem Lachsrosa mit hellerer Rückseite. Das Laub ist mittelgrün und glänzend, der Wuchs buschig.
[D aB d* BR ▽ V] 75 × 60cm

'Nancy Steen'

Sherwood NEUSEELAND 1976
'Pink Parfait' × ('Ophelia' × 'Parkdirektor Riggers')
Die großen, dicht gefüllten, duftenden Blüten erscheinen in Büscheln. Sie sind zartrosa mit einem Hauch von Lachs, in der Mitte crèmefarben. Das Laub ist üppig und glänzend, dunkel bronzegrün, der Wuchs buschig und aufrecht.
[D aB BR H d** ▽ ✂ V] 75 × 60cm

'Nathalie Nypels', 'Mevrouw Nathalie Nypels'

Leenders NIEDERLANDE 1919
'Orléans Rose' × ('Comtesse du Cayla' × *Rosa foetida bicolor*)
Eine der besten und verläßlichsten Floribundarosen der Vergangenheit. Große Büschel gefüllter, seidiger Blüten in dunklem Rosa bis Lachs erscheinen an kräf-

'Nancy Steen'

tigen Trieben an einer buschigen und verzweigten Pflanze mit hübschem, dunkelgrünem Laub.
[D aB BR H ▽ V] 75 × 60cm

'News' (Legnews)

LeGrice GROSSBRITANNIEN 1968
'Lilac Charm' × 'Tuscany Superb'
Die purpurne Blütenfarbe, die an Rote Bete erinnert, ist ungewöhnlich. Die Blüten sind halbgefüllt und stehen in Büscheln zusammen. Das Laub ist olivgrün.
[D aB BR H d* ▽ ✂] 75 × 60cm

'New Year' *siehe* 'Arcadian'

'Nina Weibull'

Poulsen DÄNEMARK 1962
'Fanal' × 'Masquerade'
Büschel halbgefüllter Blüten in dunklem Blutrot an einer stacheligen, aufrechten und buschigen Pflanze mit dunkelgrünem, leicht glänzendem Laub.
[D aB BR H ▽ V] 75 × 60cm

'Norwich Castle'

Beales GROSSBRITANNIEN 1979
('Whisky' × 'Arthur Bell') × ein Sämling
Dichtstehende Büschel von Blüten in der Form von Teehybriden, die sich flach öffnen, in dunklem Kupferorange, das zu zartem Apricot verblaßt. Sehr reichblühend und mit hellgrünem, schimmerndem Laub.
[D aB BR H Gh ▽ ✂ V] 75 × 60cm

'Norwich Union'

Beales GROSSBRITANNIEN 1975
'Arthur Bell' × (ein Sämling × 'Allgold')
Dicht gefüllte, schalenförmige Blüten in dunklem, klarem Gelb, das mit der Zeit zu Zitronengelb verblaßt. Sie werden in kleinen, aufrecht stehenden Büscheln hervorgebracht. Das Laub ist leuchtend grün.
[D BR H Gh d*** ▽ ✂ V] 45 × 45cm

'Olala', 'Ohlala'

Tantau DEUTSCHLAND 1956
'Fanal' × 'Crimson Glory'
Blutrote Blüten mit hellroter Mitte, halbgefüllt und groß, erscheinen in sehr großen Büscheln. Laub dunkelgrün und lederig; Wuchs buschig und aufrecht.
[D aB BR H ▽ V] 90 × 60cm

'Old Master' (Macesp)

McGredy NEUSEELAND 1974
('Maxi' × 'Irish Wonder') × ('Orange Sweetheart' × 'Frühlingsmorgen')

'News'

Die Blüten sind halbgefüllt, die silbrigweißen Blütenblätter sind karminrosa „gemalt“, innen kräftig, zu den Rändern hin blasser und in „Pinselstriche“ übergehend. Das Laub ist mittelgrün und leicht glänzend.
[D aB BR H ⛉ ✂] 90 × 60cm

'Orangeade'

McGredy GROSSBRITANNIEN 1959
'Orange Sweetheart' × 'Kordes Sondermeldung'
Sehr große Büschel einfacher Blüten in leuchtendem Zinnoberorange an einer starkwüchsigen Pflanze mit großem, lederigem, glänzendem Laub.
[D aB BR H d* V] 90 × 60cm

'Orange Sensation'

de Ruiter NIEDERLANDE 1961
Elternsorten unbekannt
Halbgefüllte Blüten in leuchtendem Orange stehen in großen Büscheln. Das Laub ist mittelgrün und mattschimmernd. Die Pflanze ist etwas wuchernd, aber buschig.
[D BR aB H d* V] 75 × 60cm

'Orange Silk'

McGredy GROSSBRITANNIEN 1968
'Orangeade' × ('Ma Perkins' × 'Kordes Sondermeldung')

'Olala'; *rechts:* 'Old Master'

'Orange Sensation'

Viele Blüten pro Büschel, halbgefüllt, orangezinnoberrot, mittelgroß und schalenförmig. Laub dunkelgrün und glänzend; Wuchs buschig.
[D aB BR H d* V] 75 × 60cm

'Orange Triumph'

Kordes DEUTSCHLAND 1937
'Eva' × 'Solarium'
Die einzelnen Blüten sind klein, schalenförmig und mit vielen Blütenblättern gefüllt. Sie werden in großen Büscheln hervorgebracht. Der Name ist irreführend, denn die Blütenfarbe ist eher ein klares Rot. Viel großes, dunkelgrünes und glänzendes Laub an einer robusten, aufrechten Pflanze.
[D aB BR H V] 90 × 60cm

'Paddy McGredy' (Macpa)

McGredy GROSSBRITANNIEN 1962
'Spartan' × 'Tzigane'
Dickbauchige, hochgebaute, teehybridenähnliche Blüten in Karminrosa bis Rosarot erscheinen in großen Büscheln. Das Laub ist dunkelgrün und lederig, der Wuchs buschig sowie kräftig.
[D aB BR H ▽ ST] 75 × 60cm

'Paint Box'

Dickson GROSSBRITANNIEN 1963
Sämling × 'St Pauli'
Große, halbgefüllte Blüten in Rot und Gelb, das Gelb verliert sich mit der Zeit, und sie werden dunkelrot. Die Blüten erscheinen in großen Büscheln. Dunkelgrünes, mattes Laub; der Wuchs ist aufrecht und stark.
[D BR H V] 90 × 60cm

'Penelope Plummer'

Beales GROSSBRITANNIEN 1970
'Anna Wheatcroft' × 'Dearest'
Halbgefüllte Blüten in Flamingorosa bis Lachs erscheinen in kleinen Büscheln; das Laub ist dunkel und mattschimmernd; an einer niedrigen sowie buschigen Pflanze.
[D BR H d* ST V] 45 × 45cm

'Pernille Poulsen'

Poulsen DÄNEMARK 1965
'Ma Perkins' × 'Columbine'
Halbgefüllte, hellrosa Blüten erscheinen in großen Büscheln. Sehr reichblühend; Laub spitz, hellgrün und sehr reichlich, Wuchs buschig und niedrig.
[D aB BR H ✂] 60 × 60cm

'Picasso' (Macpic)

McGredy GROSSBRITANNIEN 1971
'Marlena' × ['Irish Wonder' × ('Frühlingsmorgen' × 'Orange Sweetheart')]
Halbgefüllte Blüten erscheinen in Büscheln, die Blütenblätter sind dunkel rosarot, die Ränder und die Rückseite silbrig; kleines, dunkelgrünes Laub an einer buschigen Pflanze. Sie ist die erste einer Reihe „handgemalter" Rosen, wie ihr Züchter sie nennt.
[D aB H ▽ ST] 75 × 60cm

* 'Piccolo' (Tanolokip)

Tantau DEUTSCHLAND 1983
Elternsorten unbekannt
Kleine, gefüllte, orangerote Blüten in Büscheln. Dunkelgrünes, glänzendes Laub; der Wuchs aufrecht.
[D BR H] 75 × 60cm

'Pink Parfait'

Swim USA 1960
'First Love' × 'Rosenmärchen'
Reizvolle Knospen öffnen sich zu großen, halbgefüllten Blüten in verschiedenen Rosatönen. Sie werden in großer Zahl in Büscheln unterschiedlicher Größe hervorgebracht. Das Laub ist leicht glänzend und lederig, der Wuchs aufrecht und buschig. 'Pink Parfait' ist

'Pink Parfait'

'Rosenmärchen' ('Pinocchio'); *unten:* 'Plentiful'

ohne Zweifel eine außergewöhnliche Rose.
[D aB BR H d* Gh ⛉ ✂] 90 × 60cm

'Pinocchio' *siehe* 'Rosenmärchen'

'Plentiful'

LeGrice GROSSBRITANNIEN 1961

Elternsorten unbekannt
Blüten in dunklem Rosa, gefüllt mit Blütenblättern unterschiedlicher Länge, vermitteln geöffnet den Effekt der alten Rosen. Laub dunkelgrün, lederig und genarbt; Wuchs ungeordnet mit vielen Stacheln.
[D aB BR d** ⛉ ✂ V] 75 × 75cm

'Poppy Flash' *siehe* 'Rusticana'

'Prince Igor', 'Frenzy' (Meihigor)

Meilland FRANKREICH 1970
('Sarabande' × 'Dany Robin') × 'Zambra'
Schöne Blüten in Orangerot mit gelber Rückseite an einer Pflanze mit üppigem, dunklem Laub.
[D aB BR H d* ⛉ V] 60 × 60cm

'Princess Michael of Kent' (Harlightly)

Harkness GROSSBRITANNIEN 1981
'Isle of Man' × 'Alexander'
Leuchtend gelbe Blüten, groß und gefüllt, erscheinen in kleinen Büscheln; Laub mittelgrün und glänzend.
[D aB BR H d*** ⛉ ✂ V] 60 × 60cm

* 'Princess Michiko'

Dickson GROSSBRITANNIEN 1966

'Rusticana' ('Poppy Flash'); *rechts:* 'Rosika' ('Radox Bouquet')

'Spartan' × 'Circus'
Große Büschel halbgefüllter Blüten mittlerer Größe in Orangerot mit gelber Basis; dunkles, glänzendes Laub an einer buschigen Pflanze.
[D BR H d* ⛉ ST V] 60 × 60cm

'Priscilla Burton' (Macrat)

McGredy NEUSEELAND 1978
{'Maxi' × ['Irish Wonder' × ('Orange Sweetheart' × 'Frühlingsmorgen')]} × {{('Little Darling' × 'Goldilocks') × ['Irish Wonder' × (R. × coryana × 'Tantau's Triumph')]} × ('John Church' × 'Irish Beauty')}
Eine Mischung aus Rot und Karminrosa mit blasserer, wie gemalt wirkender Rückseite. Die Blüten sind halbgefüllt, groß und erscheinen in Büscheln. Das Laub ist dunkelgrün und glänzend, der Wuchs aufrecht und kräftig.
[D aB BR H d*] 75 × 60cm

'Prominent', 'Korp'

Kordes DEUTSCHLAND 1970
'Königin der Rosen' × 'Zorina'
Die Blüten erscheinen in kleinen Büscheln. Die einzelnen Blüten sind für eine Floribundarose recht groß, schalenförmig und lebhaft orangerot. Das Laub ist hellgrün, die Pflanze aufrecht und buschig.
[D aB BR H ⛉ ✂] 90 × 60cm

'Queen Elizabeth', 'The Queen Elizabeth Rose'

Lammerts USA 1954
'Charlotte Armstrong' × 'Floradora'
Diese außergewöhnliche Rose hat seit ihrer Einführung all die Aufmerksamkeit verdient, die ihr zuteil wurde. Lange, hochgebaute Knospen öffnen sich zu großen Blüten in klarem Rosa. Sie werden in Büscheln hervorgebracht. Das Laub ist groß, dunkelgrün, lederig und glänzend an einer sehr starkwüchsigen, aufrechten Pflanze.
[D aB H Gh d* ⛉ ✂] 1,50m × 75cm

'Radox Bouquet' *siehe* 'Rosika'

'Ripples'

LeGrice GROSSBRITANNIEN 1971
('Tantau's Überraschung' × 'Marjorie LeGrice') × (Sämling × 'Africa Star')
Die Blütenfarbe ist ein Lilalavendel. Die Blüten sind halbgefüllt, die Blütenblätter bei der ganz geöffneten Blüte gewellt. Das Laub ist dunkelgrün und lederig, der Wuchs buschig.
[D aB BR H d* ⛉ ✂ V] 60 × 60cm

'Rob Roy' (Corob)

Cocker GROSSBRITANNIEN 1970
'Irish Wonder' × 'Wendy Cussons'

Oben links: 'Rosemary Rose'; *oben rechts:* 'Scarlet Queen Elizabeth' (siehe Text Seite 200)

Herrlich geformte, hochgebaute Blüten in sattem Dunkelrot erscheinen in Büscheln. Schönes, glänzendes, dunkles Laub; Wuchs buschig und aufrecht.
[D BR aB H Gh d* ▽ ✂ V] 90 × 60cm

* 'Rosabell' (Cocceleste)

Cocker GROSSBRITANNIEN 1986
Sämling × 'Darling Flame'
Gefüllte Blüten in leuchtendem Rosarot; bei den geöffneten Blüten biegen sich die Blütenblätter nach innen, was den Eindruck einer alten Rose erweckt. Sehr reichblühend; Wuchs niedrig und buschig.
[D BR H ▽ V] 40 × 30cm

'Rosemary Rose'

de Ruiter NIEDERLANDE 1954
'Gruß an Teplitz' × ein Floribunda-Sämling
Die flachen Blüten sind so dicht gefüllt, daß es aussieht, als wären sie überladen mit Blütenblättern wie bei einer Zentifolie, sogar gelegentlich geviertelt. Sie sind karminrot und werden in großen, schweren Büscheln hervorgebracht. Das Laub ist dunkelgrün bis kastanienfarben, die Triebe sind pflaumenfarbig. Obwohl der Wuchs an sich buschig ist, biegen sich

die Zweige durch das Gewicht der vielen Blüten oft auseinander.
[D BR H ▽ ✂ MT V] 75 × 60cm

'Rosenmärchen', 'Pinocchio'

Kordes DEUTSCHLAND 1940
'Eva' × 'Geheimrat Duisberg'
Schalenförmige Blüten öffnen sich in Büscheln in Rosa, das lachsfarben überlaufen ist mit einem Hauch Gelb an der Basis. Die Pflanze ist reichblühend, buschig und hat lederiges Laub. Sie ist eine für die Entwicklung der Floribundarosen bedeutende Sorte.
[D aB BR H d* ▽ V] 60 × 60cm

'Rosika', 'Radox Bouquet' (Harmusky)

Harkness GROSSBRITANNIEN 1980
('Alec's Red' × 'Piccadilly') × ['Southampton' × ('Cläre Grammerstorf' × 'Frühlingsmorgen')]
Blüten in dunklem Rosarot mit vielen Blütenblättern und im Stil alter Rosen erscheinen in großen Büscheln an einer starkwüchsigen, aufrechten Pflanze mit hübschem, mittelgrünem, glänzendem Laub.
[D aB BR H d* ▽ V] 60 × 60cm

'Royal Occasion' *siehe* 'Montana'

'Rumba'

Poulsen DÄNEMARK 1958
'Masquerade' × ('Poulsen's Bedder' × 'Floradora')
Mittelgroße, gefüllte Blüten in leuchtendem Gelb, das von Rot überlaufen ist. Sie werden in großen Büscheln hervorgebracht. Das Laub ist dunkelgrün und glänzend, der Wuchs buschig und aufrecht.
[D aB BR H ▽ V] 60 × 60cm

'Rusticana', 'Poppy Flash' (Meiléna)

Meilland FRANKREICH 1971
('Dany Robin' × 'Fire King') × ('Alain' × 'Mutabilis')

'Scented Air'

'Scherzo'

'Sexy Rexy'

Große Büschel dicht gefüllter Blüten in leuchtendem Zinnoberrot an einer starkwüchsigen, buschigen Pflanze mit dunkelgrünem und glänzendem Laub. [D aB BR H V] 90 × 60cm

'Scarlet Queen Elizabeth'

Dickson GROSSBRITANNIEN 1963

('Korona' × ein Sämling) × 'Queen Elizabeth' Kugelige Knospen öffnen sich zu locker geformten, schalenförmigen, gefüllten Blüten in leuchtendem Scharlachrot. Sie erscheinen in üppigen Büscheln. Das Laub ist besonders schön, dunkelgrün und lederig; die Triebe haben wenig Stacheln. Der Wuchs ist aufrecht und hoch.
[D aB BR H] 1m × 60cm

'Scented Air'

Dickson GROSSBRITANNIEN 1965

'Stargazer' (siehe Text Seite 202); *unten:* 'Strawberry Ice' (siehe Text Seite 203)

'Spartan'-Sämling × 'Queen Elizabeth'
Sehr große, schön geformte, gefüllte Blüten in satter Lachsfarbe werden in großen Büscheln hervorgebracht. Schönes, dunkelgrünes Laub wächst an einer aufrechten und starkwüchsigen Pflanze.
[D aB BR d*** H ▽ ✂] 90 × 60cm

'Scherzo' (Meipuma)

Paolino FRANKREICH 1975
'Tamango' × ['Sarabande' × ('Goldilocks' × 'Fashion')]
Gefüllte, schön geformte Blüten in leuchtendem Scharlachzinnoberrot; Rückseite blasser, fast weiß mit karmesinroten Spritzern. Die Blüten erscheinen in großen Büscheln. Das Laub ist dunkelgrün und glänzend, der Wuchs buschig und aufrecht.
[D aB BR N ▽] 90 × 60cm

'Schneewittchen', 'Iceberg', 'Fée des Neiges' (Korbin)

Kordes DEUTSCHLAND 1958
'Robin Hood' × 'Virgo'
Eine der besten Floribundarosen, die bisher gezüchtet wurden. Schön geformte, kleine Knospen öffnen sich zu lockeren, reinweißen Blüten, die in großen Büscheln zusammenstehen. Das Laub ist hellgrün und glänzend, die Triebe sind hellgrün. Der Wuchs dieser

Pflanze ist aufrecht, aber zugleich auch buschig.
[D aB BR H Gh d** ▽ ✂] 90 × 60cm

'Seapearl', 'Flower Girl'

Dickson GROSSBRITANNIEN 1964
'Kordes Perfecta' × 'Montezuma'
Die Kombination von einem zartrosa Pfirsichton mit zartgelber Rückseite ist sehr hübsch. Die Blüten sind dicht gefüllt, haben eine schöne Form und sind flach, wenn sie ganz geöffnet sind. Sie werden in großen Büscheln hervorgebracht. Dunkles, lederiges Laubwerk wächst an einer aufrechten und starkwüchsigen Pflanze.
[D aB BR H Gh ▽ ✂ V] 90 × 60cm

'Southampton'

'Sexy Rexy' (Macrexy)

McGredy NEUSEELAND 1984
'Seaspray' × 'Dreaming'
Dicht gefüllte Blüten öffnen sich flach und in großen Büscheln, in Rosa sowie in zartem Lachston. Das schöne Laubwerk ist hellgrün und glänzend, der Wuchs buschig.
[D BR H d* ⛉] 60 × 60cm

* 'Sheila's Perfume' (Harsherry)

Sheridan GROSSBRITANNIEN 1985
'Peer Gynt' × ['Daily Sketch' × ('Paddy McGredy' × 'Primaballerina')]
Mittelgroße, ziemlich gefüllte Blüten in klarem Gelb mit rotem Rand erscheinen in kleinen Büscheln; Laub dunkelgrün und leicht glänzend an einer buschigen und aufrechten Pflanze.
[D BR H Gh d*** ⛉ ✂ V] 75 × 60cm

* 'Shona' (Dicdrum)

Dickson GROSSBRITANNIEN 1982
'Bangor' × 'Anabell'
Große Büschel locker gefüllter Blüten in zartem Korallenrosa. Das Laub ist mittelgrün und leicht glänzend, der Wuchs buschig.
[D aB BR H d* V] 60 × 60cm

'Southampton', 'Susan Ann'

Harkness GROSSBRITANNIEN 1972
('Ann Elizabeth' × 'Allgold') × 'Yellow Cushion'
Große, dicht gefüllte Blüten in sattem Apricot, das orange und scharlach überzogen ist, gelegentlich (bei bestimmten Witterungsbedingungen) auch gelb. Das Laubwerk ist dunkelgrün und glänzend, der Wuchs aufrecht.
[D aB BR H d** ⛉] 90 × 60cm

'Stargazer'

Harkness GROSSBRITANNIEN 1977
'Marlena' × 'Kim'
Die Blüten sind fast einfach, groß, orangerot und erscheinen in Büscheln. Mittelgrünes, mattschimmerndes Laub an einer buschigen Pflanze.
[D aB d* ⛉ V] 45 × 45cm

* 'St Boniface' (Kormatt)

Kordes DEUTSCHLAND 1980
'Diablotin' × 'Träumerei'
Die dicht gefüllten, mittelgroßen, orangeroten Blüten erscheinen in schönen großen Büscheln. Das Laubwerk ist dunkelgrün und leicht glänzend, der Wuchs buschig.
[D BR H d* ⛉ V] 60 × 60cm

'Sue Lawley'

Oben: 'Taora' (siehe Text Seite 204); *unten:* 'Mariandel' ('The Times Rose'); siehe Text Seite 191

'St Bruno' (Lanpipe)

Sealand GROSSBRITANNIEN 1985
'Arthur Bell' × 'Zambra'
Große, dicht gefüllte Blüten in dunklem Goldgelb in mittelgroßen Büscheln an einer buschigen Pflanze mit mittelgrünem, leicht glänzendem Laub.
[D BR H d*** ⊽ V] 60 × 60cm

'Strawberry Ice'

Bees GROSSBRITANNIEN 1975
[('Goldilocks' × 'Virgo') × ('Orange Triumph' × 'Yvonne Rabier')] × 'Fashion'
Die Blüten sind groß, halbgefüllt und crèmeweiß, rosa überzogen und an den Rändern dunkler. Schönes, dunkelgrünes Laub an einer kompakten Pflanze.
[D BR ⊽ V] 60 × 60cm

'Sue Lawley', 'Spanish Shawl' (Macspash)

McGredy NEUSEELAND 1980
{('Little Darling' × 'Goldilocks') × ['Irish Wonder' × (R. × coryana × 'Tantau's Triumph')]} × {('John Church' × 'Irish Beauty') × ['Irish Wonder' × ('Orange Sweetheart' × 'Frühlingsmorgen')]}
Halbgefüllte Blüten in Karminrot, die Ränder weiß und rosa schattiert, erscheinen in Büscheln. Das Laub ist mittel- bis dunkelgrün, der Wuchs buschig.
[D BR H d* ⊽ ✂ V] 60 × 60cm

'Sue Ryder' (Harlino)

Harkness GROSSBRITANNIEN 1983
'Southampton' × [('Highlight' × 'Königin der Rosen') × ('Parkdirektor Riggers' × 'Piccadilly')]
Die Blütenfarbe ist unterschiedlich, lachsorange bis zart zinnoberrot, Rückseite gelb. Die Blüten sind dicht gefüllt und werden in großen Büscheln hervorgebracht. Das Laub ist mittelgrün und leicht glänzend, der Wuchs buschig.
[D aB BR H ✂ V] 90 × 60cm

'Sunsilk'

Fryer GROSSBRITANNIEN 1974
'Pink Parfait' × 'Redgold'-Sämling
Dicht gefüllte, schön geformte Blüten in zartem Gelb erscheinen in mittelgroßen Büscheln. Laub dunkelgrün und lederig; Wuchs aufrecht.
[D aB BR H d* ✂] 90 × 60cm

'Sunsprite' *siehe* 'Friesia'

'Tanamola' *siehe* 'La Paloma 85'

'Taora' (Tanta)

Tantau DEUTSCHLAND 1968
'Duftwolke' × 'Schweizer Gruß'
Schön geformte Knospen öffnen sich zu gefüllten Blüten in Orangerot; reichlich glänzendes Laub an einer buschigen Pflanze.
[D BR d* 🪣 V] 90 × 60cm

'The Times Rose' *siehe* 'Mariandel'

'Tip Top'

Tantau DEUTSCHLAND 1963
Elternsorten unbekannt
Aus schön geformten Knospen öffnen sich lockere, halbgefüllte Blüten in einem zarten Lachsrosa. Sie werden reichlich und in großen Büscheln hervorgebracht. Dunkelgrünes, mattes Laubwerk erscheint an einer kompakten, buschigen Pflanze. Nicht zu verwechseln mit der Polyantharose 'Tip Top' (Lambert, 1909).
[D BR H 🪣 ST💨] 45 × 45cm

'Topsi'

Tantau DEUTSCHLAND 1972
'Duftwolke' × 'Signalfeuer'
Halbgefüllte Blüten in Orangescharlach bis Rot erscheinen in großen Büscheln; Laub ist mittelgrün.
[D BR H 🪣] 45 × 45cm

'Traumland', 'Dreamland'

Tantau DEUTSCHLAND 1958
'Verbesserte Tantau's Triumph' × 'Fashion'
Schön geformte, gefüllte, pfirsichrosa Blüten in großen Büscheln. Das Laub ist dunkelgrün und lederig; der Wuchs fällt niedrig und buschig aus.
[D aB BR H d* 🪣] 45 × 45cm

'Trumpeter' (Mactrum)

McGredy NEUSEELAND 1977
'Satchmo' × ein Sämling
Kugelige Knospen öffnen sich zu dicht gefüllten Blüten in Orangerot in mittelgroßen Büscheln. Laub mittelgrün und glänzend; buschig und kompakt.
[D BR H 🪣 V] 45 × 45cm

'Violet Carson' (Macio)

McGredy GROSSBRITANNIEN 1964

'Warrior'

'Mme Léon Cuny' × 'Spartan'
Schön geformte, gefüllte Blüten in hellem Pfirsichrosa mit primelgelber Rückseite erscheinen in großen Büscheln. Das Laub ist dunkelgrün und glänzend, der Wuchs buschig.
[D BR H d* ✂] 60 × 60cm

* 'Vital Spark' (Cocacert)

Cocker GROSSBRITANNIEN 1982
['Anne Cocker' × ('Sabine' × 'Circus')] × 'Yellow Pages'
Große, gefüllte, schön geformte Blüten in sattem Feuerrot und Gelb werden in großen Büscheln hervorgebracht. Das Laub ist dunkelgrün und glänzend; buschiger Wuchs.
[D aB BR H d* ▽ ✂ V] 60 × 60cm

'Warrior'

LeGrice GROSSBRITANNIEN 1977
'City of Belfast' × 'Ronde Endiablée'
Schön geformte, gefüllte Blüten in leuchtendem, warmem Rot erscheinen in großen Büscheln. Das Laubwerk ist hellgrün und leicht glänzend, der Wuchs buschig.
[D BR H d* ▽ V] 60 × 60cm

'White Queen Elizabeth'

Banner GROSSBRITANNIEN 1965
Abart von 'Queen Elizabeth'
Siehe 'Queen Elizabeth'. Diese Sorte unterscheidet sich lediglich durch die reinweiße Blütenfarbe.

* 'Wishing', 'Georgie Girl' (Dickerfuffle)

Dickson GROSSBRITANNIEN 1984
'Silver Jubilee' × 'Bright Smile'
Sehr schön geformte Blüten in einem dunklen Lachsrosa erscheinen in großen Büscheln. Matt grünes, leicht glänzendes Laub wächst an einer buschigen Pflanze.
[D BR H d* ▽ V] 75 × 60cm

'Woburn Abbey'

Sibley & Cobley GROSSBRITANNIEN 1962
'Masquerade' × 'Fashion'
Feste, ovale Knospen öffnen sich zu schönen gefüllten, locker geformten Blüten in klarem Orangegelb, das manchmal leicht rot angehaucht ist. Das Laubwerk ist dunkelgrün und lederig sowie leicht glänzend, die Triebe sind bräunlich genarbt, und der Wuchs ist aufrecht.
[D aB BR H d* ▽ ✂ RR] 75 × 60cm

'Wishing'; *unten:* 'Woburn Abbey'

'Yellow Queen Elizabeth'

Vlaeminck GROSSBRITANNIEN 1964
Abart von 'Queen Elizabeth'
Siehe 'Queen Elizabeth'. Diese Sorte unterscheidet sich lediglich durch die leuchtend gelbe Blütenfarbe.

'Zambra' (Meialfi)

Meilland FRANKREICH 1961
('Goldilocks' × 'Fashion') × ('Goldilocks' × 'Fashion')
Kugelige Knospen öffnen sich zu kleinen, halbgefüllten Blüten in klarem Orange mit gelber Rückseite. Sie werden in großen Büscheln hervorgebracht. Das Laubwerk ist lederig, glänzend und hellgrün, der Wuchs buschig.
[D aB BR H d* ▽ ST] 75 × 60cm

'Angelina' (siehe Text Seite 208)

Strauchrosen

Es ist schwierig zu sagen, worin sich eine Strauchrose von anderen Rosen unterscheidet. In diesem Kapitel habe ich 170 Sorten zusammengefaßt, die aus dem einen oder anderen Grund in keines der anderen Kapitel passen. Die Strauchrosen lassen sich in drei Gruppen gliedern: Wildrosen, alte Gartenrosen (einmalblühende Strauchrosen) und moderne Strauchrosen (öfterblühende Strauchrosen).

Wildrosen

Hier habe ich nur solche Wildrosen aufgenommen, die seit 1900 entdeckt und/oder eingeführt wurden. Da die meisten Wildrosen lange vor diesem Datum bekannt waren, enthält diese Liste nicht unbedingt die besten dieser großen Gruppe.

Alte Gartenrosen

Die meisten Sorten dieser Gruppe stammen aus der Zeit vor 1900, deshalb mußte ich viele auslassen, obwohl sie noch weit verbreitet sind, aber thematisch nicht hierher gehören. Sorten, die sich als alte Gartenrosen bezeichnen lassen, wurden der jeweiligen Untergruppe zugeordnet, zum Beispiel 'Adam Messerich' [Bourbonrose] 1920, 'James Mason' [*Gallica*-rose] 1982 usw.
Nähere Einzelheiten über die alten Gartenrosen enthält mein früher erschienenes Buch „Klassische Rosen".

Moderne Strauchrosen

Im Gegensatz zu der Bezeichnung „alte Gartenrosen" ist die Bezeichnung „moderne Strauchrosen" weniger präzise; die Zuordnung zu dieser Gruppe folgt oft mehr der üblichen Praxis als klaren Unterscheidungskriterien. Das führt dazu, daß so unterschiedliche Sorten wie 'Golden Chersonese' und 'Alexander' in die gleiche Gruppe fallen. Ich habe mich aber stets bemüht, die einzelnen Sorten ihrer jeweiligen Untergruppe zuzuordnen, beispielsweise 'Golden Chersonese' [*R. ecae*-Hybride], 'Alexander' [Teehybride] usw.

Strauchrosen sind auf sehr unterschiedliche Weise zu verwenden, und für jeden nur denkbaren Zweck der Gartengestaltung läßt sich meist eine passende Strauchrose finden. Sie werden fast immer zusammen mit anderen Sträuchern angepflanzt, einige Sorten eignen sich aber auch sehr gut als Einzelsträucher; wieder andere bilden sehr gute Hecken, die entweder aus einer einzigen Sorte bestehen können oder aus verschiedenen Sorten gemischt. Nur wenige eignen sich nicht für die Anpflanzung in Pflanzgefäßen. Ich würde mir wünschen, daß Strauchrosen häufiger in dieser Weise verwendet werden. Sie sind in der Regel reichblühend und starkwüchsig, was ein großer Vorteil ist, wenn es darauf ankommt, jederzeit Blumen für die Vase schneiden zu können.

'Adam Messerich' [Bourbonrose]

Lambert DEUTSCHLAND 1920
'Frau Oberhofgärtner Singer' × ('Louise Odier'-Sämling × 'Louis Philippe')
Eine ausgezeichnete Rose. Die großen, anfangs schalenförmigen, später flachen Blüten in dunklem Rosarot erscheinen in Büscheln an einer starkwüchsigen, reichverzweigten Pflanze mit hübschem hellgrünem und glänzendem Laub. Sie ist gut duftend.
[D aB d*** ▽ V] 1,50 × 1,20m

* 'Admired Miranda' (Ausmira)

[Öfterblühende Strauchrose]

Austin GROSSBRITANNIEN 1983
'The Friar' × 'The Friar'
Große, dicht gefüllte hellrosa Blüten öffnen sich flach und mit zurückgebogenen Blütenblättern. Laub mittelgrün und leicht glänzend; Wuchs aufrecht.
[D d*** ▽ V] 90 × 60cm

'Agnes' [*Rugosa*-Hybride]

Saunder KANADA 1900, eingeführt 1922
R. rugosa × *R. foetida persiana*
Eine wunderschöne Rose. Die großen, dicht gefüllten Blüten öffnen sich flach, manchmal geviertelt, aus zurückhaltenden Knospen. Die Blütenfarbe ist Bernsteingelb, das zu Crème verblaßt. Dichtes, gekräuseltes, dunkelgrünes Laub an einer buschigen Pflanze.
[D aB H d*** ▽ V] 1,80 × 1,50m

'Alexander', 'Alexandra' (Harlex)

[Teehybride]

Harkness GROSSBRITANNIEN 1972
'Super Star' × ('Ann Elizabeth' × 'Allgold')
Sehr große Büschel leuchtend zinnoberroter Blüten. Sie sind manchmal riesig, hochgebaut (wenn halb geöffnet) und mit locker angeordneten Blütenblättern, wenn sie ganz geöffnet sind. Schönes, mittelgrünes, glänzendes Laub; Wuchs aufrecht und buschig.
[D aB H d* ▽ ✂] 1,80 × 1,20m

'Andersonii', *R.* × *andersonii*

[*Canina*-Hybride]

Eingeführt 1935
Herkunft und Elternsorten unbekannt
Soll eine Zufallskreuzung zwischen *R. canina* und *R. arvensis* sein. Das ist zwar möglich, diese beiden Rosen blühen aber selten zur gleichen Zeit; *R. arvensis* blüht später. Die ansehnlich großen, einfachen rosa Blüten zeigen auffällige Staubgefäße (größer als bei der

Oben: 'Adam Messerich'; *unten:* 'Alexander'

Hundsrose und dunkler). Das Laub ist graugrün und matt, die Pflanze aufrecht und wuchernd. Eiförmige Hagebutten, orangefarben.
[S H ▽ d* K V] 2,50 × 1,80m

'Angelina' [Öfterblühende Strauchrose]

Cocker GROSSBRITANNIEN 1976
('Super Star' × 'Carine') × ('Cläre Grammerstorf' × 'Frühlingsmorgen')
Die großen, fast einfachen rosa Blüten mit einem weißen Auge und blasserer Rückseite sind duftend. Mittelgrünes Laub an einer buschigen, leicht in die Breite wachsenden Pflanze.
[D aB H d** ▽ V] 1,20m × 90cm

'Anna Zinkeisen' (Harquhling)

[Öfterblühende Strauchrose]

Harkness GROSSBRITANNIEN 1983
Sämling × 'Frank Naylor'
Dickbäuchige Knospen öffnen sich zu dichten Blüten in Elfenbein und Gelb. Viel hellgrünes, leicht glänzendes Laub; buschig, leicht in die Breite gehend.
[D aB d** ▽ V] 1,20m × 90cm

* 'Armada' (Haruseful)

[Öfterblühende Strauchrose]

Harkness GROSSBRITANNIEN 1988
'New Dawn' × 'Silver Jubilee'
Die Blüten in sattem Rosa behalten ihre Farbe. Sie sind halbgefüllt und erscheinen in großen Büscheln. Im Herbst folgen schöne Hagebutten.
[D H K ⛉ V] 1,50m × 90cm

'Arthur Hillier' [Moyesii-Hybride]

Hillier GROSSBRITANNIEN 1961
R. macrophylla × *R. moyesii*
Die großen, einfachen Blüten in Rosakarmesinrot zeigen auffällige gelbe Staubgefäße. Das Laub ist klein und dunkelgrün, der Wuchs stark und aufrecht, aber verzweigt, die Triebe sind stachelig.
[S aB d** N V] 3 × 1,80m

'Autumn Bouquet' [Öfterblühende Strauchrose]

Jacobus USA 1948
'New Dawn' × 'Crimson Glory'
Schmale, spitze Knospen öffnen sich zu großen, dicht gefüllten Blüten in Karminrosa bis silbrigem Dunkelrosa. Das Laub ist lederig und dunkelgrün, der Wuchs aufrecht und buschig.
[D aB d*** H ⛉ ✂ V] 1,20m × 90cm

'Autumn Sunset' (siehe Text Seite 210)

'Ballerina' (siehe Text Seite 210)

'Autumn Delight' [*Moschata*-Hybride]

Bentall GROSSBRITANNIEN 1933
Elternsorten unbekannt
Büschel einfacher oder fast einfacher crèmeweißer Blüten mit bronzeroten Staubgefäßen. Das Laub ist mittelgrün, der Wuchs buschig.
[D aB d** H ▽ V] 1,20m × 90cm

'Autumn Fire' *siehe* 'Herbstfeuer'

'Autumn Sunset' [Öfterblühende Strauchrose]

Lowe USA 1987
Abart von 'Westerland'
Die Blüten sind gefüllt, aber locker geformt, schalenförmig, in Apricot mit Orange und Dunkelgelb. Glänzendes Laub; Wuchs hoch und buschig.
[D aB d** H ✂ V] 1,80 × 1,20m

'Ballerina' [Moschata-Hybride]

Bentall GROSSBRITANNIEN 1937
Elternsorten unbekannt
Große, lockere Büschel kleiner, einfacher Blüten in Rosa mit weißer Mitte. Diese Rose bietet einen besonders entzückenden Anblick. Laub mittel- bis dunkelgrün und leicht glänzend; Wuchs buschig.
[D aB H BR d* ▽ ✂] 1,20m × 90cm

'Belinda' [Moschata-Hybride]

Bentall GROSSBRITANNIEN 1936
Elternsorten unbekannt
Halbgefüllte Blüten in mittlerem Rosa erscheinen in kompakten Büscheln an einer aufrechten Pflanze mit schönem, frischem, dunklem Laub. Eine gute, allerdings weniger bekannte *Moschata*-Hybride.
[D aB H d* ▽ V] 1,20m × 90cm

'Belle Amour'

[nicht näher bestimmte Strauchrose]
Gefunden in einem Kloster in Elbœuf FRANKREICH 40er Jahre
Vermutlich Alba- × Damaszenerrose
Schön geformte, zartrosa Blüten, dicht mit vielen Blütenblättern, gefüllt im Stil einer Damaszenerrose. Derbes, leicht graues Laub, aber reichlich; Triebe stachelig, Wuchs buschig.
[S aB H d*** V] 1,50m × 1,20 m

'Berlin' [Öfterblühende Strauchrose]

Kordes DEUTSCHLAND 1949
'Eva' × 'Gloria Dei'
Große, einfache Blüten in sattem Orangescharlach präsentieren sich in sehr großen, aufrechten Büscheln. Das Laub dieser Pflanze ist dunkelgrün und lederig,

'Belle Amour'

der Wuchs aufrecht und darüber hinaus hoch.
[D aB H d* K ▽ V] 1,50m × 90cm

'Bloomfield Abundance', 'Spray Cécile Brunner' [Typ Chinensis]

Thomas USA 1920

Die Elternsorten wurden vom Züchter angegeben mit 'Sylvia' × 'Dorothy Page-Roberts'
Große, pyramidenförmige Dolden kleiner, teehybridenähnlicher Blüten in Muschelrosa. Bei jeder Blüte sind ein oder zwei Kelchblätter verlängert, fast farnähnlich. Bei jungen Pflanzen ist das Laub zunächst spärlich, später wird es dichter. Es ist klein, dunkel, lederig und leicht glänzend. Das junge Holz ist meistens bräunlich-kastanienfarben, später wird es grünlichbraun. Der Wuchs ist anfangs ziemlich spindeldürr, wird aber mit dem Alter buschig und dicht. Über die wahre Identität und Herkunft dieser Rose gab es, und gibt es immer noch unterschiedliche Auffassungen. In den USA wird sie heute als 'Spray Cécile Brunner' bezeichnet. Das Klima hat auf Chinarosen mehr Einfluß als auf jede andere Gruppe. Die heute als 'Bloomfield Abundance' vertriebene Rose ist möglicherweise nicht mehr identisch mit der Rose, die von ihrem Züchter ursprünglich diesen Namen erhielt. Ich persönlich glaube nicht, daß es sich bei dieser Rose um eine Abart von 'Cécile Brunner' handelt. Zu diesem Ergebnis bin ich gekommen, nachdem ich beide Sorten in meiner Rosenschule jahrelang beobachtet habe. Ich bin bemüht, objektiv zu bleiben, aber so lange die ursprüngliche 'Bloomfield Abundance' nicht irgendwo auftaucht, sehe ich keinen Grund, warum der Name der Sorte geändert werden sollte.
[D H aB ▽] 1,80 × 1,20m

Oben: 'Bloomfield Abundance'; *unten:* 'Bonn' (siehe Text Seite 212)

'Bonn' [*Moschata*-Hybride]

Kordes DEUTSCHLAND 1950
'Hamburg' × 'Kordes Sondermeldung'
Eine pflegeleichte Rose in leuchtender Farbe. Die dicht gefüllten Blüten in Orangescharlach haben eine ansehnliche Größe und erscheinen in Büscheln. Die einzelnen Blüten lassen ihre Köpfe hängen, das wirkt aber sehr reizvoll. Das Laub ist glänzend und hellgrün, der Wuchs aufrecht und buschig.
[D aB H d** K ▽ V] 1,80 × 1,20m

'Buff Beauty' [*Moschata*-Hybride]

Bentall GROSSBRITANNIEN 1939 (oder früher)
Angeblich 'William Allen Richardson' × unbekannt
Große, dichtstehende Büschel bräunlichgelber bis apricotfarbener Blüten mit dunklerer Mitte. Die Blütenfarbe hängt vom Boden und vom Wetter ab. Das Gewicht der Blütenbüschel ist manchmal so groß, daß sich die Zweige nach unten biegen. Laub dunkelgrün und glänzend; Wuchs buschig und locker.
[D aB H d** K ▽] 1,50 × 1,20m

'Butterfly Wings' [Öfterblühende Strauchrose]

Gobbee GROSSBRITANNIEN 1976
'Dainty Maid' × 'Gloria Dei'
Reizvolle halbgefüllte Blüten in Weiß mit karminrosa Rand erscheinen in Büscheln an einer aufrechten Pflanze mit hübschem, großem, mittelgrünem Laub.
[D H d** ▽ V] 1,20m × 90cm

'Canary Bird' *R. xanthina spontanea*

[*R. xanthina*-Hybride]

Eingeführt ca. 1907
Vermutlich *R. hugonis* × *R. xanthina*
Eine der ersten Rosen, die im späten Frühjahr zu blühen anfängt. An ihren überhängenden Zweigen erscheinen einfache, leuchtend gelbe Blüten mit reizvollen zartgelben Staubgefäßen; kleines, dunkelgrünes Laub mit vielen Fiederblättchen. Der Wuchs ist ungeordnet, überhängend, aber buschig, die Triebe sind mahagonifarben und haben viele keilförmige Stacheln. Im Herbst folgen ovale, braune Hagebutten.
[F aB H] 2,50 × 1,80m

'Cantabrigiensis' *R. × cantabrigiensis*

Cambridge Botanic Gardens GROSSBRITANNIEN ca. 1931
Vermutlich *R. hugonis* × *R. sericea hookeri*
Mittelgroße, blaßgelbe Blüten mit primelgelben Staubgefäßen erscheinen in großer Zahl im Sommer. Das Laub ist farnähnlich, die Triebe sind borstig und aufrecht. Im Herbst folgen rote rundliche Hagebutten.
[F aB V] 2 × 1,50m

'Cerise Bouquet' [*Multibracteata*-Hybride]

Tantau DEUTSCHLAND 1958
R. multibracteata × 'Crimson Glory'
Die anmutig überhängenden Zweige tragen hängende

'Buff Beauty'; *rechts:* 'Canary Bird'

Oben: 'Cerise Bouquet'
Unten: 'Charles Austin' (siehe Text Seite 215)

'Cocktail'

Büschel dicht gefüllter Blüten in Kirsch-Karmesinrot. Kleines, graugrünes Laub mit vielen Fiederblättchen; Wuchs stark und aufrecht, bei der ausgewachsenen Pflanze bogig überhängend.
[F aB H d** V] 3,50 × 3,50m

'Charles Austin' [Moderne Strauchrose]

Austin GROSSBRITANNIEN 1973
'Chaucer' × 'Aloha'
Schalenförmige Blüten mit gekräuselten Blütenblättern in Apricot und Gelb, das mit der Zeit blasser wird. Lederiges Laub; Wuchs stark und aufrecht.
[S aB H d*** K V] 1,50 × 1,20m

'Chaucer' [Öfterblühende Strauchrose]

Austin GROSSBRITANNIEN 1970
Sämling × 'Constance Spry'
Kugelige Knospen öffnen sich zu tief schalenförmigen Blüten in sattem, mittlerem Rosa, die ganz geöffneten Blüten sind geviertelt. Laub mittelgrün; Wuchs buschig und aufrecht.
[D H d*** V] 1m × 90cm

'Chianti' [Moderne Strauchrose]

Austin GROSSBRITANNIEN 1967
'Dusky Maiden' × 'Tuscany'
Große, halbgefüllte Blüten in kastanienfarbenem Purpur erscheinen in mittelgroßen Büscheln. Das Laub ist groß, ein bißchen derb, und dunkelgrün. Wächst etwas in die Breite.
[S aB H d** V] 1,50 × 1,20m

* 'City of London' (Harukfore)

[Öfterblühende Strauchrose]

Harkness GROSSBRITANNIEN 1987
'New Dawn' × 'Rosika'
Große, etwas zerzauste, zartrosa Blüten mit einem berauschenden Duft werden in Büscheln hervorgebracht. Großes, leuchtend grünes Laub an einer aufrechten und buschigen Pflanze.
[D aB H d*** K V] 1,50m × 90cm

'Cocktail' (Meimick)

[Öfterblühende Strauchrose]

Meilland FRANKREICH 1957
('Kordes Sondermeldung' × 'Orange Triumph') × 'Phyllis Bide'
Aufrechte Büschel einfacher Blüten in leuchtendem Rot und Primelgelb. Laub lederig, dunkelgrün und glänzend; Wuchs aufrecht mit rotbraunen Trieben.
[D aB H d** K V] 1,80 × 1,20m

'Complicata' [*Gallica-* oder *Macrantha-*Hybride]

Herkunft, Jahr der Einführung und Elternsorten unbekannt
Eine großartige und gut verwendbare Rose. Die großen Blüten in silbrigem Dunkelrosa haben eine weiße Mitte und zeigen goldfarbene Staubgefäße. Graugrünes, mattschimmerndes Laub an einer Pflanze von hübschem, im Ganzen aber zerzaustem Wuchs. Sie eignet sich gut, um in Bäume zu klettern.
[S aB K d**] 3 × 1,80m

'Conrad Ferdinand Meyer' [*Rugosa*-Hybride]

Müller DEUTSCHLAND 1899
R. rugosa × 'Gloire de Dijon'
Die großen, schalenförmigen, dicht gefüllten Blüten in sattem Rosa sind berühmt wegen ihres kräftigen und berauschenden Duftes. Das Laub ist grob gezähnt, dunkelgrün und lederig. Der Wuchs ist kräftig und aufrecht, die Tiebe sind sehr stachelig.
[R H K d*** RR V] 3 × 2,50m

'Copenhagen' [Öfterblühende Strauchrose]

Poulsen DÄNEMARK 1964
Sämling × 'Ena Harkness'
Große, gefüllte Blüten in leuchtendem Scharlachrot erscheinen in kleinen Büscheln. Laub dunkelgrün und glänzend mit kupfrigem Schimmer; Wuchs aufrecht, die ausgewachsene Pflanze braucht aber eine Stütze.
[D aB K d** V] 2,50 × 1,20m

'Cornelia' [*Moschata*-Hybride]

Pemberton GROSSBRITANNIEN 1925
Elternsorten unbekannt
Trauben kleiner, gefüllter Blüten in Apricot, Erdbeer und Rosa. Die Büschel sind manchmal so schwer, daß die Zweige reizvoll überhängen. Zum Herbst hin wird die Blütenfarbe dunkler. Laub bronzegrün und glänzend; Wuchs buschig und leicht überhängend.
[D H d*** MT] 1,50 × 1,50m

'Coryana', *R.* × *coryana*

Hurst GROSSBRITANNIEN 1926
R. roxburghii × *R. macrophylla*
Mittelgroße, einfache rosa Blüten an einem hohen Strauch mit hellgrünem Laub mit vielen Fiederblättchen. Hellgrüne Triebe. Nur wenige kurze und dicke Stacheln. Der Wuchs ist aufrecht und buschig.
[S aB V] 1,80 × 1,20m

'Corylus', [*Rugosa*-Hybride]

Hazel le Rougetel GROSSBRITANNIEN 1988

'Complicata' (siehe Text Seite 215); *unten:* 'Copenhagen' (siehe Text Seite 215)

R. rugosa × *R. nitida*
Die Blüten sind wunderschön, in einem mittleren silbrigen Rosa mit auffälligen Staubgefäßen, von ansehnlicher Größe und duftend. Sie erscheinen reichlich inmitten von dichtem, gefiedertem, hellgrünem Laub. Später folgen leuchtend orangerote Hagebutten. Im Herbst nimmt das Laub einen satten braungelben Farbton an. Eine Rose von aufrechtem und dichtem Wuchs; sie bildet auch reichlich Wildtriebe, weshalb sie sich gut für große Flächen eignet.
[D aB d* ▽ V] 90 × 90cm

* 'Cymbaline' (Auslean) [Moderne Strauchrose]

Austin GROSSBRITANNIEN 1983
Sämling × 'Lilian Austin'
Die Blüten sind untertassenförmig, dicht gefüllt in einem Gräulichrosa und intensiv duftend. Laub mittelgrün und glänzend, wächst buschig und etwas in die Breite, nicht aber so ausgeprägt, daß man sie als Bodendeckerrose verwenden könnte.
[R d*** ▽ V] 1,20 × 1,50m

'Dagmar Hastrup' *siehe* 'Frau Dagmar Hastrup'

'Danaë' [*Moschata*-Hybride]

Pemberton GROSSBRITANNIEN 1913
'Trier' × 'Gloire de Chédane-Guinoisseau'
Büschel kleiner, halbgefüllter Blüten in bräunlichem Gelb, das bei Sonneneinstrahlung zu Weiß verblaßt. Laub mittelgrün und glänzend; Wuchs aufrecht, aber leicht überhängend.
[R H d* K V] 1,50 × 1,20m

'Daybreak' [*Moschata*-Hybride]

Pemberton GROSSBRITANNIEN 1918
'Trier' × 'Liberty'
Fast einfache goldgelbe Blüten erscheinen in aufrecht

'Cornelia' (siehe Text Seite 215)

stehenden Büscheln. Sie verblassen mit der Zeit zu Zitronengelb. Laub dunkelgrün und glänzend. Wuchs aufrecht und buschig, Triebe dunkel, wie poliert und fast ohne Stacheln.
[R aB H d** K V] 1,20m × 90cm

'Doncasterii' *R. macrophylla doncasterii*

[*Macrophylla*-Hybride]

Doncaster GROSSBRITANNIEN ca. 1930
R. macrophylla-Sämling
Blüten sind mittelgroß, einfach und dunkelrosarot mit gelben Staubgefäßen. Im Herbst folgen dicke, orangerote Hagebutten. Laub groß und dunkelgrün; Triebe rotbraun. Eine starkwüchsige, aufrechte Pflanze.
[S V] 1,80 × 1,20m

'Dorothy Wheatcroft'

[Öfterblühende Strauchrose]

Tantau DEUTSCHLAND 1960
Elternsorten unbekannt
Große Büschel orangeroter, halbgefüllter Blüten und leuchtend grünes, leicht glänzendes Laub. 'Dorothy Wheatcroft' hat einen offenen Wuchs.
[D aB H d* ▽ V] 1,50 × 1,20m

'Dortmund' [Öfterblühende Strauchrose]

Kordes DEUTSCHLAND 1955
Sämling × *R. kordesii*
Längliche Knospen öffnen sich zu großen, einfachen Blüten in leuchtendem Rot mit einem weißen Auge, in Büscheln. Laub dunkelgrün und wie poliert an einer starkwüchsigen und aufrechten Pflanze.
[D aB H d** K] 2,50 × 1,80m

'Dr Eckener' [*Rugosa*-Hybride]

Berger DEUTSCHLAND 1930
'Golden Emblem' × *R. rugosa*-Hybride
Halbgefüllte, große, locker geformte Blüten in klarem Gelb, mit Kupfer brüniert. Laub groß, dunkelgrün und matt; Wuchs breit, aber aufrecht.
[R aB H d*** V] 3 × 2,50m

'Eddie's Crimson' [*Moyesii*-Hybride]

Eddie KANADA 1956
'Donald Prior' × *R. moyesii*-Hybride

Hagebutten von 'Doncasterii' (siehe Text Seite 217)

Halbgefüllte Blüten in dunklem Blutrot erscheinen entlang der überhängenden Zweige; dunkelgrünes Laub. Im Herbst folgen große Hagebutten.
[S d* V] 3 × 1,80m

'Eddie's Jewel' [*Moyesii*-Hybride]

Eddie KANADA 1962
'Donald Prior' × *R. moyesii*-Hybride
Die großen, schön geformten, halbgefüllten Blüten in warmem Rot zeigen ganz geöffnet auffällige Staubgefäße und erscheinen entlang der überhängenden Zweige. Laub hell- bis mittelgrün; Wuchs aufrecht.
[S aB H d* V] 2,50 × 1,80m

'Ellen' (Auscup) [Öfterblühende Strauchrose]

Austin GROSSBRITANNIEN 1984
Elternsorten unbekannt
Blüten im Stil einer alten Rose, dicht gefüllt und in einem Apricot, das zur Mitte hin dunkler wird. Das Laub ist mittelgrün und leicht glänzend an einer aufrecht wachsenden Pflanze.
[D H d** ⛉ V] 1,20 × 1,20m

'Elmshorn' [Öfterblühende Strauchrose]

Kordes DEUTSCHLAND 1951
'Hamburg' × 'Verdun'
Große Büschel mit vielen mittelgroßen, pomponähnlichen Blüten in dunklem, warmem Rosa. Das Laub ist uneben, glänzend und mittelgrün, der Wuchs aufrecht.
[D aB H d** ⛉ ✂] 1,80 × 1,20m

'Emanuel' [Öfterblühende Strauchrose]

Austin GROSSBRITANNIEN 1985
('Chaucer' × 'Parade') × (ein Sämling × 'Schneewittchen')
Schön geformte Blüten im Stil alter Rosen in einem zarten, feinen Rosa mit zitronengelber Basis. Mittelgrünes Laub an einer buschigen Pflanze.
[D H d*** ⛉ V] 1,20m × 90cm

Oben: 'Eddie's Jewel'; *unten:* 'Elmshorn'

'English Garden' *siehe* 'Schloß Glücksburg'

'Eos' [*Moyesii*-Hybride]

Ruys USA 1950
R. moyesii × 'Magnifica'
Anfangs schalenförmige, halbgefüllte Blüten in Rosarot mit weißem Auge und auffallenden Staubgefäßen in kleinen Büscheln an aufrechten Zweigen. Laub lederig, glänzend, klein; Wuchs aufrecht und stachelig.
[S H d* V] 2,50 × 1,50m

'Erfurt' [*Moschata*-Hybride]

Kordes DEUTSCHLAND 1939
'Eva' × 'Réveil Dijonnais'
Große, halbgefüllte Blüten in Rosa und Crème, zur Mitte hin gelblich. Sie werden reichlich in Büscheln hervorgebracht. Bronzegrünes und glänzendes Laub. Wuchs buschig, reichverzweigt und sehr stachelig.
[D H d** V] 1,50 × 1,20m

'Felicia' [*Moschata*-Hybride]

Pemberton GROSSBRITANNIEN 1928
'Trier' × 'Ophelia'
Büschel dicht gefüllter Blüten in Zartrosa, manchmal dunkler; erscheinen an einem aufrechten, verzweigten Strauch mit glänzendem, mittelgrünem Laub.
[D H aB d** ⊽ ✂] 1,20m × 90cm

'Ferdinand Pichard' [Remontantrose]

Tanne FRANKREICH 1921
Elternsorten unbekannt
Eine besonders schöne, gestreifte Sorte mit schalenförmigen, gefüllten Blüten in kräftig silberweiß gestreiftem Rosa und Karmesinrot. Laub lederig, mittelgrün, ziemlich derb; Wuchs aufrecht und buschig.
[R H aB d** ⊽ ✂ V] 1,50 × 1,20m

* 'Fisherman's Friend' (Auschild)

[Öfterblühende Strauchrose]
Austin GROSSBRITANNIEN 1987
'Lilian Austin' × 'The Squire'
Große, gefüllte Blüten im Stil alter Rosen in Karmesinrot. Mittelgrünes Laub an einer robusten Pflanze.
[D H d*** ⊽ V] 1,20m × 90cm

'F. J. Grootendorst' [*Rugosa*-Hybride]

de Goey NIEDERLANDE 1918
R. rugosa rubra × eine Polyantharose
Große, aufrecht stehende Büschel kleiner, karmesinroter Blüten. Die Ränder der Blütenblätter sind gefranst, fast wie bei einer Nelke. Das Laub ist derb und mittelgrün, der Wuchs aufrecht und buschig.
[D H d** ⊽] 1,20m × 90cm

'Eos'

'Fontaine', 'Fountain', 'Red Prince'

[Öfterblühende Strauchrose]
Tantau DEUTSCHLAND 1970
Elternsorten unbekannt
Hochgebaute Knospen öffnen sich zu sehr großen, locker geformten Blüten in sattem, leuchtendem Karmesinrot. Großes, dunkelgrünes Laub an einer aufrecht wachsenden Pflanze.
[D H d* K ⊽] 1,50 × 1,20m

'Francesca' [*Moschata*-Hybride]

Pemberton GROSSBRITANNIEN 1922
'Danaë' × 'Sunburst'
Sehr große, halbgefüllte Blüten in sattem Gelb erscheinen in Büscheln an einer aufrecht wachsenden Pflanze mit dunklem, glänzendem Laub.
[D H d* K ⊽ V] 1,20 × 1,20m

'Frank Naylor' [*Pimpinellifolia*-Hybride]

Harkness GROSSBRITANNIEN 1978

Oben: 'Erfurt'
Unten: 'Felicia'

'Ferdinand Pichard' (siehe Text Seite 220)

'Fontaine' (siehe Text Seite 220)

Sämling sehr komplexer Abstammung × ('Cläre Grammerstorf' × 'Frühlingsmorgen')
Büschel mittelgroßer, einfacher Blüten in Rot und Gelb. Kleines, ovales, dunkelgrünes Laub an einer allgemein etwas aufrecht wachsenden Pflanze.
[D H ▽ V] 1,20m × 90cm

'Frau Dagmar Hastrup', 'Fru Dagmar Hastrup', 'Dagmar Hastrup', 'Fru Dagmar Hartopp', 'Frau Dagmar Hartopp'

[*Rugosa*-Hybride]

Hastrup DÄNEMARK 1914
Elternsorten unbekannt
Die großen, einfachen, silbrigrosa Blüten mit auffallenden Staubgefäßen erscheinen reichlich an einer kompakten, in die Breite wachsenden Pflanze mit dunkelgrünem Laub von typischer *Rugosa*-Form. Bemerkenswert sind die großen, tomatenähnlichen Hagebutten im Herbst.
[D aB H d* ▽] 90cm × 1,20m

'Fred Loads' [Öfterblühende Strauchrose]

Holmes GROSSBRITANNIEN 1968
'Dorothy Wheatcroft' × 'Orange Sensation'
Die sehr leuchtenden, lachsorange bis zinnoberroten Blüten sind halbgefüllt, groß und werden in Büscheln hervorgebracht. Stattliches, dunkelgrünes und matt glänzendes Laub; aufrechter Wuchs.
[D aB H d** ▽ V] 1,50m × 90cm

'Fritz Nobis' [Moderne Strauchrose]

Kordes DEUTSCHLAND 1940
'Joanna Hill' × 'Magnifica'
Herrliche, dicht gefüllte Blüten in zartem Rosarot mit lachsfarbenen Glanzlichtern erscheinen in Büscheln ansehnlicher Größe. Laub leicht glänzend, lederig und dunkelgrün; Wuchs aufrecht und verzweigt.
[S aB H d* ▽] 1,50m × 90cm

'Fred Loads'

'Frühlingsanfang' [*Pimpinellifolia*-Hybride]

Kordes DEUTSCHLAND 1950
'Joanna Hill' × *R. pimpinellifolia altaica*
Einfache, elfenbeinweiße Blüten; lederiges, dunkelgrünes Laub an einer Pflanze von aufrechtem Wuchs.
[S aB H d* V] 3 × 1,80m

'Frühlingsduft' [*Pimpinellifolia*-Hybride]

Kordes DEUTSCHLAND 1949
'Joanna Hill' × *R. pimpinellifolia altaica*
Große, dicht gefüllte Blüten in Elfenbeinweiß und Goldgelb, oft zartrosa schattiert. Laub groß und lederig, dunkelgrün; Wuchs etwas ungeordnet aufrecht.
[S aB H d*** V] 3 × 1,80m

'Frühlingsgold' [*Pimpinellifolia*-Hybride]

Kordes DEUTSCHLAND 1937
'Joanna Hill' × *R. pimpinellifolia hispida*
Wahrscheinlich die bekannteste von Kordes' „Frühlings"-Sorten. Die Blüten sind groß, anfangs schalenförmig, später locker geformt, in klarem Primelgelb. Die Knospen sind rot schattiert. Mittelgrünes, lederiges Laub, erscheint an einer verzweigten, aufrecht

wachsenden Pflanze, die sehr hübsch ist.
[S aB H d***] 2 × 1,80m

'Frühlingsmorgen' [*Pimpinellifolia*-Hybride]

Kordes DEUTSCHLAND 1942
('E. G. Hill' × 'Cathrine Kordes') × *R. pimpinellifolia altaica*
Große, einfache Blüten in Elfenbeinweiß bis Crème, das mit Kirschrot vermischt ist. Sie zeigen goldbraune Staubgefäße. Das Laub ist dunkelgrün und matt schimmernd an einer aufrechten, verzweigten Pflanze. Sie wurde oft zur Züchtung verwendet und ist Elternsorte vieler Strauchrosen mit ungewöhnlicher Farbe.
[F aB H d***] 1,80 × 1,50m

'Frühlingsschnee' [*Pimpinellifolia*-Hybride]

Kordes DEUTSCHLAND 1954
'Golden Glow' × *R. pimpinellifolia altaica*
Halbgefüllte, lockere, elfenbeinweiße Blüten an einer starkwüchsigen, aufrechten und gleichzeitig überhängenden Pflanze mit dunkelgrünem, gräulichem Laub.
[S aB H d** V] 1,80 × 1,20m

'Frühlingstag' [*Pimpinellifolia*-Hybride]

Kordes DEUTSCHLAND 1949
'McGredy's Wonder' × 'Frühlingsgold'
Große Büschel halbgefüllter, sattgelber Blüten erscheinen an einer starkwüchsigen Pflanze mit dunkelgrünem, mattem Laub.
[S aB H d* V] 2 × 1,20m

'Frühlingszauber' [*Pimpinellifolia*-Hybride]

Kordes DEUTSCHLAND 1942
('E. G. Hill' × 'Cathrine Kordes') × *R. pimpinellifolia altaica*
Die halbgefüllten Blüten sind elfenbeinweiß, mit Dunkelrosa bespritzt und verwischt. Lederiges Laub an einer Pflanze von ungeordnetem Wuchs.
[S aB H d* MT V] 2 × 1,50m

'Georg Arends', 'Fortuné Besson'

[Remontantrose]
Hinner DEUTSCHLAND 1910
'Frau Karl Druschki' × 'La France'
Schöne, hochgebaute Knospen öffnen sich zu lockeren Blüten in Zartrosa mit dunklerer Schattierung. Laub groß und glänzend; Wuchs aufrecht und dürr.
[R aB H d** V] 1,50 × 1,20m

'Geranium' [*R. moyesii*-Hybride]

Royal Horticultural Society GROSSBRITANNIEN 1938

'Hunter' (siehe Text Seite 228)

'Frau Dagmar Hastrup' (siehe Text Seite 222)

R. moyesii-Sämling
Blüten von vollendeter Form in leuchtendem Scharlachrot mit auffälligen Staubbeuteln erscheinen in kleinen Büscheln. Große, orangerote, flaschenförmige Hagebutten folgen im Herbst; Laub hell graugrün. Die Triebe sind gut mit spitzen Stacheln ausgestattet. Die Pflanze hat einen aufrechten, verzweigten Wuchs.
[aB d* H V] 2,50 × 1,50m

'Gertrude Jekyll' (Ausbord)

[Öfterblühende Strauchrose]

Austin GROSSBRITANNIEN 1987
'Wife of Bath' × 'Comte de Chambord'
Dicht gefüllte, intensiv duftende dunkelrosa Blüten im Stil alter Rosen. Graugrünes Laub an einer aufrecht wachsenden, buschigen Pflanze.
[D H d*** V] 1,20m × 90cm

'Gipsy Boy' *siehe* 'Zigeunerknabe'

'Gloire de Guilan' [Damaszenerrose]

AUS DEM MITTLEREN OSTEN
Entdeckt von Miss Nancy Lindsay 1949
Die gefüllten, flachen und wunderschön geviertelten Blüten sind Klarrosa und duftend. Sie erscheinen früh. Dunkelgrünes, dichtes Laub an einer Pflanze mit unschönem, wucherndem Wuchs. Sie wird seit langem für die Gewinnung von Rosenöl angebaut und ist viel älter als das angegebene Einführungsjahr.
[S aB d*** ⁘ V] 1,80 × 1,20m

'Glory of Edzell' [*Pimpinellifolia*-Hybride]

Herkunft, Jahr der Einführung und Elternsorten unbekannt
Eine reizende Rose. Die kleinen, einfachen Blüten in Reinrosa bis Lila erscheinen an einer Pflanze von ausgesprochen dichtem Wuchs mit hellgrünem, farnähnlichem Laub; eine Sorte, die jedem gefallen muß.
[F aB d* H V] 1,50 × 1,20m

'Goldbusch' [*Rubiginosa*-Hybride]

Kordes DEUTSCHLAND 1954
Elternsorten unbekannt
Große, halbgefüllte, goldgelbe Blüten erscheinen sowohl einzeln als auch in kleinen Büscheln inmitten von saftigem, leuchtendgrünem, leicht glänzendem und duftendem Laub an einer großen, verzweigten Pflanze, die ohne Stütze auseinanderfällt.
[R aB d** K V] 2,50 × 1,50m

'Golden Chersonese' (Hilgold)

[*Ecae*-Hybride]

Allen GROSSBRITANNIEN 1967
R. ecae × 'Canary Bird'
Mittelgroße bis kleine, einfache Blüten in sattem Butterblumengelb erscheinen im Spätfrühling in großer Fülle entlang überhängender Zweige. Ein reizender Strauch mit dunkelgrünem, farnähnlichem Laub und dunkelbraunem Holz, das mit vielen Stacheln ausgestattet ist. Der Wuchs ist aufrecht.
[F aB d* H V] 1,80 × 1,20m

'Golden Wings' [*Pimpinellifolia*-Hybride]

Shepherd USA 1956
'Sœur Thérèse' × (*R. pimpinellifolia altaica* × 'Ormiston Roy')
Die großen Blüten sind einfach, manchmal allerdings haben sie ein paar Blütenblätter mehr; sie sind von klarem Schwefelgelb mit goldbraunen Staubgefäßen. Hellgrünes, fast glänzendes Laub an einer buschigen Pflanze; Triebe sind dunkel, etwas rostig aussehend, und sie haben wenige Stacheln. Eine sehr gute Rose.
[D aB H d*] 1,50 × 1,20m

'Graham Thomas' (Ausmas)

[Öfterblühende Strauchrose]

Austin GROSSBRITANNIEN 1983
Sämling × ('Charles Austin' × 'Schneewittchen'-Sämling)
Eine gute Sorte. Große, mit vielen Blättern gefüllte Blüten vereinen den Stil alter Rosen mit einer modernen Farbe, einem satten Gelb mit dunklerer Mitte; Laub dunkelgrün und glänzend an buschiger Pflanze.
[D aB H d*** ▽] 1,20m × 90cm

'Grandmaster' [*Moschata*-Hybride]

Kordes DEUTSCHLAND 1954
'Sangerhausen' × 'Sunmist'

'Frühlingsgold' (siehe Text Seite 222)

Recht große, halbgefüllte Blüten in Apricot, Zitronengelb und Rosa erscheinen in Büscheln. Hellgrünes Laub an einer Pflanze von aufrechtem Wuchs.
[D aB H d* K ▽ V] 1,50m × 90cm

'Gruß an Heidelberg', 'Heidelberg'

[Moderne Strauchrose]

Kordes DEUTSCHLAND 1959
'Minna Kordes' × 'Floradora'
Große, dicht besetzte Büschel gefüllter, leuchtend karmesinroter Blüten mit hellerer Rückseite. Glänzendes, lederiges, dunkelgrünes Laub an einer aufrechten, buschigen Pflanze.
[R aB d* K V] 1,80 × 1,50m

'Hamburger Phoenix' [Moderne Strauchrose]

Kordes DEUTSCHLAND 1954
R. × *kordesii* × ein Sämling
Büschel großer, gefüllter, blutroter Blüten an einer wuchernden Pflanze mit schönem, glänzendem Laub. Im Herbst folgen große, rote Hagebutten.
[R aB d** K V] 2,50 × 1,50m

'Hansa' [*Rugosa*-Hybride]

Schaum & Van Tol NIEDERLANDE 1905
Elternsorten unbekannt
Große Blüten mit vielen Blütenblättern an ziemlich schwachen Stielen. Sie sind purpurrot mit malvefarbenen Glanzlichtern und duften nach Gewürznelken. Reichlich dunkelgrünes, fast glänzendes, kräftig genarbtes Laub. Wuchs buschig und aufrecht.
[D aB H d*** ▽ V] 1,20m × 90cm

'Headleyensis' [*Hugonis*-Hybride]

Warburg GROSSBRITANNIEN ca. 1920
R. hugonis × *R. pimpinellifolia altaica*
Ziemlich große, einfache, crèmegelbe Blüten erscheinen im Frühsommer an einer aufrechten, verzweigten Pflanze mit farnähnlichem Laub.
[S aB V] 2 × 1,20m

'Heather Muir' [*Sericea*-Hybride]

Sunningdale GROSSBRITANNIEN 1957
Eine Form von *R. sericea*, die in Kiftsgate Court, Gloucestershire, gefunden wurde
Eine Fülle einfacher, reinweißer Blüten erscheint über einen relativ langen Zeitraum hinweg entlang aufrecht stehender Rispen. Ihnen folgen ovale, orangefarbene Hagebutten. Laub farnähnlich; Triebe graubraun und sehr stachelig; Wuchs aufrecht und verzweigt.
[S aB d* V] 2,50 × 1,80m

'Hebe's Lip', 'Reine Blanche', 'Rubrotincta' [*Rubiginosa*-Hybride]

Lee GROSSBRITANNIEN vor 1846
Wiedereingeführt von Paul GROSSBRITANNIEN 1912
Vermutlich *R. damascena* × *R. rubiginosa*
Es erscheint gerechtfertigt, diese Rose aufzunehmen, da sie 1912 durch William Paul wiedereingeführt wurde und daran erinnert, daß viele andere gute Sorten verloren gingen. Einfache oder halbgefüllte Blüten in Crèmeweiß mit rosa Rand. Graugrünes Laub an einer buschigen Pflanze mit oft wucherndem Wuchs.
[S H d** V] 1,20 × 1,20m

'Heidelberg' *siehe* 'Gruß an Heidelberg'

'Helen Knight' [*Ecae*-Hybride]

Knight GROSSBRITANNIEN 1946
R. ecae × *R. pimpinellifolia altaica*
Mittelgroße, gewölbte Blüten in klarem Gelb erscheinen entlang überhängender Zweige. Farnähnliches, dunkelgrünes Laub, aufrechter, verzweigter Wuchs.
[R aB d* K V] 1,50 × 1,20m

'Herbstfeuer', 'Autumn Fire'

[Moderne Strauchrose]

Kordes DEUTSCHLAND 1966
Elternsorten unbekannt
Große, lockere, leuchtend rote Blüten mit dunkleren Klecksen, erscheinen in Büscheln. Später folgen birnenförmige, orangefarbene Hagebutten. Großes, hellgrünes und glänzendes Laub an einer dichten und buschigen Pflanze. Sie verdient mehr Beachtung.
[R H aB d** V] 1,80 × 1,20m

'Heritage' (Ausblush)

[Öfterblühende Strauchrose]

Austin GROSSBRITANNIEN 1984
Sämling × 'Schneewittchen'-Sämling
Schalenförmige, dicht gefüllte Blüten in zartem Rosa mit dunklerer Mitte. Laub klein und dunkelgrün mit leichtem Glanz; Wuchs buschig.
[D H aB d*** ▽ V] 1,20 × 1,20m

'Hero' (Aushero) [Öfterblühende Strauchrose]

Austin GROSSBRITANNIEN 1983
'The Prioress' × ein Sämling
Die ins Auge fallenden mittelrosa Blüten sind schalenförmig und mäßig gefüllt. Laub mittelgrün und leicht glänzend; Wuchs aufrecht und buschig.
[D H d*** ▽ V] 1,20 × 1,20m

‘Hidcote Gold’ [*Sericea*-Hybride]

Hilling GROSSBRITANNIEN 1948
R. sericea-Sämling
Büschel gelber, einfacher Blüten erscheinen an überhängenden Zweigen, manchmal auch einzeln. Laub mittel- bis dunkelgrün und farnähnlich, Triebe dicht mit Stacheln besetzt; Wuchs aufrecht und verzweigt.
[S aB H d* V] 2,50 × 1,80m

‘Highdownensis’ *R. moyesii* × *highdownensis* [*Moyesii*-Hybride]

Hillier GROSSBRITANNIEN 1928
R. moyesii-Sämling
Blüten in sattem Karmesinrot mit auffallenden Staubbeuteln. Es folgen große, flaschenförmige, rötlichpflaumenfarbige Hagebutten. Das Laub ist klein und dunkelgrün, die Triebe sind stachelig, im Austrieb kastanienfarben; Wuchs aufrecht und überhängend.
[S aB V] 2,50 × 1,50m

* ‘Hilda Murrell’ (Ausmurr) [Moderne Strauchrose]

Austin GROSSBRITANNIEN 1984
Sämling × (‘Parade’ × ‘Chaucer’)
Schön geformte, dicht gefüllte Blüten in klarem Rosa. Mittelgrünes, mattes Laub; buschiger Wuchs.
[R H d** V] 1,50 × 1,20m

‘Honorine de Brabant’ [Bourbonrose]

Herkunft, Einführungsjahr und Elternsorten unbekannt
Schalenförmige, dichte Blüten, lilarosa, Streifen in Dunkelrosa und Rot. Üppiges Laub, hellgrün mit gräulichem Schimmer; starkwüchsig, wuchernd.
[R H d*** aB ☐ V] 1,80 × 1,50m

Oben: ‘Goldbusch’ (siehe Text Seite 224); *unten:* ‘Hansa’

'Hugh Dickson' [Remontantrose]

Dickson GROSSBRITANNIEN 1905
'Lord Bacon' × 'Gruß an Teplitz'
Große, dunkelrote, locker geformte Blüten öffnen sich aus hochgebauten Knospen und erscheinen in Büscheln. Laub dunkelgrün; Wuchs aufrecht. Die ausgereifte Pflanze benötigt eine Stütze.
[R d*** aB ▽ ✂ V] 2,50 × 1,50m

'Hunslet Moss' [Moosrose]

Entdeckt von Mr Humphrey Brooke, Claydon, Suffolk
Eingeführt von Beales GROSSBRITANNIEN 1984
Dicht gefüllte Blüten in intensivem Rosa, stark bemoost und duftend. Laub dunkelgrün, bronzeüberzogen; Wuchs buschig und aufrecht.
[S H d*** ▽ V] 1,20m × 90cm

'Hunter' [*Rugosa*-Hybride]

Mattock GROSSBRITANNIEN 1961
R. rugosa rubra × 'Kordes Sondermeldung'
Leuchtend karmesinrote, dicht gefüllte und duftende Blüten erscheinen an einer mittelgroßen, etwas ungeordneten, buschigen Pflanze mit schönem dunkelgrünem Laubwerk.
[D aB d** ▽ V] 1,20m × 90cm

'Hugh Dickson'

'James Mason' [*Gallica*-Rose]

Beales GROSSBRITANNIEN 1982
'Scharlachglut' × 'Tuscany Superb'
Große, leuchtend rote, fast karmesinrote Blüten erscheinen im Frühsommer in großer Fülle. Dunkelgrünes Laub an einer buschigen Pflanze.
[S aB H d*** V] 1,50 × 1,20m

'Joseph's Coat' [Öfterblühende Strauchrose]

Armstrong USA 1964
'Buccaneer' × 'Circus'
Der Name ist passend gewählt, denn die großen Büschel halbgefüllter Blüten zeigen mehrere Schattierungen von Orange und Gelb, die mit der Zeit dunkler werden. Laub hellgrün und glänzend; Wuchs aufrecht.
[D aB H d* K ▽ ✂ V] 1,50 × 1,20m

'Karl Förster' [*Pimpinellifolia*-Hybride]

Kordes DEUTSCHLAND 1931
'Frau Karl Druschki' × *R. pimpinellifolia altaica*
Große, gefüllte, reinweiße Blüten sind geöffnet ziemlich unregelmäßig. Sie erscheinen an einem dichten, aufrechten Strauch mit graugrünem Laub.
[R aB H d* ▽ V] 1,50 × 1,20m

'Kassel' [Öfterblühende Strauchrose]

Kordes DEUTSCHLAND 1957
'Hamburg' × 'Scarlet Else'
Große Büschel dicht gefüllter Blüten in sattem Orangerot erscheinen sehr reichlich an einer aufrechten Pflanze; Laub dunkelgrün und glänzend.
[D aB H K ▽ ✂ V] 1,50 × 1,20m

'Kathleen' [*Moschata*-Hybride]

Pemberton GROSSBRITANNIEN 1922
'Daphne' × 'Perle des Jardins'
Blüten in Zartrosa in großen Büscheln; Laub dunkelgrün und leicht glänzend an einer aufrechten Pflanze.
[R aB H K ▽ V] 2,50 × 1,20m

'Kathleen Ferrier' [Öfterblühende Strauchrose]

Buismann NIEDERLANDE 1952
'Gartenstolz' × 'Shot Silk'
Halbgefüllte Blüten in Zartrosa und Lachsfarbe, Blätter sind am Rand gefaltet. Reichlich Laub, dunkelgrün glänzend; Wuchs aufrecht, in die Breite gehend.
[D H aB ▽ ✂ V] 1,50 × 1,20m

'Lafter' [Öfterblühende Strauchrose]

Brownell USA 1948

['V for Victory' × ('Général Jacqueminot' × 'Dr W. Van Fleet')] × 'Pink Princess'
Ein starkwüchsiger, aufrecht wachsender Strauch, der große Büschel halbgefüllter Blüten in Lachs, Rosarot und Apricot hervorbringt. Das Laub ist intensiv leuchtend grün und glänzend.
[D aB d** K V] 1,50 × 1,20m

'La Sevillana' (Meigekanu) [Floribundarose]

Meilland FRANKREICH 1978
[('Meibrim' × 'Jolie Madame') × ('Zambra' × 'Zambra')] × [('Super Star' × 'Super Star') × ('Poppy Flash' × 'Poppy Flash')]
Halbgefüllte Blüten in intensiv leuchtendem Zinnoberrot erscheinen in Büscheln an einer etwas breitwüchsigen Pflanze mit sattgrünem, bronzegetöntem Laub.
[D aB H d* V] 1,20 × 1,20m

'Lavender Lassie' [*Moschata*-Hybride]

Kordes DEUTSCHLAND 1960
'Hamburg' × 'Mme Norbert Levavasseur'
Große Büschel dicht gefüllter Blüten in Lavendelrosa; mit dunkelgrünem glänzenden Laub. Wuchs aufrecht und geordnet, es sei denn, die Zweige werden vom Gewicht der Blüten nach unten gezogen. Eine sehr gute Rose.
[D aB H d** K ▽ ✂] 1,50 × 1,20m

'Lilian Austin' [Öfterblühende Strauchrose]

Austin GROSSBRITANNIEN 1973
'Aloha' × 'The Yeoman'
Halbgefüllte Blüten in Lachsrosa mit einer Schattierung in Apricot, zur Mitte hin dunkler werdend, öffnen sich flach und erscheinen in Büscheln. Das Laub ist mittelgrün und glänzend, der Wuchs buschig sowie überhängend.
[D d* V] 1,20 × 1,20m

Oben: 'Joseph's Coat'; *unten:* 'Karl Förster'

Oben: 'Kassel' (siehe Text Seite 228)
Unten: 'Kathleen' (siehe Text Seite 228)

'Kathleen Ferrier' (siehe Text Seite 228)

'L'Oréal Trophy' (Harlexis)

[Öfterblühende Strauchrose]

Harkness GROSSBRITANNIEN 1982
Abart von 'Alexander'
Die Blütenfarbe ist zarter als bei der Elternsorte.
[D aB H d* ▽ ✂ V] 1,80 × 1,20m

'Magenta', 'Kordes' Magenta'

[Öfterblühende Strauchrose]

Kordes DEUTSCHLAND 1954
gelber Floribunda-Sämling × 'Lavender Pinocchio'
Schöne, dicht gefüllte Blüten öffnen sich flach und zeigen Purpur-, Malve- und Rosatöne. Die Blüten erscheinen in Büscheln. Das Laub ist dunkelgrün und lederig, die Pflanze wächst buschig sowie aufrecht.
[D d*** ▽ ✂ V] 1,50 × 1,20m

'Magnifica' [*Rubiginosa*-Hybride]

Hesse DEUTSCHLAND 1916
'Lucy Ashton'-Zufalls-Sämling
Reizende, halbgefüllte Blüten in Purpurrosa erscheinen in kleinen Büscheln. Sie ist nicht ganz so starkwüchsig, wie es *Rubiginosa*-Sorten im allgemeinen sind. Das Laub dieser *Rubiginosa*-Hybride ist dunkelgrün und glänzend, aber kaum (wenn überhaupt) duftend.
[S aB d* ▽ V] 1,80 × 1,50m

* 'Malcolm Sargent' (Harwharry)

[Öfterblühende Strauchrose]

Harkness GROSSBRITANNIEN 1988
'Herbstfeuer' × 'Trumpeter'
Teehybridenförmige Blüten in einem schimmernden Karmesinscharlach, sattgrünes und glänzendes Laub an einer buschigen, aufrecht wachsenden Pflanze.
[D H ▽ ✂ V] 1,20m × 90cm

'Märchenland', 'Exception'

[Öfterblühende Strauchrose]

Tantau DEUTSCHLAND 1951
'Swantje' × 'Hamburg'
Sehr große Büschel halbgefüllter Blüten in leuchtendem Rosa mit lachsfarbener Schattierung. Viel dunkelgrünes, leicht glänzendes Laub; Wuchs buschig.
[D aB H ▽ V] 1,50 × 1,20m

'Marguerite Hilling' [*Moyesii*-Hybride]

Hilling GROSSBRITANNIEN 1959
Abart von 'Nevada'

'Lafter' (siehe Text Seite 228); *rechts:* 'Lavender Lassie' (siehe Text Seite 229)

Eine Form von 'Nevada' in leuchtendem Rosa, in jeder anderen Hinsicht identisch mit der Elternsorte.
[R aB d* V] 2,50 × 2m

'Marjorie Fair' *siehe* 'Red Yesterday'

'Martin Frobisher' [*Rugosa*-Hybride]

Svejda KANADA 1968
'Schneezwerg' × unbekannt
Halbgefüllte Blüten in sehr blassem Rosa mit dunklerer Mitte. Laub groß, hellgrün und leicht glänzend; Wuchs aufrecht und verzweigt.
[D aB H d*** ▽ V] 1,20 × 1,20 m

'Mary Rose' (Ausmary)

[Öfterblühende Strauchrose]
Austin GROSSBRITANNIEN 1983
Sämling × 'The Friar'
Gefüllte Blüten im Stil alter Rosen, schalenförmig, in mittlerem Rosa mit dunklerer Mitte. Laub glänzend und mittelgrün; aufrechter und buschiger Wuchs.
[D BR d*** ▽] 1,20m × 90cm

'Master Hugh' [*Macrophylla*-Hybride]

Mason GROSSBRITANNIEN 1966
R. macrophylla-Sämling
Die großen, rosaroten Blüten zeigen blaßgelbe Staubgefäße. Ihnen folgen große, flaschenförmige, hängende, orangefarbene Hagebutten. Laub dunkelgrün und lederig; Triebe mahagonifarben, Wuchs aufrecht.
[S aB V] 4,50 × 2,50m

'Micrugosa' *R.* × *micrugosa*

Gefunden im Botanischen Institut von Straßburg FRANKREICH ca. 1905
R. roxburghii × *R. rugosa*
Große, einfache Blüten in zartem Rosa erscheinen in-

'Magenta' (siehe Text Seite 231)

mitten einer Fülle von dunkelgrünem Laub mit rauher Oberfläche. Es folgen orangerote, kugelige Hagebutten; Wuchs buschig und dicht.
[aB d* H ▽ V] 1,50 × 1,20m

'Micrugosa Alba' *R.* × *micrugosa alba*

Hurst GROSSBRITANNIEN 1900
R. roxburghii × *R. rugosa*
Fast wie 'Micrugosa', aber mit weißen Blüten, auch der Wuchs ist etwas höher und breiter.
[aB d* H ▽ V] 1,50 × 1,20m

'Moonlight' [*Moschata*-Hybride]

Pemberton GROSSBRITANNIEN 1913
'Trier' × 'Sulphurea'
Büschel halbgefüllter, crèmeweißer Blüten mit auffallenden gelben Staubgefäßen. Das Laub ist sehr dunkelgrün und glänzend, die Triebe sind pflaumenfar-

ben, der Wuchs dieser *Moschata*-Hybride ist buschig. [D aB d* ✂ ▽] 1,50 × 1,20m

'Mountbatten' (Harmantelle)

[Öfterblühende Strauchrose]

Harkness GROSSBRITANNIEN 1982
'Peer Gynt' × [('Anne Cocker' × 'Arthur Bell') × 'Southampton']
Ein hervorragender Strauch. Die großen, gefüllten Blüten in klarem Gelb erscheinen in Büscheln, manchmal auch einzeln. Die Pflanze ist starkwüchsig und hat sattgrünes, lederiges und glänzendes Laub. [D aB H BR ▽ ✂] 1,50 × 1,20m

'Mozart' [*Moschata*-Hybride]

Lambert DEUTSCHLAND 1937
'Robin Hood' × 'Rote Pharisäer'
Kleine, einfache, karminrote Blüten mit weißer Mitte erscheinen reichlich in massigen Büscheln; Laub mittelgrün an einer dichten und buschigen Pflanze. [D aB BR H ▽ V] 1,20m × 90cm

'Nevada' [*Moyesii*-Hybride]

Dot SPANIEN 1927

Oben: 'Marguerite Hilling'; *unten:* 'Magnifica'

Oben: 'Red Yesterday' ('Marjorie Fair') (siehe Text Seite 238); *unten:* 'Mary Rose' (siehe Text Seite 232)

Elternsorten unsicher. Meist als Hybride von *R. moyesii*; da sie gelegentlich remontiert, erscheint die Abstammung von *R. pimpinellifolia* wahrscheinlicher.
Ein großartiger Strauch mit großen, einfachen Blüten mit leicht gewellten Blättern in zartestem Crèmegelb, das etwas rosa überhaucht ist, mit auffallenden schokoladebraunen Staubgefäßen. Das Laub ist dunkelgrün und leicht glänzend, der Wuchs kräftig, dicht und geordnet.
[R aB d*] 2,50 × 2m

'Nova Zembla' [*Rugosa*-Hybride]

Mees GROSSBRITANNIEN 1907
Abart von 'Conrad Ferdinand Meyer'
Eine weiße Abart von 'Conrad Ferdinand Meyer' mit all den Eigenschaften, ausgenommen die Blütenfarbe.
[R H K d*** RR V] 3 × 2,50m

'Nymphenburg' [Öfterblühende Strauchrose]

Kordes DEUTSCHLAND 1954
'Sangerhausen' × 'Sunmist'
Große Blütenbüschel in Lachsrosa mit gelben und goldfarbenen Schattierungen, die Farbe hängt allerdings vom Boden und Wetter ab. Laub satt dunkel-

Hagebutten von 'Master Hugh' im Herbst (siehe Text Seite 232)

grün und glänzend; Wuchs aufrecht und dicht.
[D aB H K V] 1,80 × 1,20m

'Nyveldt's White' [*Rugosa*-Hybride]

Nyveldt NIEDERLANDE 1955
(R. rugosa rubra × R. cinnamomea) × R. nitida
Große, reinweiße Blüten von satinartiger Beschaffenheit erscheinen inmitten von tief dunkelgrünem und kräftig genarbtem Laub. Es folgen große, rote Hagebutten. Wuchs buschig und dicht; Triebe stachelig.
[D aB H V] 1,50 × 1,20m

'Ohio' [Moderne Strauchrose]

Shepherd USA 1949
(*R. soulieana rubra* × ein 'Gruß an Teplitz'-Sämling
Leuchtend rote, halbgefüllte Blüten in Büscheln und leuchtend grünes Laub an einer buschigen Pflanze. Eine Rose aus einer interessanten Kreuzung; speziell im Hinblick auf Winterhärte gezüchtet.
[R aB H V] 1,20m × 90cm

'Parkzierde' [Bourbonrose]

Gezüchtet von Geschwind, eingeführt von Lambert DEUTSCHLAND 1909
Elternsorten unbekannt
Obwohl diese Rose nicht remontiert, verdient sie dennoch einen Platz im Garten. Sie bringt große Büschel halbgefüllter Blüten hervor, scharlachkarmesinrot mit auffälligen Staubgefäßen. Das Laub ist dunkelgrün und lederig, der Wuchs buschig und aufrecht.
[S aB H d** ✂ V] 1,50 × 1,20m

'Pax' [*Moschata*-Hybride]

Pemberton GROSSBRITANNIEN 1918
'Trier' × 'Sunburst'
Büschel halbgefüllter Blüten, reinweiß bis crèmefarben, an langen, überhängenden Zweigen. Laub dunkelgrün, lederig; Wuchs buschig, in die Breite gehend.
[D aB H d*** K] 1,80 × 1,50m

'Penelope' [*Moschata*-Hybride]

Pemberton GROSSBRITANNIEN 1924
'Ophelia' × ein unbenannter Sämling
Halbgefüllte Blüten in rosa überzogenem Crèmeweiß werden reichlich hervorgebracht. Laub dunkelgrün und glänzend; Wuchs buschig, in die Breite gehend.
[D aB d*** H MT] 1,20 × 1,20m

'Pink Grootendorst' [*Rugosa*-Hybride]

Grootendorst NIEDERLANDE 1923

Oben: 'Mountbatten' (siehe Text Seite 233)
Unten: 'Nymphenburg' (siehe Text Seite 234)

'Parkzierde'

Abart von 'F. J. Grootendorst'
Eine Abart von 'F. J. Grootendorst' in klarem Rosa mit gefransten Blütenblättern.
[D aB H d**] 1,20m × 90cm

'Pink La Sevillana', 'Rosy La Sevillana' (Meigeroka) [Öfterblühende Strauchrose]

Meilland FRANKREICH 1983
Abart von 'La Sevillana'
Eine rosafarbene Abart von 'La Sevillana'.
[D aB H d* V] 1,20 × 1,20m

* 'Pink Robusta', 'The Secford Rose' (Korpinrob) [*Rugosa*-Hybride]

Kordes DEUTSCHLAND 1987
Abart von 'Robusta'
Eine rosa Form von 'Robusta.
[D aB H d*** ▽ V] 1,50 × 1,20m

'Poulsen's Park Rose' [Moderne Strauchrose]

Poulsen DÄNEMARK 1953
'Great Western' × 'Karen Poulsen'
Große, gefüllte Blüten in silbrigem Rosa erscheinen in Büscheln. Laub dunkelgrün, lederig und ziemlich derb; Wuchs sehr stachelig und oft wuchernd.
[R aB H d** K RR V] 1,80 × 1,80m

'Prestige' [Öfterblühende Strauchrose]

Kordes DEUTSCHLAND 1957
'Rudolph Timm' × 'Fanal'
Große, halbgefüllte Blüten in hellem Karmesinrot erscheinen in Büscheln. Viel dunkelgrünes, mattes Laub an einer buschigen Pflanze.
[D aB H d* V] 1,20m × 90cm

'Prosperity' [*Moschata*-Hybride]

Pemberton GROSSBRITANNIEN 1919
'Marie-Jeanne' × 'Perle des Jardins'
Eine hübsche *Moschata*-Hybride von Pemberton. Große Büschel dicht gefüllter, schöner Blüten in Crèmeweiß, das zartrosa überzogen ist. Laub dunkelgrün und glänzend; Wuchs buschig, in die Breite gehend.
[D aB H d** K] 1,50 × 1,20m

'Red Yesterday', 'Marjorie Fair', 'Red Ballerina', (Harhero)

[Öfterblühende Strauchrose]

Harkness GROSSBRITANNIEN 1978

'Ballerina' × 'Baby Faurax'
Büschel kleiner, einfacher, rubinroter Blüten mit einem weißen Auge. Die einzelnen Blüten sind eher unscheinbar, in der Fülle aber sind sie sehr auffallend. Das Laub ist hellgrün und leicht glänzend, der Wuchs buschig sowie dicht.
[D aB BR ▽] 1,20m × 90cm

'Robin Hood' [*Moschata*-Hybride]

Pemberton GROSSBRITANNIEN 1927
Sämling × 'Miss Edith Cavell'
Große Büschel kleiner, halbgefüllter, kirschroter Blüten an einer kompakten Pflanze mit hübschem mittelgrünen Laub. 'Robin Hood' wird in großem Umfang zur Züchtung von Floribundarosen verwendet.
[D aB H d* ▽ V] 1,20m × 90cm

'Robusta' (Korgosa) [*Rugosa*-Hybride]

Kordes DEUTSCHLAND 1979
Sämling × *R. rugosa*

'Pax' (siehe Text Seite 235); *rechts:* 'Prosperity'

'Penelope' (siehe Text Seite 235)

Große, einfache, scharlachrote Blüten in Fülle. Laub dunkelgrün, lederig und glänzend; Wuchs buschig und aufrecht. Eine willkommene neue Rugosarose.
[D aB H d*** ▽ V] 1,50 × 1,20m

R. × *andersonii siehe* 'Andersonii'

R. × *cantabrigiensis siehe* 'Cantabrigiensis'

R. × *coryana siehe* 'Coryana'

R. davidii

WESTCHINA 1908
Rosafarbene Blüten, danach längliche, leuchtend rote Hagebutten; Laub farnähnlich, Wuchs aufrecht.
[S aB V] 3 × 1,50m

R. farreri persetosa, 'Threepenny Bit Rose'

NORDWESTCHINA 1914
Kleine, einfache Blüten in zartem Lilarosa. Laub farnähnlich, Triebe mit weichen Borsten bedeckt. In die Breite gehender, buschiger Wuchs.
[S aB ▽ V] 1,50 × 1,50m

R. forrestiana

WESTCHINA 1918
Kleine Blüten, dunkelrosa mit auffallenden Staubgefäßen. Laub klein, lederig und dunkelgrün; Triebe mit Stacheln besetzt. Wächst in die Breite und aufrecht.
[S aB V] 2 × 2m

R. headleyensis siehe 'Headleyensis'

R. × *highdownensis siehe* 'Highdownensis'

R. macrophylla doncasterii siehe 'Doncasterii'

R. × *micrugosa siehe* 'Micrugosa'

R. × *micrugosa alba siehe* 'Micrugosa Alba'

R. moyesii

WESTCHINA 1894 (wiedereingeführt 1903)
Mittelgroße, rote Blüten, auffallende Staubgefäße. Im Spätsommer orangerote Hagebutten. Dunkelgrünes Laub an einer Pflanze von ungeordnetem Wuchs.
[S aB ▽ V] 3 × 1,80m

R. moyesii 'Geranium' *siehe* 'Geranium'

R. moyesii 'Sealing Wax' *siehe* 'Sealing Wax'

R. primula, 'Incense Rose'

NORDCHINA 1910
Kleine, zartgelbe bis crèmeweiße Blüten. Das Laub duftet nach Weihrauch. Es ist hellgrün, schimmernd und farnähnlich. Die Triebe tragen viele breite, rötliche Stacheln; Wuchs buschig und aufrecht.
[F aB ▽ V] 1,50 × 1,20m

R. stellata mirifica, 'Sacramento Rose'

NORDMEXIKO 1916
Die kleinen, malvefarbenen bis purpurrosa Blüten erscheinen einzeln; Laub graugrün, Triebe sehr borstig. Eine interessante, hübsche Rose. Sie ist zwar nicht remontierend, die Blüten erscheinen aber über einen ziemlich langen Zeitraum hinweg; Wuchs buschig.
[S aB ▽] 1,20 × 1,20m

R. sweginzowii macrocarpa

NORDWESTCHINA 1909
Mittelgroße, einfache Blüten in mittlerem Rosa, gefolgt von großen, hängenden, orangeroten Hagebutten; Laub graugrün. Schilffarbige Triebe mit großen Stacheln besetzt; Wuchs aufrecht und ungeordnet.
[S aB V] 3 × 2,50m

R. willmottiae

WESTCHINA 1904
Kleine, einfache, rosapurpurne Blüten an kurzen Seitenzweigen. Später im Jahr folgen längliche, dicke, orangerote Hagebutten. Laub blaugrün und farnähnlich an einer aufrechten, verzweigten Pflanze.
[F aB V] 1,80 × 1,80m

R. xanthina lindleyii

NORDCHINA, KOREA 1906
Gefüllte, gelbe Blüten vom Spätfrühling bis Frühsommer. Laub dunkelgrün, farnähnlich; Wuchs buschig.
[aB H d*** ▽] 3 × 1,80m

'Roseraie de l'Hay' [*Rugosa*-Hybride]

Cochet-Cochet FRANKREICH 1901
Elternsorten unbekannt
Unregelmäßige, weinrote Blüten an kurzen Stielen in Büscheln. Laub dunkelgrün; Wuchs buschig.
[aB H d*** ▽] 1,80 × 1,50m

'Roundelay' [Öfterblühende Strauchrose]

Swim USA 1954

Oben: Hagebutten von *R. sweginzowii macrocarpa* (siehe Text Seite 239)
Rechts: 'Roseraie de l'Hay'; *unten:* 'Ruskin'

'Charlotte Armstrong' × 'Floradora'
Die wunderschönen hochgebauten Knospen öffnen sich flach und gefüllt in mittelgroßen Büscheln. Die Farbe der Blüten ist ein sattes Dunkelrot. Das Laub ist dunkelgrün und leicht glänzend, der Wuchs aufrecht.
[D aB d** BR ▽ ✂ V] 1,20m × 90cm

'Ruskin', 'John Ruskin' [*Rugosa*-Hybride]

Van Fleet USA 1928
'Souvenir de Pierre Leperdrieux' × 'Victor Hugo'
Die sehr großen, gefüllten, anfangs schalenförmigen Blüten in sattem Karmesinrot haben eine wunderschöne Form. Sattgrünes, lederiges, leicht glänzendes und tief genarbtes Laub.
[R aB d*** RR V] 1,20m × 90cm

'Sadler's Wells' [*Moschata*-Hybride]

Beales GROSSBRITANNIEN 1983
'Penelope' × 'Rose Gaujard'
Große Büschel halbgefüllter Blüten in Weiß, kräftig kirschrot gerändert. Im Herbst ist das Rot besonders intensiv. Das Laub ist dunkelgrün und glänzend, der Wuchs aufrecht sowie buschig.
[D aB H d* ▽ ✂ V] 1,20m × 90cm

'Sally Holmes' [Öfterblühende Strauchrose]

Holmes GROSSBRITANNIEN 1976
'Ivory Fashion' × 'Ballerina'
Große, kompakte Büschel einfacher Blüten in bräunlichem Elfenbein mit zartrosa Glanzlichtern. Das schöne Laub ist dunkelgrün und glänzend, der Wuchs buschig.
[D aB H d* ▽ V] 1,20m × 90cm

'Sarah Van Fleet' [*Rugosa*-Hybride]

Van Fleet USA 1926
Elternsorten unbekannt
Spitze Knospen in sattem Rosarot öffnen sich zu reizvollen halbgefüllten Blüten in Büscheln. Ein Typisches *Rugosa*-Laub, lederig, mit stacheligen Trieben; Wuchs buschig.
[D aB H d*** RR] 1,20m × 90cm

'Scabrosa' [*Rugosa*-Hybride]

Herkunft und Elternsorten unbekannt vor 1939
Eingeführt von Harkness GROSSBRITANNIEN 1950
Große, einfache Blüten in Malvedunkelrosa bis Rot mit auffallenden zartgelben Staubbeuteln. Ihnen folgen große, rundliche, rote Hagebutten. Typisches *Rugosa*-Laub, dunkelgrün und glänzend; Wuchs aufrecht und buschig.
[D aB H d***] 1,80 × 1,20m

'Scharlachglut', 'Scarlet Fire' [*Gallica*-Hybride]

Kordes DEUTSCHLAND 1952
'Poinsettia' × *R. gallica* 'Splendens'
Die großen, einfachen, samtroten Blüten zeigen auffallende Staubgefäße und erscheinen reichlich an einer starkwüchsigen Pflanze mit dunkelgrünem, leicht glänzendem Laub. Ihnen folgen im Herbst urnenförmige Hagebutten.
[S aB d* ▽ K V] 3 × 1,80m

'Schloß Glücksburg', 'English Garden' (Ausbuff) [Öfterblühende Strauchrose]

Austin GROSSBRITANNIEN 1987
('Lilian Austin' × ein Sämling) × ('Schneewittchen' × 'Wife of Bath')
Die flachen, rosettenförmigen Blüten haben eine ansehnliche Größe und sind mit vielen Blättern gefüllt. Sie sind blaßgelb, zur Mitte hin dunkler. Das Laub ist mittelgrün, der Wuchs kompakt und aufrecht.
[D H d*** ▽ V] 1,20m × 90cm

'Schneezwerg', 'Snowdwarf' [*Rugosa*-Hybride]

Lambert DEUTSCHLAND 1912
Elternsorten unbekannt
Die halbgefüllten, reinweißen Blüten zeigen geöffnet reizvolle reingelbe Staubgefäße. Darauf folgen oft rundliche rote Hagebutten. Das Laub ist graugrün, leicht glänzend und typisch *rugosa*-artig genarbt. Die Triebe sind stachelig; Wuchs aufrecht und buschig.
[R aB H d** ▽] 1,50 × 1,20m

Oben: 'Sally Holmes'; *unten:* 'Sarah Van Fleet'

Oben: Hagebutten von 'Scabrosa' (siehe Text Seite 241)
Unten: 'Scharlachglut'

'Schoener's Nutkana' [*Nutkana*-Hybride]

Schoener USA 1930
R. nutkana × 'Paul Neyron'
Große, einfache Blüten in klarem Rosa erscheinen an einem Strauch von überhängendem Wuchs mit reichlich mittelgrünem Laub; fast ohne Stacheln.
[S aB H d*** V] 1,80m × 90cm

'Sealing Wax' [*Moyesii*-Hybride]

Royal Horticultural Society GROSSBRITANNIEN 1938
R. moyesii-Hybride
Die großen, leuchtend roten Blüten zeigen auffallende Staubgefäße. Rote Hagebutten folgen ihnen; Laub graugrün an aufrechten und starkwüchsigen Pflanzen.
[S aB H V] 2,50 × 1,50m

* 'Sir Walter Raleigh' (Ausspry) [Öfterblühende Strauchrose]

Austin GROSSBRITANNIEN 1985
Elternsorten unbekannt
Päonienförmige rosa Blüten, schalenförmig mit offener Mitte, goldfarbene Staubgefäße. Das Laub ist groß und mittelgrün, der Wuchs ist buschig.
[D H d*** ⊽ V] 1,20 × 1,20m

'Skyrocket' *siehe* 'Wilhelm'

'Sophie's Perpetual' [China-Hybride]

Herkunft und Elternsorten unbekannt (vor 1928)
Wiedereingeführt von Mr Humphrey Brooke GROSSBRITANNIEN 1960
Kugelige, schalenförmige Blüten in zartem Rosa, das dunkelrosa und kirschrot überzogen ist, erscheinen in kleinen Büscheln. Dunkelgrünes Laub an einer aufrecht wachsenden, fast stachellosen Pflanze.
[D d* K ⊽ ✂ V] 2,50 × 1,20m

'Sparrieshoop' [*Rubiginosa*-Hybride]

Kordes DEUTSCHLAND 1953
('Baby Château' × 'Else Poulsen') × 'Magnifica'
Büschel großer, einfacher Blüten in leuchtendem

Oben: 'Sophie's Perpetual'; *unten:* 'Schneezwerg'

'Thérèse Bugnet'

'Vanguard' (siehe Text Seite 245)

'Uncle Walter' (siehe Text Seite 245)

'Variegata di Bologna' (siehe Text Seite 245)

Rosa mit goldfarbenen Staubgefäßen und gewellten Blütenblättern. Reichlich Laub, mittelgrün und lederig; Wuchs aufrecht und buschig.
[R aB H d*** V] 1,50 × 1,20m

'Spray Cécile Brünner' *siehe* 'Bloomfield Abundance'

'St Nicholas' [Damaszenerrose]

Gefunden von Mr R. James 1950
Vermutlich ein Zufallssämling von einer *Rosa damascena* × eine *Gallica*-Rose
Büschel halbgefüllter Blüten in intensivem Rosa und graugrünes, mattes Laub an einer aufrechten Pflanze.
[S H d*** V] 90 × 90cm

'The Reeve' [Moderne Strauchrose]

Austin GROSSBRITANNIEN 1979
'Lilian Austin' × 'Chaucer'
Dicht gefüllte Blüten im Stil alter Rosen, in dunklem Rosa, erscheinen in Büscheln. Rötlichgrünes Laub. Wuchs buschig, etwas in die Breite gehend.
[R H d*** ⌂ ✂ V] 1,20 × 1,20m

* 'The Secford Rose' *siehe* 'Pink Robusta'

'The Wife of Bath' *siehe* 'Wife of Bath'

'The Yeoman' [Öfterblühende Strauchrose]

Austin GROSSBRITANNIEN 1969
'Ivory Fashion' × ('Constance Spry' × 'Monique')
Dicht gefüllte Blüten in Lachsrosa und Apricot; mittelgrünes Laub an einer kompakten Pflanze.
[D H d*** BR ⌂ ✂ V] 90 × 60cm

'Thérèse Bugnet' [*Rugosa*-Hybride]

Bugnet KANADA 1950
[(*R. acicularis* × *R. rugosa kamtchatica*) × (*R. amblyotis* × *R. rugosa plena*)] × 'Betty Bland'
Große, gefüllte Blüten in dunklem Rosarot, innere Blütenblätter ungeordnet, inmitten von graugrünem Laub; Wuchs aufrecht und buschig, wenig Stacheln.
[R H d** ⌂ V] 1,80 × 1,80m

'Till Uhlenspiegel' [*Rubiginosa*-Hybride]

Kordes DEUTSCHLAND 1950

'Wilhelm' (siehe Text Seite 246)

'Holstein' × 'Magnifica'
Die einfachen, leuchtend roten Blüten mit weißer Mitte erscheinen in großen Büscheln. Laub groß und glänzend, dunkelgrün mit rötlichem Schein.
[S aB H d** K V] 3 × 2,50m

'Uncle Walter' (Macon)

[Öfterblühende Strauchrose]

McGredy GROSSBRITANNIEN 1963
'Schlössers Brillant' × 'Gruß an Heidelberg'
Schön geformte, teehybridenähnliche, dunkelrote Blüten erscheinen in Büscheln; reichblühend. Wenn die Seitenknospen entfernt werden, erreichen die Blüten Ausstellungsgröße. Das Laub ist groß, lederig und mittelgrün, das junge Laub kupfrig getönt. Die Pflanze wächst aufrecht.
[D aB H BR Au ▽] 1,50 × 1,20m

'Wife of Bath', 'The Wife of Bath'

[Öfterblühende Strauchrose]

Austin GROSSBRITANNIEN 1969
'Mme Caroline Testout' × ('Ma Perkins × 'Constance Spry')
Die schönen Blüten sind dunkel rosarot getönt mit blasserer Rückseite, halbgefüllt und schalenförmig. Das Laub ist klein und mittelgrün, der Wuchs kompakt und buschig.
[D H d*** BR ▽ ✂] 90 × 60cm

'Vanguard' [*Rugosa*-Hybride]

Stevens USA 1932
(*R. wichuraiana* × *R. rugosa alba*) × 'Eldorado'
Die sehr großen, dicht gefüllten Blüten in Orange-Apricot bis Lachsfarbe sind intensiv duftend. Das Laub ist hellgrün und stark glänzend, der Wuchs aufrecht, buschig und stark.
[R aB H d*** V] 2,50 × 1,80m

'Variegata di Bologna' [Bourbonrose]

Bonfiglioli ITALIEN 1909
Elternsorten unbekannt
Große, kugelige, schalenförmige Blüten, weiß mit Purpur gerändert und gestreift. Das Laub dieser Bourbonrose ist mittelgrün und lederig, der Wuchs dieser Pflanze aufrecht.
[R d*** ▽ ✂ MT V] 1,80 × 1,50m

'Yesterday'

'Wilhelm', 'Skyrocket' [*Moschata*-Hybride]

Kordes DEUTSCHLAND 1934
'Robin Hood' × 'J. C. Thornton'
Sie bringt dunkelrote, halbgefüllte Blüten in großen Büscheln hervor. Laub dunkelgrün und glänzend; Wuchs stark und aufrecht.
[D H d* K ▽ V] 1,50 × 1,20m

'William and Mary' [Moderne Strauchrose]

Beales GROSSBRITANNIEN 1988
Sämling × 'Constance Spry'
Die Blüten sind groß, dicht gefüllt und pausbäckig im Stil alter Rosen. Die Blütenfarbe ist ein dunkles Silberrosa mit karmesinroten und karminrosa Glanzlichtern. Die Blüten werden einzeln oder in Büscheln hervorgebracht. Das Laub ist graugrün und matt, der Wuchs buschig sowie aufrecht.
[S aB H d*** K ✂ V] 1,80 × 1,20m

* 'William Shakespeare' (Ausroyal)

[Öfterblühende Strauchrose]

Austin GROSSBRITANNIEN 1987
'The Squire' × 'Mary Rose'
Dicht gefüllte Blüten im Stil alter Rosen in einem satten Karmesinrot, das sich mit der Zeit in Purpur verwandelt. Laub dunkelgrün; Wuchs buschig.
[D H d*** BR ▽ ✂ V] 1,20m × 90cm

'Yesterday', 'Topis d'Orient'

[Öfterblühende Strauchrose]

Harkness GROSSBRITANNIEN 1974
('Phyllis Bide' × 'Shepherd's Delight') × 'Ballerina'
Bringt sehr große Büschel kleiner, halbgefüllter Blüten in Lilarosa mit goldfarbenen Staubgefäßen hervor. Kleines, dunkelgrünes Laub an einer kompakten, buschigen Pflanze.
[D H d* BR ▽] 1,20 × 1,20m

'Zigeunerknabe', 'Gipsy Boy' [Bourbonrose]

Gezüchtet von Geschwind, eingeführt von Lambert
DEUTSCHLAND 1909
'Russelliana'-Sämling
Die mittelgroßen, dicht gefüllten Blüten sind dunkel karmesinrot, fast purpurfarben und zeigen primelgelbe Staubgefäße. Bei heißer Sonneneinstrahlung bleichen sie manchmal aus. Dickes, lederiges, tief genarbtes Laub an einer gesunden Pflanze von ungeordnetem Wuchs.
[S aB d*** K] 1,50 × 1,20m

Flachwachsende Rosen (Bodendecker-Rosen)

Als Bodendecker werden Rosen schon seit dem 19. Jahrhundert verwendet. Damals nahm man für diesen Zweck hauptsächlich die flexiblen Ramblerrosen, beispielsweise die Ayrshire- und die Sempervirensrosen. Später, insbesondere in den ersten beiden Jahrzehnten des 20. Jahrhunderts, brachte die Einführung der biegsamen Wichuraiana-Hybriden ein breiteres Farbspektrum. Der Nachteil der meisten Rambler ist natürlich ihre vergleichsweise kurze Blütezeit, weshalb sie (obwohl sie zum Bedecken von Böschungen oder Erhebungen an sich ideal sind) heute in dieser Verwendung nur selten zu sehen sind – leider! Weil die modernen Landschaftsgärtner immer mehr nach Pflanzen fragen, die wenig Pflegeaufwand erfordern, sind Bodendecker-Rosen groß in Mode gekommen. Die Züchter haben sich beeilt, auf diese Nachfrage zu reagieren und bringen eine ständig steigende Zahl neuer Sorten, sowohl einmal- als auch öfterblühende, auf den Markt. Ich persönlich bin über den Begriff „Bodendecker" im Zusammenhang mit Rosen seit je unglücklich. Obwohl ich einräume, daß sich einige Sorten für diesen Zweck durchaus eignen, bleibt festzuhlten, daß nur sehr wenige Sorten dicht genug wachsen, um Unkraut in der gleichen Weise zu unterdrücken wie herkömmliche Bodendecker, zum Beispiel *Hypericum calcinum* und *Vinca major*. Ein mit Unkraut durchsetzter Boden wird durch flachwachsende Rosen sogar eher schwieriger zu pflegen sein, was darum mehr ein Problem darstellt als eine Lösung. Ich ziehe die Bezeichnung „flachwachsende Rosen" vor, denn diese beschreibt sehr zutreffend die Wuchsform und weckt keine falschen Vorstellungen.

Flachwachsende Rosen können auf verschiedene Weise verwendet werden. Am häufigsten werden sie in großen Flächen angepflanzt, um öffentlichen Anlagen oder Gewerbegebieten Farbe zu verleihen. In Gärten eignen sie sich gut für Hanglagen und für Beete, bei denen die Bepflanzung niedrig gehalten werden soll. Außerdem kann man mit einer Gruppe flachwachsender Rosen gut andere Sträucher unterpflanzen. Viele Sorten eignen sich hervorragend für Töpfe, Kübel und Urnen, oder um von einer niedrigen Mauer herabhängend zu wachsen. Ein paar kleinere Sorten eignen sich sogar für den Steingarten.

Ein entscheidender Vorteil dieser Gruppe von Rosen ist, daß viele flachwachsende Rosen gut auf eigener Wurzel vermehrt werden können, wodurch das Problem entfällt, Wildtriebe entfernen zu müssen.

Die meisten Baumschulkataloge, ja sogar viele gute Gartencenter bieten heute eine breite Auswahl an Rosen dieser Gruppe. Es war keine leichte Aufgabe, die rund vierzig Sorten auszuwählen, die hier aufgenommen werden konnten. Die Auswahl gibt aber einen repräsentativen Querschnitt sowohl alter als auch neuer Sorten, und die meisten sind ohne Schwierigkeiten erhältlich.

'Alba Meidiland' (Meiflopan)

[Flachwachsende Strauchrose]

Meilland FRANKREICH 1987
Elternsorten unbekannt
Kompakte, schwere Büschel reinweißer und dicht gefüllter Blüten, die sich gut als Schnittblumen eignen. Laub mittelgrün; Wuchs dicht und breit.
[D Bd H d* ⛉ ✂ V] 90cm × 1,20m

'Bonica 82' (Meidomonac)

[Flachwachsende Strauchrose]

Meilland FRANKREICH 1982
(*R. sempervirens* × 'Mlle Marthe Carron') × 'Picasso'
Große Büschel dicht gefüllter Blüten in leuchtendem Rosa, das zu den Rändern der Blütenblätter hin zu Zartrosa verblaßt. Üppiges Laub, klein, dunkelgrün und glänzend, an einer breiten, buschigen Pflanze (sollte nicht mit 'Bonica' verwechselt werden, einer Rose mit roten Blüten, ebenfalls von Meilland).
[D Bd aB d* ⛉ ✂] 90cm × 1,80m

'Candy Rose' (Meiranovi)

[Flachwachsende Strauchrose]

Meilland FRANKREICH 1980
(*R. sempervirens* × 'Mlle Marthe Carron') × [('Lilli Marleen' × 'Irish Wonder') × ('Orange Sweetheart' × 'Frühlingsmorgen')]
Halbgefüllte Blüten in dunklem Rosa mit rötlicher Rückseite. Das Laub ist klein, hellgrün und glänzend, der Wuchs buschig und breit.
[D Bd aB ⛉ V] 1,20 × 1,80m

'Cardinal Hume' (Harregale)

[Flachwachsende Strauchrose]

Harkness GROSSBRITANNIEN 1984
{[Sämling × ('Orange Sensation' × 'Allgold')] × *R. californica*} × 'Frank Naylor'
Gefüllte, schalenförmige Blüten in großen Büscheln, mittelgrünes Laub. Wuchs hoch und breit; Triebe stachelig. Eine Fülle rundlicher Hagebutten im Herbst.
[S Bd d*** aB V] 90cm × 1,20m

'Caterpillar', 'Pink Drift', 'Kiki Rose' (Poulcat) [Flachwachsende Strauchrose]

Poulsen DÄNEMARK 1984
'Temple Bells' × ein Sämling
Große Büschel kleiner, halbgefüllter hellrosa Blüten; reichblühend. Üppiges Laub, klein, dunkelgrün und glänzend; Wuchs buschig und breit.
[D aB Bd d** ⛉ V] 60 × 90cm

'Bonica 82'

'Candy Rose'; *unten:* 'Cardinal Hume'

'Daisy Hill' [*R. macrantha*-Hybride]

Kordes DEUTSCHLAND 1906
R. macrantha-Hybride
Große, einfache rosafarbene Blüten erscheinen einzeln oder in kleinen Büscheln. Im Herbst folgen viele runde Hagebutten. Laub mittelgrün; hoher und

breiter Wuchs; die Triebe sind sehr stachelig.
[S Bd d*** aB V] 1,50 × 2,50m

'Dunwich Rose' R. *dunwichensis*

[Form von R. *pimpinellifolia*]

Entdeckt auf Sanddünen wachsend bei Dunwich (Suffolk) GROSSBRITANNIEN 1956
'Dunwich Rose' ist eine sehr gut verwendbare, wunderschöne Rose. Die mittelgroßen, einfachen Blüten in zartem Gelb zeigen auffallende, außergewöhnliche Staubgefäße. Die Blüten erscheinen einzeln entlang der überhängenden Zweige. Das ausdrucksstarke Laub ist hellgrün und farnähnlich. Die Pflanze trägt viele spitze Stacheln. Es wird vermutet, daß diese Rose im späten 19. Jahrhundert einmal eine beliebte Gartenrose war.
[S aB Bd d* V] 60cm × 1,20m

'Euphrates' (Harunique)

Harkness GROSSBRITANNIEN 1986
Hulthemia persica × unbekannt
Die kleinen, rosaroten Blüten erscheinen in kleinen Büscheln. Das Laub ist klein, unterschiedlich in der Form und hellgrün, der Wuchs stachelig, niedrig und breit. 'Euphrates' ist eine ungewöhnliche Rose.
[D aB Bd V] 45 × 90cm

'Eyeopener' (Interop)

[Flachwachsende Strauchrose]

Ilsink NIEDERLANDE 1987
(Sämling × 'Eyepaint') × (Sämling × 'Dortmund')
'Eyeopener' trägt leuchtend rote Blüten mit weißer Mitte. Das Laub steht dicht und mittelgrün an einer starkwüchsigen, in die Breite wachsenden Pflanze.
[D aB Bd V] 30 × 90cm

'Fairy Changeling' (Harnumerous)

[Flachwachsende Polyantharose]

Harkness GROSSBRITANNIEN 1981
'The Fairy' × 'Yesterday'
Dicke Knospen öffnen sich zu kleinen, schalenförmigen, gefüllten Blüten in zartem Rosa in großen kompakten Büscheln. Der Wuchs ist buschig und breit.
[D aB Bd d* ⛉ V] 45 × 60cm

'Fairy Damsel' (Harneatly)

[Flachwachsende Polyantharose]

Harkness GROSSBRITANNIEN 1981
'The Fairy' × 'Yesterday'
Dunkelrote, kleine gefüllte Blüten, anfangs schalenförmig, später flacher, in großen kompakten Büscheln. Laub dunkelgrün und glänzend; der Wuchs

'Dunwich Rose'

'Fairy Damsel' (siehe Text Seite 249)

'Fairyland'; *unten:* 'Fiona'

dieser flachwachsenden Rose ist buschig und breit.
[D aB Bd d* ⛉ V] 60cm × 1,50m

'Fairyland' (Harlayalong)

[Flachwachsende Polyantharose]

Harkness GROSSBRITANNIEN 1980
'The Fairy' × 'Yesterday'
Kleine, schalenförmige, dicht gefüllte Blüten in zartem Rosa erscheinen in kompakten Büscheln. Laub mittelgrün und glänzend; Wuchs buschig und breit.
[D aB Bd d* ⛉ V] 60cm × 1,50m

'Ferdy' (Keitoli) [Flachwachsende Strauchrose]

Suzuki JAPAN 1984
Kletterrosen-Sämling × ein 'Petite Folie'-Sämling
Gefüllte Blüten in dunklem Lachsrosa. Viel Laub, klein und hellgrün; Wuchs buschig, breit und dicht.
[D aB Bd ⛉] 60 × 90cm

'Fiona' (Meibeluxen)

Meilland FRANKREICH 1982
'Sea Foam' × 'Picasso'
Büschel dunkelroter Blüten, in der Mitte heller. Dunkelgrünes, glänzendes Laub; Wuchs buschig und breit.
[D aB Bd d** H ⛉] 90cm × 1,20m

Links: 'Immensee' ('Grouse'); *oben:* 'Max Graf'

Das Laub ist runzlig, lederig und dunkelgrün, die Triebe sind stachelig, der Wuchs ist hoch und breit. [S aB d*** V] 1,50 × 2,50m

'Grouse' *siehe* 'Immensee'

'Harry Maasz' [Flachwachsende Strauchrose]

Kordes DEUTSCHLAND 1939
'Barcelona' × 'Daisy Hill'
Die großen, schalenförmigen Blüten sind dunkelrosa mit weißer Mitte und zeigen auffallende Staubgefäße.

'Heidekönigin', 'Pheasant' (Kordapt)

[Flachwachsende Strauchrose]
Kordes DEUTSCHLAND 1986
'Zwergkönig 78' × ein *R. wichuraiana*-Sämling
Bescheidene Büschel kleiner, gefüllter, dunkelrosa Blüten und mittelgrünes, glänzendes Laub.
[R aB Bd d** V] 60cm × 3m

'Heideröslein Nozomi' *siehe* 'Nozomi'

'Harry Maasz'

'Paulii' (siehe Text Seite 255); *unten:* 'Paulii Rosea'

'Immensee', 'Grouse' (Korimro)

[Flachwachsende Strauchrose]

Kordes DEUTSCHLAND 1982
'The Fairy' × ein *R. wichuraiana*-Sämling
Büschel kleiner, weißer Blüten mit rosa Schattierungen und auffallenden Staubgefäßen; Laub mittelgrün und glänzend an einer flachwachsenden Pflanze.
[R aB Bd d**] 60cm × 3m

'Lady Curzon' [*Rugosa*-Hybride]

Turner GROSSBRITANNIEN 1901
R. macrantha × *R. rugosa rubra*
Große, einfache, rosa Blüten mit auffallenden Staubgefäßen. Großes, dunkelgrünes Laub wächst an einer überhängenden Pflanze; die Triebe sind stark mit Stacheln ausgestattet.
[D aB d*** Bd ▽ V] 90cm × 1,80m

'Max Graf'

[Flachwachsender Strauch, *Rugosa*-Hybride]

Bowditch USA 1919
Vermutlich *R. rugosa* × *R. wichuraiana*
Blüten in leuchtendem Silberrosa mit goldfarbenen Staubgefäßen; Laub dunkelgrün, glänzend, in *Rugosa*-Art. Die Triebe sind stachelig, der Wuchs ist breit. Elternsorte für mehrere Kletterrosen von Kordes.
[S Bd aB] 60cm × 2,50m

'Nozomi' , 'Heideröslein Nozomi'

[Flachwachsender Strauch]

Onodera JAPAN 1968
'Fairy Princess' × 'Sweet Fairy'
Kleine, einfache, sternförmige Blüten in Muschelrosa erscheinen in kleinen Büscheln. Das Laub ist sehr klein, üppig, dunkelgrün und glänzend. Überhängende Triebe, im Austrieb pflaumenfarben; das ältere

'Pearl Drift'

'Pink Bells'

Holz ist dunkelgrün, der Wuchs dicht und breit.
[S Bd aB H] 90cm × 1,80m

'Partridge' *siehe* 'Weiße Immensee'

'Paulii' R. × paulii [Flachwachsende Strauchrose]

Paul GROSSBRITANNIEN ca. 1903
R. arvensis × R. rugosa
Die großen, einfachen, weißen Blüten haben fünf Blütenblätter mit deutlichem Abstand und auffallende gelbe Staubgefäße. Das Laub ist schmal, *rugosa*-artig, hell- bis mittelgrün und im Austrieb rötlich. Viele Stacheln; flachwüchsig.
[S Bd d* MT V] 90cm × 3m

'Paulii Rosea' R. × paulii rosea

Herkunft unbekannt ca. 1912
Möglicherweise ein Sport von 'Paulii', es gibt aber unterschiedliche Meinungen
Die großen, einfachen, zart rosafarbenen Blüten haben auffallende gelbe Staubgefäße, die einzelnen Blütenblätter nicht so einen deutlichen Abstand wie bei 'Paulii'. Laub mittelgrün und *rugosa*-artig; Triebe stachelig. Das junge Holz ist lindgrün. Ebenfalls flachwüchsig wie 'Paulii', aber dichter.
[S Bd d* MT V] 90cm × 3m

'Pearl Drift' (Leggab)

[Flachwachsende Strauchrose]

LeGrice GROSSBRITANNIEN 1980
'Mermaid' × 'New Dawn'
Halbgefüllte Blüten ansehnlicher Größe, weiß mit rosa überhaucht, erscheinen in großen Büscheln. Das Laub ist dunkelgrün sowie leicht glänzend, der Wuchs dicht, buschig und breit.
[D aB Bd d**] 90cm × 1,20m

'Pheasant' *siehe* 'Heidekönigin'

'Pink Bells' (Poulbells)

[Flachwachsende Strauchrose]

Poulsen DÄNEMARK 1983
'Mini-Poul' × 'Temple Bells'
Kleine, gefüllte Blüten in leuchtendem Rosa werden in Fülle hervorgebracht. Laub mittelgrün und glänzend, klein aber sehr üppig; Wuchs dicht und breit.
[S aB Bd d*] 60cm × 1,20m

'Pink Drift' *siehe* 'Caterpillar'

'Pink Meidiland', 'Schloss Heidegg' (Meipoque) [Flachwachsende Strauchrose]

'Raubritter' (siehe Text Seite 256)

'Red Blanket'

Meilland FRANKREICH 1983
'Anne de Bretagne' × 'Nirvana'
Die einfachen Blüten sind dunkelrosa mit weißem Auge. Das Laub ist klein, mittelgrün und leicht glänzend, der Wuchs buschig und breit.
[D Bd H d* ⊽] 60 × 90cm

'Pink Wave' (Mattgro)

[Flachwachsende Strauchrose]

Mattock GROSSBRITANNIEN 1983
'Moon Maiden' × 'Eyepaint'
Die schönen halbgefüllten Blüten von 'Pink Wave' in zartem Rosa erscheinen in Büscheln. Das Laub ist mittelgrün und leicht glänzend, der Wuchs buschig und breit.
[D aB Bd d** ⊽ V] 60 × 90cm

R. × *paulii siehe* 'Paulii'

R. × *paulii rosea siehe* 'Paulii rosea'

'Raubritter', 'Macrantha Raubritter'

[Macrantha-Hybride]

Kordes DEUTSCHLAND 1936
'Daisy Hill' × 'Solarium'
Viele kleine Büschel schalenförmiger, dicht gefüllter Blüten in klarem Rosarot erscheinen entlang der schlanken, überhängenden Zweige. Sie bietet einen wunderschönen Anblick, wenn sie in voller Blüte steht. Das Laub ist graugrün und etwas derb, der Wuchs buschig und breit.
[S aB ⊽ MT✧ V] 90cm × 1,80m

'Red Bells' (Poulred)

[Flachwachsende Strauchrose]

Poulsen DÄNEMARK 1983
'Mini-Poul' × 'Temple Bells'
Kleine, dicht gefüllte rote Blüten erscheinen in großer Fülle. Üppiges Laub, mittelgrün, leicht glänzend und klein; Wuchs dicht und breit.
[S aB Bd d* ⊽ V] 60cm × 1,20m

'Red Blanket' (Intercel)

[Flachwachsende Strauchrose]

Ilsink NIEDERLANDE 1979
'Yesterday' × ein unbenannter Sämling
Die halbgefüllten, mittelgroßen Blüten erscheinen in kleinen Büscheln, dunkelrosa bis fast rot. Laub dunkelgrün und glänzend. Wuchs dicht und breit.
[D aB Bd d* ⊽ ST✧] 90cm × 1,20m

‘Repens Meidiland’ (Meilontig)

[Flachwachsende Strauchrose]

Meilland FRANKREICH 1987
Elternsorten unbekannt
Kleine, einfache, weiße Blüten erscheinen in Fülle. Laub klein, mittelgrün und glänzend; Wuchs sehr flach und geht stark in die Breite.
[S aB Bd V] 1,80 × 3m

‘Rote Max Graf’ (siehe Text Seite 258); *rechts:* ‘Rosy Cushion’ (siehe Text Seite 258)

‘Simon Robinson’ (siehe Text Seite 258)

'Rote Max Graf', 'Red Max Graf' (Kormax) [Flachwachsende Strauchrose]

Kordes DEUTSCHLAND 1980
R. × *kordesii* × ein Sämling
Leuchtend rote, mittelgroße, einfache Blüten erscheinen in schönen großen Büscheln. Das üppige Laub ist matt, dunkelgrün und lederig, der Wuchs plump und breit.
[D aB Bd d*] 90cm × 1,80m

'Rosy Carpet' (Intercarp)

[Flachwachsende Strauchrose]
Ilsink NIEDERLANDE 1983
'Yesterday' × ein Sämling
Reichblühend. Einfache Blüten in leuchtendem Rosa erscheinen in großen Büscheln. Das Laub ist dunkelgrün und glänzend, der Wuchs stachelig, dicht und auch breit.
[R aB Bd d** ▽ V] 60cm × 1,20m

'Rosy Cushion' (Interall)

[Flachwachsende Strauchrose]
Ilsink NIEDERLANDE 1979
'Yesterday' × ein Sämling
Fast einfache Blüten in zartem Rosa erscheinen in großen Büscheln. Laub dunkelgrün und glänzend; der Wuchs ist dicht, buschig und breit.
[R aB Bd d* ▽] 90cm × 1,20m

'Scarlet Meidiland' (Meikrotal)

[Flachwachsende Strauchrose]
Meilland FRANKREICH 1987
Elternsorten unbekannt
Schwere Büschel leuchtend kirschroter Blüten sowie dunkelgrünes, glänzendes Laub an einer dichten und breitwüchsigen Pflanze, die im Herbst besonders schön ist.
[D Bd H d* ▽ ✂ V] 90cm × 1,20m

'Scintillation' [Flachwachsende Strauchrose]

Austin GROSSBRITANNIEN 1967
R. macrantha × 'Vanity'
Halbgefüllte, rosafarbene Blüten in großen Büscheln und mattes, dunkelgrünes Laub an einer stark- und breitwüchsigen Pflanze.
[R aB Bd d*** V] 1,20 × 2,50m

'Simon Robinson' (Trobwich)

[Flachwachsende Strauchrose]
Robinson GROSSBRITANNIEN 1982
R. wichuraiana × 'New Penny'
Büschel mittelgroßer bis kleiner, einfacher Blüten in mittlerem Rosa. Das Laub ist dunkelgrün und glänzend, der Wuchs buschig und breit.
[D aB Bd d* ▽ V] 75cm × 1,20m

'Smarty' (Intersmart)

[Flachwachsende Strauchrose]
Ilsink NIEDERLANDE 1979
'Yesterday' × ein Sämling
Große Büschel fast einfacher, kleiner Blüten in hellem Rosa. Laub leuchtend grün und matt schimmernd; Wuchs ziemlich stachelig, buschig und breit.
[R aB Bd d* ▽ V] 90cm × 1,20m

'Snow Carpet' (Maccarpe)

[Flachwachsende Zwergrose]
McGredy NEUSEELAND 1980
'New Penny' × 'Temple Bells'
Kleine, dicht gefüllte, reinweiße Blüten erscheinen in kleinen Büscheln. Laub klein, hellgrün und leicht glänzend; Wuchs flach und in die Breite.
[R d** Bd] 30 × 90cm

'Swany' (Meiburenac)

[Flachwachsende Strauchrose]
Meilland FRANKREICH 1978
R. sempervirens × 'Mlle Marthe Carron'
Sie bringt große Büschel dicht gefüllter, schalenförmiger, reinweißer Blüten hervor. Laub dunkelgrün und glänzend mit bronzefarbener Tönung; Wuchs stark, buschig und breit.
[D aB Bd ▽] 90cm × 1,50m

'Tall Story' (Dickooky)

[Flachwachsende Strauchrose]
Dickson GROSSBRITANNIEN 1984
'Sunsprite' × 'Yesterday'
Mittelgroße, halbgefüllte Blüten in zartem Gelb erscheinen in Büscheln entlang der überhängenden Zweige. Laub hellgrün und leicht glänzend; Wuchs überhängend und breit.
[D aB Bd d*** ▽ V] 60cm × 1,20m

'Temple Bells' [Flachwachsende Zwergrose]

Morey USA 1971
R. wichuraiana ' × 'Blushing Jewel'
Kleine, einfache, weiße Blüten öffnen sich anfangs in Fülle, danach vereinzelt. Das Laub ist klein und hell-

'White Bells'

grün. Wegen ihres engen und flachen Wuchses eignet sich diese Rose sogar für Steingärten.
[R Bd ▽] 60cm × 1,20m

'The Fairy' [Flachwachsende Polyantharose]

Bentall GROSSBRITANNIEN 1932
'Paul Crampel' × 'Lady Gay'
Große Büschel gefüllter, rosa Blüten erscheinen in großer Fülle an einer breitwüchsigen, buschigen Pflanze mit üppigem mittelgrünem, glänzendem Laub. Eine großartige, sehr gut verwendbare Rose.
[D aB BR d* Bd ▽ ✂] 60cm × 1,20m

'Weiße Immensee', 'Partridge' (Korweirim) [Flachwachsende Strauchrose]

Kordes DEUTSCHLAND 1984
'The Fairy' × ein *R. wichuraiana*-Sämling
Kleine, weiße Blüten in Büscheln öffnen sich aus rosa Knospen. Laub klein, dunkelgrün und glänzend, im Austrieb bronzefarben; Wuchs flach und breit.
[R aB Bd d** V] 60cm × 3m

'Weiße Max Graf', 'White Max Graf' (Korgram) [Flachwachsende Strauchrose]

Kordes DEUTSCHLAND 1983
Sämling × ein *R. wichuraiana*-Sämling
Reinweiße, einfache Blüten, leicht schalenförmig, in Büscheln. Laub hellgrün und leicht glänzend. Wuchs stark und breit.
[D Bd H d* ▽] 90cm × 1,80m

'White Bells' (Poulwhite)

[Flachwachsende Strauchrose]

Poulsen DÄNEMARK 1983
'Mini-Poul' × 'Temple Bells'
'White Bells' hat weiße, gefüllte Blüten mit zartgelber Tönung. Das Laub ist klein, mittelgrün und leicht glänzend, der Wuchs dicht, buschig und breit.
[S aB Bd d* ▽] 60cm × 1,20m

'White Meidiland' (Meicoublan)

[Flachwachsende Strauchrose]

Meilland FRANKREICH 1986
Elternsorten unbekannt
Reinweiße Blüten in Büscheln an einer buschigen, breitwüchsigen Pflanze mit üppigem kleinem, mittelgrünem und leicht glänzendem Laub.
[D Bd H d* ▽] 60cm × 1,20m

Zwerg-Polyantharosen

Bis zum Beginn der 40er Jahre des 20. Jahrhunderts standen Zwerg-Polyantharosen als Beetrosen hoch im Kurs, und es wurden viele neue Sorten auf den Markt gebracht. Es klingt wie Ironie, aber die Vorherrschaft der Zwerg-Polyantharosen ging nur dadurch verloren, daß sie zu Kreuzungen mit Teehybriden verwendet wurden, woraus die Polyantha-Hybriden entstanden. Mit dem Rückgang ihrer Beliebtheit ist auch zwangsläufig die Zahl der Sorten geschrumpft. Viele gute Sorten sind deshalb für immer verloren. Diejenigen, die uns geblieben sind, bleiben aber recht gut erhältlich. Ich habe sie fast alle hier beschrieben. Einzelne sind Abarten anderer Sorten, insbesondere von der 'Orléans Rose'. Ihre Blütenfarbe ist oft sehr instabil, weshalb in einem Blütenbüschel mitunter unterschiedliche Farben vorkommen.

Diese kleinen Rosen lassen sich sehr leicht kultivieren, und sie sind vielseitig verwendbar: für die Anpflanzung in großen Flächen, als Hecken und für Beetumrandungen. Gruppenweise gepflanzt wirken sie besonders gut in Verbindung mit Stauden. Wegen ihrer langen Blütezeit eignen sie sich auch gut als Vordergrund für andere Sträucher. Außerdem sind sie sehr dekorativ in Töpfen, Urnen oder anderen Pflanzgefäßen und wirken selbst in einer modernen Anordnung keineswegs deplaziert. Wenn man sie dicht zusammenpflanzt, übernehmen sie leicht die Aufgabe einer „Patiorose". Als Schnittblumen halten sie sich außerdem gut in der Vase.

'Cameo' [Zwerg-Polyantharose]

de Ruiter NIEDERLANDE 1932
Abart von 'Orléans Rose'
Halbgefüllte, schalenförmige Blüten in reinem Lachsrosa erscheinen in großen Büscheln. Leuchtend grünes Laub an einer buschigen Pflanze.
[D aB H BR ▽ V] 60 × 60cm

'Coral Cluster'

Murrell GROSSBRITANNIEN 1920
Abart von 'Orléans Rose'
Wie 'Cameo', aber mit Blüten in Korallenrosa.
[D aB H BR ▽ V] 60 × 60cm

'Gloria Mundi'

de Ruiter NIEDERLANDE 1929
Abart von 'Superb'
Halbgefüllte Blüten in auffallendem Orangerot erscheinen in großen Büscheln. Die einzelnen Blüten von 'Gloria Mundi' sind etwas größer als bei 'Cameo'.
[D aB H BR ▽ V] 60 × 60cm

'Golden Salmon Supérieur', 'Golden Salmon Improved'

de Ruiter NIEDERLANDE 1929
Abart von 'Golden Salmon' (einer Abart von 'Superb')
Große Büschel von Blüten wie bei 'Gloria Mundi', die Blütenfarbe ist noch auffallender.
[D aB H BR ▽ V] 60 × 60cm

'Katharina Zeimet', 'White Baby Rambler'

Lambert DEUTSCHLAND 1901
'Etoile de Mai' × 'Marie Pavié'
Kleine, gefüllte, weiße Blüten erscheinen in großen Büscheln an einer verzweigten, niedrigen Pflanze mit spärlichem, hellgrünem Laub.
[D aB H BR ▽ V] 60 × 60cm

'Cameo'

'Golden Salmon Supérieur' (siehe Text Seite 260); *rechts:* 'Paul Crampel'

'Miss Edith Cavell'; *unten:* 'Yvonne Rabier'

'Marie-Jeanne'

Turbat FRANKREICH 1913
Elternsorten unbekannt
Große Büschel halbgefüllter, schalenförmiger Blüten in Crèmeweiß mit zartrosa Schattierungen, mittelgrünes Laub. Wuchs buschig, etwas höher als üblich.
[D aB H BR ⊽ V] 75 × 60cm

'Miss Edith Cavell', 'Edith Cavell', 'Nurse Cavell'

de Ruiter NIEDERLANDE 1917
Abart von 'Orléans Rose'
'Miss Edith Cavell' trägt große Büschel halbgefüllter Blüten in Scharlach-Karmesinrot, mit Karmesinrot überzogen; sie ist sehr hübsch. Das Laub ist dunkelgrün, der Wuchs buschig.
[D aB H BR ⊽ V] 60 × 60cm

'Paul Crampel'

Kersbergen NIEDERLANDE 1930
Elternsorten unbekannt
Große Büschel halbgefüllter, schalenförmiger scharlachroter Blüten mit einem Rand in dunklem, intensivem Orange. Das Laub ist mittelgrün, der Wuchs buschig.
[D aB H BR ⊽ V] 60 × 60cm

'The Fairy' *siehe* „Flachwachsende Rosen (Bodendecker)"

'Yvonne Rabier'

Turbat FRANKREICH 1910
R. wichuraiana × eine Polyantharose
Büschel halbgefüllter Blüten in reinem Weiß mit gelber Mitte und hübschen, auffallenden Staubgefäßen. Üppiges, hellgrünes Laub mit buschigem und aufrechtem Wuchs.
[D aB H BR ⊽ V] 60 × 60cm

Zwergrosen und kompakte Floribundarosen

Zu Beginn des 19. Jahrhunderts erfreuten sich die Zwergrosen großer Beliebtheit. Da aber das Farbspektrum der ersten Sorten begrenzt war, fielen sie sehr schnell in Ungnade und verschwanden vom Markt, bis sie im Jahre 1918 wiederentdeckt wurden (siehe 'Rouletii' Seite 274). Seitdem hat sich diese Gruppe einen festen Platz geschaffen. Inzwischen sind viele hundert Sorten gezüchtet und auf den Markt gebracht worden – viel zu viele, um sie alle hier vorstellen zu können. Deshalb habe ich 101 Sorten ausgewählt, einschließlich einiger der neueren sogenannten „Patiorosen" (siehe Seite 79). „Patiorose" ist eine inoffizielle Bezeichnung. Ich spreche lieber von „kompakten Floribundarosen". Diese Rosen sind etwas buschiger und höher als Zwergrosen, aber niedriger sowie zierlicher als niedrige Floribundarosen.

Sowohl die Zwergrosen als auch die kompakten Floribundarosen gedeihen gut auf eigener Wurzel. Mit dem Aufkommen der Mikrovermehrung wird ein immer größerer Anteil dieser Rosen wurzelecht vermehrt werden. Wurzelecht vermehrte Pflanzen sind in der Regel kleiner als durch Veredlung vermehrte. Deshalb sollten Sie sich vor dem Kauf genau erkundigen. Im Garten lassen sich die in dieser Gruppe zusammengefaßten Rosen vielfältig verwenden, vor allem als dicht stehende Beetrosen und zur Randbepflanzung sowie gruppenweise zusammen mit anderen Sträuchern oder Stauden. Sie eignen sich auch sehr gut für Pflanzgefäße und Balkonkästen. Man sollte sie aber niemals als Zimmerpflanzen verwenden.

'Air France', 'Rosy Meillandina', 'American Independence' (Meifinaro)

[Zwergrose]
Meilland FRANKREICH 1982
'Minijet' × ('Minuetto' × 'Perla de Montserrat')
Mittelgroße, dicht gefüllte Blüten in reinem Rosarot erscheinen in Büscheln. Das Laub ist dunkelgrün, der Wuchs buschig und aufrecht.
[D ▽] 30cm

'Amanda', 'Amruda', 'Red Ace'

[Zwergrose]
de Ruiter NIEDERLANDE 1977
'Scarletta' × ein Sämling
Gefüllte, schön geformte, dunkelrote Blüten wachsen bei 'Amanda' in kleinen Büscheln. Das Laub ist mittelgrün und leicht glänzend, der Wuchs kompakt und buschig.
[D d* ▽] 30cm

'Amorette', 'Snowdrop', 'Amouretta' (Amoru) [Zwergrose]

de Ruiter NIEDERLANDE 1979
'Rosy Jewel' × 'Zorina'
Die gefüllten, schön geformten Blüten, weiß mit elfenbeinfarbener Mitte, erscheinen in der Regel einzeln. Laub mittelgrün und glänzend; Wuchs aufrecht.
[D d* Gh ▽ ✂] 30cm

'Angela Rippon', 'Ocaru', 'Ocarina'

[Zwergrose]
de Ruiter NIEDERLANDE 1978
'Rosy Jewel' × 'Zorina'
Ziemlich große Blüten, dicht gefüllt und korallenrosa bis lachsrosa; sie erscheinen in Büscheln an einer buschigen, kompakt wachsenden Pflanze mit mittelgrünem Laub.
[D d** ▽] 30cm

'Angelita', 'Snowball' (Macangel)

[Zwergrose]

McGredy NEUSEELAND 1982
'Moana' × 'Snow Carpet'
Dicht gefüllte, kugelige, weiße Blüten erscheinen in Büscheln. Laub hellgrün und dicht; Wuchs buschig.
[D ☐] 30cm

'Anna Ford' (Harpiccolo)

[Kompakte Floribundarose]

Harkness GROSSBRITANNIEN 1980
'Southampton' × 'Minuetto'
Halbgefüllte Blüten in Büscheln, orangerot mit Gelb tief unten an der Basis. Laub glänzend und dunkelgrün. Wuchs dicht und buschig, etwas in die Breite.
[D ☐ V] 45cm

'Apricot Sunblaze', 'Mark One' (Savamark) [Kompakte Floribundarose]

Saville USA 1984
'Sheri Anne' × 'Glenfiddich'
Eine Fülle leuchtend orangeroter Blüten erscheint in kleinen, kompakten Büscheln. Das Laub ist glänzend an einer Pflanze von buschigem, geordnetem und dichtem Wuchs.
[D BR d** ☐] 40cm

'Baby Darling' [Zwergrose]

Moore USA 1964
'Little Darling' × 'Magic Wand'
Ziemlich große, gefüllte Blüten in Apricotorange erscheinen in mittelgroßen Büscheln. Das Laub ist mittelgrün, der Wuchs aufrecht und buschig. Sie sieht besonders hübsch aus als Schnittblume in einem Zwergrosenarrangement.
[D BR d* ☐ ✂] 30cm

'Baby Gold Star', 'Estrellita de Oro'

[Zwergrose]

Dot SPANIEN 1940
'Eduardo Toda' × 'Rouletii'
Halbgefüllte Blüten ansehnlicher Größe in dunklem Gelb mit einem apricotfarbenen Rand erscheinen in üppigen Büscheln. Viel kleines, mittelgrünes Laub; Wuchs offen und buschig.
[D aB ☐ ST] 30cm

'Baby Masquerade', 'Baby Carnaval', 'Tanbakede' (Tanba) [Zwergrose]

Tantau DEUTSCHLAND 1956
'Peon' × 'Masquerade'
Ansehnliche Büschel fast gefüllter Blüten in Gelb mit Rot, wobei das Rot mit der Zeit dunkler wird. Das Laub ist dunkelgrün, fast glänzend, und lederig, der Wuchs aufrecht und buschig.
[D aB BR d* ☐ ✂] 45cm

'Baby Sunrise' (Macparlez) [Zwergrose]

McGredy NEUSEELAND 1984
'Dorola' × 'Moana'
Kleine, halbgefüllte, schön geformte Blüten in Apricot mit kupfriger Schattierung erscheinen in Büscheln ansehnlicher Größe. Laub leicht glänzend und mittelgrün an einer buschigen Pflanze.
[D d* ☐ V] 30cm

'Benson & Hedges Special' *siehe* 'Dorola'

'Bianco' (Cocblanco)

[Kompakte Floribundarose]

Cocker GROSSBRITANNIEN 1983
'Minuetto' × 'Jack Frost'
Dicht gefüllte, reinweiße Blüten in Büscheln. Das Laub ist recht groß, mittelgrün und leicht glänzend.
[D Bd d* ☐ V] 45cm

'Bit o'Sunshine' [Zwergrose]

Moore USA 1956
'Copper Glow' × 'Zee'
Leuchtend gelbe, halbgefüllte Blüten öffnen sich aus schön geformten Knospen und erscheinen in Büscheln. Das Laub ist mittelgrün und leicht glänzend, der Wuchs aufrecht und buschig.
[D d** ☐] 30cm

'Bluenette', 'Blue Peter', 'Azulabria' (Ruiblun) [Zwergrose]

de Ruiter NIEDERLANDE 1983
'Little Flirt' × ein Sämling
Gefüllte Blüten in Lilapurpur erscheinen in Büscheln. Das Laub ist klein, hellgrün und leicht glänzend an einer buschigen, aufrechten Pflanze.
[D d* ☐] 30cm

'Boys' Brigade' (Cocdinkum)

[Kompakte Floribundarose]

Cocker GROSSBRITANNIEN 1984
('Minuetto' × 'Saint Alban') × ('Little Flirt' × 'Marlena')

'Air France' (siehe Text Seite 263)

'Anna Ford' (siehe Text Seite 264)

Kleine, leuchtend rote Blüten mit crèmeweißem Auge in großen Büscheln. Das Laub ist mittelgrün und wirkt leicht glänzend, der Wuchs dieser Rose dicht und buschig.
[D aB BR ▽ V] 45cm

'Brass Ring' *siehe* 'Peek a Boo'

'Cider Cup' (Dicladida)

[Kompakte Floribundarose]

Dickson GROSSBRITANNIEN 1988
Elternsorten unbekannt
Schön geformte, teehybridenähnliche Blüten in dunklem Apricot erscheinen in Büscheln. Das Laub ist mittelgrün und glänzend, der Wuchs buschig und ausgeprägt breit.
[D BR H ▽ ✂ V] 45cm

'Cinderella' [Zwergrose]

de Vink NIEDERLANDE 1953
'Cécile Brünner' × 'Peon'
Dicht gefüllte, etwas lockere Blüten in Weiß mit rosa Schattierung. Laub hellgrün; Wuchs dicht, aufrecht und fast ohne Stacheln.
[D aB d* ▽ ✂] 30cm

'Apricot Sunblaze'

'Clarissa' (Harprocrustes)

[Kompakte Floribundarose]

Harkness GROSSBRITANNIEN 1983
'Southampton' × 'Minuetto'
Schön geformte, hochgebaute Blüten in kräftigem Orangegelb erscheinen reichlich in großen Büscheln. Das Laub ist dunkelgrün und glänzend, der Wuchs dicht und aufrecht.
[D aB BR H ▽ ✂] 60cm

'Colibri' (Meimal) [Zwergrose]

Meilland FRANKREICH 1958
'Goldilocks' × 'Perla de Montserrat'
Gefüllte Blüten in bräunlichem Gelb mit orangefarbener Schattierung erscheinen in mittelgroßen Büscheln. Das Laub ist dunkelgrün und glänzend.
[D ▽ ST] 30cm

'Colibri 79' (Meidanover) [Zwergrose]

Meilland FRANKREICH 1979
Elternsorten unbekannt
Die gelben Blüten, kräftig mit Rosa und Orange überzogen, sind gefüllt und werden in Büscheln hervorgebracht. Leicht glänzendes und mittelgrünes Laub an einer Pflanze von aufrechtem, buschigem Wuchs.
[D d** ▽] 30cm

'Conservation' (Cocdimple)

[Kompakte Floribundarose]

Cocker GROSSBRITANNIEN 1986
[('Sabine' × 'Circus') × 'Maxi'] × 'Minuetto'
Die halbgefüllten, schön geformten Blüten in Apricotrosa erscheinen in Büscheln; mittelgrünes Laub.
[D BR d* Bd ▽ V] 45cm

'Coralin', 'Carolin', 'Carolyn', 'Karolyn', 'Perla Corail' [Zwergrose]

Dot SPANIEN 1955
'Mephisto' × 'Perla de Alcañada'
Große, gefüllte Blütenbüschel in Korallenrosa, das auch zartrot sein kann. Laub mittelgrün und leicht glänzend; Wuchs aufrecht und buschig.
[D d** ▽] 40cm

'Cricri', 'Gavolda' (Meicri) [Zwergrose]

Meilland FRANKREICH 1958
('Alain' × 'Kordes Sondermeldung') × 'Perla de Alcañada'
Büschel kleiner, gefüllter Blüten in zartem Lachston, der mit Korallenrosa schattiert ist, an einer aufrechten Pflanze mit lederigem, mittelgrünem Laub.
[D aB BR ▽] 30cm

'Boys' Brigade' (siehe Text Seite 264)

'Cider Cup' (siehe Text Seite 265)

'Clarissa' (siehe Text Seite 266)

'Dainty Dinah' (Cocamond)

[Kompakte Floribundarose]

Cocker GROSSBRITANNIEN 1981
'Anne Cocker' × 'Wee Man'
Halbgefüllte, schöne Blüten in Lachsrosa. Laub mittelgrün und leicht glänzend; Wuchs buschig und weit.
[D BR d* ⛉ V] 45cm

'Darling Flame' *siehe* 'Minuetto'

'Dorola', 'Benson & Hedges Special' (Macshana) [Zwergrose]

McGredy NEUSEELAND 1982
'Minuetto' × 'Mabella'
Dicht gefüllte, schön geformte Blüten in dunklem, reinem Gelb erscheinen in Büscheln ansehnlicher Größe. Das Laub ist mittelgrün und leicht glänzend, der Wuchs buschig und aufrecht.
[D d* ⛉] 30cm

'Dresden Doll' [Zwergrose]

Moore USA 1975
'Fairy Moss' × unbenannter Sämling einer Moosrose
Halbgefüllte, muschelrosa Blüten entfalten sich aus stark bemoosten Knospen und erscheinen in Büscheln. Üppiges Laub, glänzend und lederig; Wuchs aufrecht und buschig. Die Triebe dieser Rose sind gut bemoost.
[D aB BR d** ⛉] 30cm

'Dwarfking' *siehe* 'Zwergkönig'

'Easter Morning', 'Easter Morn' [Zwergrose]

Moore USA 1960
'Golden Glow' × 'Zee'
Die sehr schön geformten Knospen sind ausgesprochen fein gerollt, bis sie ganz geöffnet sind. Die Blüten sind dicht gefüllt und elfenbeinweiß. Sie erscheinen in mittelgroßen Büscheln. Laub glänzend; Wuchs aufrecht und buschig.
[D ⛉] 30cm

'Eleanor' [Zwergrose]

Moore USA 1960
(*R. wichuraiana* × 'Floradora') × (Sämling × 'Zee')
Die gefüllten, korallenrosa Blüten werden mit der Zeit dunkler und erscheinen in großen Büscheln an einer aufrecht wachsenden, buschigen Pflanze mit glänzendem, mittelgrünem Laub.
[D d* ⛉] 30cm

'Fashion Flame' [Zwergrose]

Moore USA 1977
'Little Darling' × 'Fire Princess'
Pfirsichrote bis orangefarbene Blüten, dicht gefüllt, schön geformt, in Büscheln. Schönes, mittelgrünes, lederiges Laub, buschiger Wuchs.
[D d* ⛉] 30cm

'Finstar' *siehe* 'Mini Metro'

'Fire Princess' [Zwergrose]

Moore USA 1969

'Conservation' (siehe Text Seite 266); *rechts:* 'Cricri' (siehe Text Seite 266)

'Baccara' × 'Eleanor'
Gefüllte, mittelgroße, scharlach-orangefarbene Blüten. Mittelgrünes und glänzendes Laub. Aufrechter und buschiger Wuchs.
[D d* ▽ ✂] 30cm

'Freegold' *siehe* 'Penelope Keith'

'Gentle Touch' (Diclulu)

[Kompakte Floribundarose]
Dickson GROSSBRITANNIEN 1986
Elternsorten unbekannt
Große Büschel schöner, gefüllter Blüten in Blaßrosa erscheinen an einer Pflanze mit kompaktem, breitem Wuchs und mit hübschem, mittelgrünem Laub.
[D H d* Bd ▽] 30cm

'Gold Coin' [Zwergrose]

Moore USA 1967
'Golden Glow' × 'Magic Wand'
Halbgefüllte bis gefüllte Blüten in sattem Butterblumengelb erscheinen in Büscheln. Laub mittelgrün; Wuchs buschig und aufrecht.
[D d** ▽ V] 30cm

'Golden Angel' [Zwergrose]

Moore USA 1975
'Golden Glow' × ('Little Darling' × ein Sämling)
Gefüllte, schön geformte Blüten in dunklem Gelb entfalten sich aus winzigen runden Knospen; Laub mittelgrün schimmernd an einer buschigen Pflanze.
[D d*** ▽ V] 30cm

'Golden Meillandina', 'Golden Sunblaze', 'Rise n' Shine' [Kompakte Floribundarose]

Moore USA 1978
'Little Darling' × 'Yellow Magic'
Schön geformte, gefüllte Blüten in reinem Gelb in Büscheln. Üppiges mittelgrünes Laub; Wuchs aufrecht und buschig.
[D BR H Au ▽ ✂] 45cm

'Green Diamond' [Zwergrose]

Moore USA 1975
Polyantha-Rose × 'Sheri Anne'
Zartes, grünliches Rosa. Dicht gefüllte, kleine Blüten erscheinen in Büscheln. Laub mittelgrün und lederig. Wuchs buschig und aufrecht.
[D d* ▽ V] 30cm

'Gypsy Jewel' [Zwergrose]

Moore USA 1975
'Little Darling' × 'Little Buckaroo'

Die schön geformten, großen Blüten sind dicht gefüllt und dunkel rosarot. Das Laub ist dunkelgrün und glänzend, der Wuchs buschig und aufrecht.
[D ▽ ✂ V] 30cm

'Happy Hour' (Savanhour) [Zwergrose]

Saville USA 1983
('Tamango' × 'Yellow Jewel') × 'Zinger'
Halbgefüllte, leuchtend rote Blüten mit gelber Mitte erscheinen in großen Büscheln. Laub dunkelgrün und glänzend; Wuchs buschig und breit.
[D d** ▽ V] 30cm

'Happy Meillandina', 'Happy Thought' [Zwergrose]

Moore USA 1978
(*R. wichuraiana* × 'Floradora') × 'Sheri Anne'
Die Blütenfarbe ist eine Mischung aus Rosa, Korallenrosa und Gelb. Die Blüten sind dicht gefüllt und erscheinen in Büscheln. Das Laub ist mittelgrün und glänzend an einer buschigen Pflanze.
[D d* ▽] 30cm

'Happy Thought' *siehe* 'Happy Meillandina'

'Hombre' [Zwergrose]

Jolly USA 1982
'Humdinger' × 'Rise 'n' Shine'
Die Blüten sind apricotrosa mit blasserer Rückseite. Sie sind dicht gefüllt, hochgebaut und öffnen sich flach in Büscheln an einer Pflanze mit mittelgrünem, leicht glänzendem Laub und von buschigem Wuchs.
[D d* ▽] 30cm

'Hula Girl' [Zwergrose]

Williams USA 1975
'Miss Hillcrest' × 'Mabel Dot'
Dicht gefüllte Blüten in leuchtendem Lachsorange entwickeln sich aus langen, spitzen Knospen. Laub mittelgrün, glänzend und lederig; Wuchs buschig.
[D d* ▽] 30cm

'Judy Fischer' [Zwergrose]

Moore USA 1968
'Little Darling' × 'Magic Wand'
Dicht gefüllte, schön geformte Blüten in dunklem Rosa in Büscheln. Das Laub ist bronze-dunkelgrün, der Wuchs buschig.
[D d* ▽ ✂] 30cm

'June Time' [Zwergrose]

Moore USA 1963
(*R. wichuraiana* × 'Floradora') × [('Etoile Luisante'-Sämling × 'Red Ripples') × 'Zee')]
Dicht gefüllte, hellrosa Blüten mit dunklerer Rückseite in großen Büscheln. Das Laub ist mittelgrün und glänzend, der Wuchs buschig.
[D d* ▽] 30cm

'Lavender Jewel' *siehe* 'Lavender Meillandina'

'Lavender Lace' [Zwergrose]

Moore USA 1968
'Ellen Poulsen' × 'Debbie'
Kleine, dicht gefüllte, hochgebaute Blüten in Büscheln. Üppiges kleines, mittelgrünes, glänzendes Laub; Wuchs buschig, aber sehr niedrig.
[D ▽ V] 25cm

'Lavender Meillandina', 'Lavender Jewel' [Zwergrose]

Moore USA 1978
'Little Chief' × 'Angel Face'
Dicht gefüllte, schön geformte, hochgebaute Blüten in Lavendel-Malvenfarbe. Laub dunkelgrün und leicht glänzend; Wuchs buschig.
[D d* ▽] 30cm

'Lavender Sweetheart' (Willash) [Zwergrose]

Williams USA 1984
'Double Feature' × ein Sämling
Fast gefüllte, schöne, hochgebaute Blüten in dunklem Lavendel erscheinen an kräftigen Stielen. Laub dunkelgrün und leicht glänzend; Wuchs aufrecht.
[D Au ▽ ✂ V] 30cm

'Lemon Delight' [Zwergrose]

Moore USA 1978
'Fairy Moss' × 'Gold Moss'
Halbgefüllte Blüten in Zitronengelb entwickeln sich aus schön bemoosten, spitzen Knospen. Laub mittelgrün, Triebe bemoost; Wuchs aufrecht und buschig.
[D d* ▽ V] 30cm

'Little Artist', 'Top Gear' (Macmanly) [Zwergrose]

McGredy NEUSEELAND 1982
'Eyepaint' × 'Ko's Yellow'

Mit ihren halbgefüllten Blüten, rot mit fast weißer Mitte und Rückseite, gehört diese Rose zu McGredys „handgemalten" Rosen. Üppiges Laub, klein, mittelgrün und leicht glänzend an einer kompakten, buschigen Pflanze. Fast eine kompakte Floribundarose.
[D BR ▽ V] 40cm

'Little Breeze' [Zwergrose]

McCann IRLAND 1981
'Anytime' × 'Irish Beauty'
Schlanke Knospen öffnen sich zu halbgefüllten, orangeroten Blüten, die zu Rosa verblassen. Das Laub ist mittelgrün und leicht glänzend, der Wuchs aufrecht und buschig.
[D ▽ V] 30cm

'Little Buckaroo' [Zwergrose]

Moore USA 1956
(*R. wichuraiana* × 'Floradora') × ('Oakington Ruby' × 'Floradora')
Gefüllte, locker geformte, leuchtend rote Blüten mit weißer Mitte erscheinen in Büscheln. Das Laub ist bronzefarben und glänzend, der Wuchs aufrecht und ziemlich hoch.
[D BR ▽ ✂] 40cm

'Little Flirt' [Zwergrose]

Moore USA 1961
(*R. wichuraiana* × 'Floradora') × ('Golden Glow' × 'Zee')
Dicht gefüllte, schön geformte Blüten in sattem Orangegelb mit gelber Rückseite. Die Blütenblätter sind spitz und geben der Blüte ein sternähnliches Aussehen. Hellgrünes Laub wächst an einer buschigen Pflanze.
[D BR ▽ ST] 40cm

'Little Jewel' (Cocabel)

[Kompakte Floribundarose]

Cocker GROSSBRITANNIEN 1980
'Wee Man' × 'Belinda'
Reichblühend. Dicht gefüllte, rosettenförmige, dunkelrosa Blüten erscheinen in Büscheln ansehnlicher Größe. Laub dunkelgrün und glänzend; Wuchs buschig und kompakt.
[D H BR ▽ V] 45cm

'Little Prince' (Coccord)

[Kompakte Floribundarose]

Cocker GROSSBRITANNIEN 1980
'Minuetto' × ('Bad Nauheim' × 'Wee Man')
Leuchtend orangerote Blüten mit einer gelben Schattierung tief unten an der Basis der Blütenblätter. Sie sind halbgefüllt und erscheinen in großen Büscheln. Üppiges kleines Laub, mittelgrün und leicht glänzend; Wuchs aufrecht, kompakt und buschig.
[D H BR ▽ V] 45cm

'Lollipop' [Zwergrose]

Moore USA 1959
(*R. wichuraiana* × 'Floradora') × 'Little Buckaroo'
Leuchtend rote, gefüllte Blüten in Büscheln. Glänzendes Laub an einer starkwüchsigen Pflanze von buschigem Wuchs.
[D d* ▽] 40cm

'Mabel Dot' [Zwergrose]

Dot SPANIEN 1966
'Orient' × 'Perla de Alcañada'
Kleine, dicht gefüllte, korallenrosa Blüten in Büscheln. Das Laub ist leicht glänzend und bronzefarben, der Wuchs aufrecht.
[D ▽ ✂] 30cm

'Magic Carrousel' (Morrousel) [Zwergrose]

Moore USA 1972
'Little Darling' × 'Westmont'
Dicht gefüllte, schön geformte Blüten, weiß mit rosa Spitzen. Die Blüten werden in kleinen Büscheln hervorgebracht. Das Laub ist glänzend, lederig und mittelgrün, der Wuchs aufrecht.
[D d* ▽ ✂] 30cm

'Mark One' *siehe* 'Apricot Sunblaze'

'Meillandina', 'Meirov'

[Kompakte Floribundarose]

Paolino FRANKREICH 1975
'Rumba' × ('Dany Robin' × 'Fire King')
Johannisbeerrote, dicht gefüllte, schalenförmige Blüten. Das Laub ist matt und dunkelgrün, der Wuchs buschig und weit.
[D H BR Bd ▽] 40cm

'Meirov' *siehe* 'Meillandina'

'Mini Metro', 'Finstar' (Rufin)

[Kompakte Floribundarose]

de Ruiter NIEDERLANDE 1979
'Minuetto' × ein Sämling
Kleine, schön geformte, lachsorangefarbene Blüten

erscheinen in Büscheln. Das Laub ist mittelgrün und leicht glänzend an einer buschigen, aufrecht wachsenden Pflanze.
[D H BR ⊽] 40cm

'Minuetto', 'Minuette', 'Darling Flame' (Meilucca) [Zwergrose]

Meilland FRANKREICH 1971
('Rimosa' × 'Rosina') × 'Zambra'
Gefüllte, schön geformte Blüten in Orangerot. Wenn sie ganz geöffnet sind, zeigen sie auffallende gelbe Staubgefäße. Sie werden in großen Büscheln hervorgebracht. Das Laub ist dunkelgrün und glänzend an einer aufrecht wachsenden, buschigen Pflanze. Diese Rose ist ein Mittelding zwischen einer Zwerg- und einer kompakten Floribundarose. Sie hat sich in der Vergangenheit ausgezeichnet bewährt zur Züchtung anderer Zwergrosen.
[D aB BR d* ⊽ ✂] 45cm

'Mona Ruth' [Zwergrose]

Moore USA 1959
[('Sœur Thérèse' × 'Wilhelm') × (Sämling × 'Red Ripples')] × 'Zee'
Dicht gefüllte Blüten in mittlerem Rosa in Büscheln. Laub mittelgrün und lederig; Wuchs buschig.
[D d* ⊽ V] 30cm

'Mood Music' [Zwergrose]

Moore USA 1977
'Fairy Moss' × 'Gold Moss'
Dicht gefüllte, orangerosa Blüten in kleinen Büscheln. Die Blütenkelche sind stark bemoost. Üppiges Laub, mittelgrün und matt. Triebe bemoost; ihr Wuchs ist buschig und aufrecht.
[D BR H ⊽] 30cm

'Mr Bluebird' [Zwergrose]

Moore USA 1960
'Old Blush' × 'Old Blush'
Kleine, runde Knospen in Büscheln bringen halbgefüllte, lavendelblaue Blüten in Fülle hervor. Das Laub ist dunkel und mattschimmernd, der Wuchs aufrecht und buschig.
[D ⊽] 30cm

'My Valentine' [Zwergrose]

Moore USA 1975
'Little Chief' × 'Little Curt'
Dicht gefüllte, hochgebaute, dunkelrote Blüten erscheinen in kleinen Büscheln. Laub glänzend, dunkel- bis mittelgrün mit bronzefarbenem Schimmer; Wuchs buschig und aufrecht.
[D ⊽ ✂] 30cm

'New Penny' [Zwergrose]

Moore USA 1962
(*R. wichuraiana* × 'Floradora') × ein Sämling
Kleine, dicke Knospen öffnen sich zu gefüllten Blüten in einem Orangerot, das zu Korallenrosa verblaßt. Das Laub ist lederig, aber glänzend, der Wuchs buschig und niedrig.
[D d** ⊽] 25cm

'Orange Honey' [Zwergrose]

Moore USA 1979

'Little Buckaroo'; *rechts:* 'Little Prince'

'Rumba' × 'Over the Rainbow'
Hochgebaute, gefüllte, schalenförmige Blüten in Orangegelb und mittelgrünes, mattschimmerndes Laub. Der Wuchs ist buschig und breit.
[D d*** ⛉ V] 30cm

'Orange Meillandina', 'Orange Sunblaze' (Meijikatar) [Kompakte Floribundarose]

Meilland FRANKREICH 1982
'Parador' × ('Baby Bettina' × 'Duchess of Windsor')
Leuchtend orangerote, gefüllte, schalenförmige Blüten werden in Fülle in kleinen Büscheln hervorgebracht. Üppiges Laub, hellgrün und matt; ihr Wuchs ist buschig und dicht.
[D aB BR d* Bd ⛉] 40cm

'Orange Sunblaze' *siehe* 'Orange Meillandina'

'Para Ti' *siehe* 'Pour Toi'

'Peachy White' [Zwergrose]

Moore USA 1976
'Little Darling' × 'Red Germain'
Halbgefüllte, weiße, mit Pfirsichrosa getönte Blüten erscheinen in Büscheln. Lederiges, mittelgrünes Laub an einer buschig und aufrecht wachsenden Pflanze.
[D d** ⛉ ✂] 30cm

'Peek a Boo', 'Brass Ring' (Dicgrow)

[Kompakte Floribundarose]
Dickson GROSSBRITANNIEN 1980
'Memento' × 'Nozomi'
Gefüllte, etwas flache Blüten in kräftigem Kupferorange, das mit der Zeit zu Rosa verblaßt; erscheinen in großen Büscheln. Glänzendes, mittelgrünes Laub zeigt sich an einer aufrecht wachsenden, etwas breiten Pflanze.
[D BR Bd] 45cm

'Penelope Keith', 'Freegold' (Macfreego)

[Kompakte Floribundarose]
McGredy NEUSEELAND 1983
'Seaspray' × 'Dorola'
Blüten dicht gefüllt, schön geformt, hochgebaut, goldgelb mit dunklerer Rückseite. Laub dunkelgrün und leicht glänzend; der Wuchs aufrecht und buschig.
[D BR Au d** ⛉ ✂] 45cm

'Peon', 'Tom Thumb' [Zwergrose]

de Vink NIEDERLANDE 1936
'Rouletii' × 'Gloria Mundi'
Die kleinen, halbgefüllten Blüten sind dunkelrot mit weißer Mitte; das Laub hellgrün und lederig an einer buschigen, kompakt wachsenden Pflanze. Diese Rose hat viele Zwergrosen in ihrem Stammbaum.
[D ⛉ V] 25cm

'Mini Metro' (siehe Text Seite 270)

'Orange Meillandina' ('Orange Sunblaze'); siehe Text Seite 272; *rechts:* 'Peek a Boo' (siehe Text Seite 272)

'Perla de Alcañada', 'Baby Crimson', 'Pearl of Canada', 'Titania', 'Wheatcroft's Baby Crimson' [Zwergrose]

Dot SPANIEN 1944
'Perle des Rouges' × 'Rouletii'
Halbgefüllte, karminrote Blüten erscheinen in kleinen Büscheln oder einzeln. Laub dunkelgrün und glänzend; Wuchs buschig und kompakt. Eine bedeutende frühe Zwergrose; Elternsorte vieler guter Sorten, auch bei vielen anderen im Stammbaum enthalten.
[D ▽ V] 25cm

'Perla de Montserrat' [Zwergrose]

Dot SPANIEN 1945
'Cécile Brünner' × 'Rouletii'
Schöne Blüten erscheinen in aufrechten Büscheln ähnlich wie bei der Elternsorte 'Cécile Brünner'. Die Blüten sind zartrosa, zur Mitte hin dunkler. Laub dunkelgrün und matt; Wuchs aufrecht und buschig.
[D ▽ ✂ V] 25cm

'Petit Four' (Interfour)

[Kompakte Floribundarose]

Ilsink NIEDERLANDE 1982
'Marlena'-Sämling × ein Sämling
Büschel halbgefüllter Blüten in mittlerem Rosa. Das Laub ist mittelgrün und glänzend, der Wuchs breit und buschig; mit stacheligen Trieben.
[D BR H d** ▽ V] 40cm

'Pink Meillandina', 'Pink Sunblaze' (Meijidiro) [Kompakte Floribundarose]

Meilland FRANKREICH 1983
Abart von 'Orange Meillandina'
Identisch mit der Elternsorte bis auf die Farbe, einem leuchtenden mittleren Rosa.
[D aB BR d* ▽ V] 40cm

'Pink Posy' (Cocanelia)

[Kompakte Floribundarose]

Cocker GROSSBRITANNIEN 1982
'Trier' × 'New Penny'
Große Büschel dicht gefüllter Blüten in zartem Rosa, fast in Lila. Wuchs buschig und breit; Laub dunkelgrün und mattschimmernd.
[D BR H d** ▽ V] 45cm

'Pink Sunblaze' *siehe* 'Pink Meillandina'

'Pixie Rose', 'Pink Pixie' [Zwergrose]

Dot SPANIEN 1961
'Perla de Montserrat' × 'Coralin'

Hochgebaute, schalenförmige, dunkelrosa Blüten erscheinen in Büscheln unterschiedlicher Größe. Dunkelgrünes, leicht glänzendes Laub; Wuchs verzweigt und buschig.
[D ▽] 25 cm

'Pot Black' (Peanut) [Zwergrose]

Pearce GROSSBRITANNIEN 1985
Elternsorten unbekannt
Kleine, schön geformte, dicht gefüllte Blüten in dunklem Samtrot erscheinen in Büscheln. Das Laub ist mittelgrün und matt, der Wuchs buschig.
[D ▽ ✂ V] 30cm

'Pour Toi', 'For You', 'Para Ti', 'Wendy' [Zwergrose]

Dot SPANIEN 1946
'Eduardo Toda' × 'Pompon de Paris'
Halbgefüllte Blüten, Weiß mit Gelb, in der Mitte dunkler, erscheinen in kleinen Büscheln. Laub mittelgrün und glänzend; Wuchs niedrig und buschig.
[D ▽] 25cm

'Red Ace' *siehe* 'Amanda'

'Red Rascal' (Jacbed) [Kompakte Floribundarose]

Warriner USA 1986
Ein Sämling × ein Sämling
Lockere Büschel dicht gefüllter, schalenförmiger, satinroter Blüten an einer kompakt wachsenden Pflanze mit mittel- bis dunkelgrünem Laub.
[D BR H ▽ V] 45cm

'Regensberg', 'Young Mistress', 'Buffalo Bill' (Macyoumis) [Kompakte Floribundarose]

McGredy NEUSEELAND 1979
'Geoff Boycott' × 'Old Master'
Die gefüllten Blüten in zartem Rosa (die Blütenblätter weiß gerandet und mit weißer Rückseite) zeigen auffallende gelbe Staubgefäße. Üppiges mittelgrünes Laub; der Wuchs ist kompakt, breit und buschig.
[D BR H d*** Bd ▽ V] 45cm

'Rise n' Shine' *siehe* 'Golden Meillandina'

'Robin Redbreast' (Interrob) [Kompakte Floribundarose]

Ilsink NIEDERLANDE 1984
Sämling × 'Eyepaint'
Kleine, einfache Blüten, dunkelrot mit crèmegelber Mitte und silbriger Rückseite, erscheinen in großer Fülle. Mittelgrünes, glänzendes Laub. Triebe stachelig; Wuchs buschig und breit.
[D BR H Bd ▽ V] 45cm

'Rosina', 'Josephine Wheatcroft', 'Yellow Sweetheart' [Zwergrose]

Dot SPANIEN 1951
'Edouardo Toda' × 'Rouletii'
Halbgefüllte Blüten in reinem Gelb erscheinen in kleinen Büscheln. Das Laub ist mittelgrün und glänzend, der Wuchs aufrecht und buschig.
[D d* ▽] 25cm

'Rouletii', *R. rouletii* [Zwergrose]

Correvon SCHWEIZ 1922
Form von *R. chinensis minima*
Die erste moderne Zwergrose. Sie wurde 1918 von Major Roulet entdeckt. Er fand sie als Topfpflanze auf Fensterbrettern. Die gefüllten und dunkel rosaroten Blüten erscheinen einzeln oder in Büscheln. Laub dunkelgrün und matt; Wuchs buschig und kompakt.
[R ▽ V] 25cm

'Royal Salute', 'Rose Baby' (Macros) [Zwergrose]

'Petit Four' (siehe Text Seite 273)

Oben: 'Golden Meillandina' ('Rise n' Shine'); *unten:* 'Robin Redbreast'

McGredy NEUSEELAND 1976
'New Penny' × 'Marlena'
Gefüllte, schön geformte rosarote Blüten treten in kleinen Büscheln hervor. Das herrliche Laub ist dunkelgrün und leicht glänzend, der Wuchs aufrecht und buschig.
[D d* ▽ V] 30cm

'Scarlet Gem', 'Scarlet Pimpernel' (Meido) [Zwergrose]

Meilland FRANKREICH 1961
('Moulin Rouge' × 'Fashion') × ('Perla de Montserrat' × 'Perla de Alcañada')
Dicht gefüllte, schalenförmige Blüten in sattem Scharlachrot erscheinen in Büscheln. Dunkelgrünes, glänzendes Laub an einer buschigen, aufrecht wachsenden Pflanze.
[D d* ▽] 25cm

'Sheri Anne' (Morsheri) [Zwergrose]

Moore USA 1973
'Little Darling' × 'New Penny'
Die halbgefüllten, orangeroten Blüten mit gelber Basis erscheinen in großen Büscheln. Laub mittelgrün und glänzend; Wuchs buschig und aufrecht.
[D ▽ ✂] 30cm

'Silver Tips' [Zwergrose]

Moore USA 1961
(*R. wichuraiana* × 'Floradora') × 'Lilac Time'
Dicht gefüllte rosa Blüten, die einzelnen Blütenblätter mit silbrigen Spitzen und noch intensiverer silbriger Rückseite verblassen mit der Zeit zu einem zarten Lavendelton. Das Laub ist mittelgrün und lederig, der Wuchs dicht und buschig.
[D ▽ ✂] 30cm

'Snookie' (Tinsnook) [Zwergrose]

Bennett USA 1984
'Torchy' × 'Orange Honey'
Gefüllte Blüten in dunklem Orange, das sich mit der Zeit in Rot verwandelt. Laub mittelgrün und leicht glänzend; Wuchs buschig und zierlich.
[D ▽ V] 25cm

'Snowball' *siehe* 'Angelita'

'Snowdrop' *siehe* 'Amorette'

'Stacey Sue' [Zwergrose]

Moore USA 1976
'Ellen Poulsen' × 'Fairy Princess'
Dicht gefüllte, kugelige Blüten in zartem Rosa erscheinen in kleinen Büscheln. Laub mittelgrün und glänzend; Wuchs buschig und aufrecht.
[D Gh ▽] 30cm

'Starina' (Meigabi) [Zwergrose]

Meilland FRANKREICH 1965
('Dany Robin' × 'Fire King') × 'Perla de Montserrat'
Orange-scharlachrote, dicht gefüllte Blüten und mittelgrünes, glänzendes Laub an einer sehr buschigen Pflanze.
[D ▽] 30cm

'Stars n' Stripes' [Zwergrose]

Moore USA 1976
'Little Chief' × ('Little Darling' × 'Ferdinand Pichard')
Gefüllte Blüten mit sehr auffälligen roten und weißen

Oben: 'Sheri Anne' (siehe Text Seite 275)

Streifen, schön geformt und hochgebaut. In Büscheln. Laub mittelgrün; Wuchs buschig und aufrecht.
[D ▽ ✂] 30cm

'Sunblaze' *siehe* 'Sunny Meillandina'

'Sunny Meillandina', 'Sunblaze', 'Sunny' (Meiponal) [Kompakte Floribundarose]

Meilland FRANKREICH 1985
('Sarabande' × 'Moulin Rouge') × ('Zambra' × 'Meikim')
Orangegelbe, dicht gefüllte Blüten in Büscheln. Üppiges Laub, dunkelgrün und mattschimmernd. Der Wuchs ist buschig und dicht.
[D BR H ▽] 40cm

'Sweet Dream' (Fryerminicot) [Kompakte Floribundarose]

Fryer GROSSBRITANNIEN 1987
Elternsorten unbekannt
Gefüllte Blüten in Pfirsichapricot im Überfluß in Büscheln. Üppiges mittelgrünes Laub; Wuchs breit und buschig.
[D BR H ▽ V] 45cm

'Sweet Fairy' [Zwergrose]

de Vink NIEDERLANDE 1946
'Peon' × ein Sämling
Dicht gefüllte Blüten, zartrosa und schalenförmig. Das Laub ist dunkelgrün und leicht glänzend, der Wuchs buschig und sehr zwergig.
[D Gh d* ▽] 15cm

'Sweet Magic' (Dicmagic) [Kompakte Floribundarose]

Dickson GROSSBRITANNIEN 1987
Elternsorten unbekannt
Halbgefüllte, schöngeformte, orangefarbene Blüten in Büscheln; reichblühend. Laub mittelgrün und glänzend; Wuchs buschig, breit und dicht.
[D d* BR H ▽] 45cm

'Top Gear' *siehe* 'Little Artist'

'Top Clown' [Zwergrose]

Moore USA 1966
'Little Darling' × 'Magic Wand'
Halbgefüllte Blüten, leicht schalenförmig und in Büscheln, rosarot mit weißem Rand. Laub mittelgrün

'Sweet Dream'

und lederig; Wuchs buschig, dicht und aufrecht.
[D Gh ▽ ✂] 30cm

'Wee Jock' (Cocabest)

[Kompakte Floribundarose]

Cocker GROSSBRITANNIEN 1980
'Bad Nauheim' × 'Wee Man'
Dicht gefüllte, leuchtend rote Blüten in Büscheln ansehnlicher Größe. Üppiges Laub, mittelgrün und glänzend. Wuchs kompakt und buschig.
[D BR H ▽ V] 40cm

'Wee Man', 'Tapis de Soie' [Zwergrose]

McGredy NEUSEELAND 1974
'Little Flirt' × 'Marlena'
Büschel halbgefüllter Blüten in sattem Scharlachrot. Laub dunkelgrün und glänzend; Wuchs buschig.
[D ▽ ST V] 30cm

'White Meillandina', 'Yorkshire Sunblaze' (Meiblam) [Kompakte Floribundarose]

Meilland FRANKREICH 1983
'Katharina Zeimet' × 'White Gem'
Büschel halbgefüllter weißer Blüten; Laub hellgrün und glänzend an einer kompakten, buschigen Pflanze.
[D d* BR H ▽ V] 30cm

'Yellow Doll' [Zwergrose]

Moore USA 1962
'Golden Glow' × 'Zee'
Die dicht gefüllten crèmeweißen Blüten ähneln einer

'Sweet Magic'

Miniatur-Teehybride. Laub mittelgrün und glänzend.
[D Gh d* ▽ ✂ V] 30 cm

'Yellow Meillandina', 'Yellow Sunblaze' (Meitrisical) [Kompakte Floribundarose]

Meilland FRANKREICH 1980
['Rusticana' × ('Charleston' × 'Allgold')] × 'Gold Coin'
Gefüllte gelbe Blüten mit rosa Rand. Laub dunkelgrün und leicht glänzend; Wuchs buschig.
[D BR H ▽ V] 40cm

'Yellow Sunblaze' *siehe* 'Yellow Meillandina'

'Yorkshire Sunblaze' *siehe* 'White Meillandina'

'Zwergkönig', 'Dwarfking' [Zwergrose]

Kordes DEUTSCHLAND 1957
'Minna Kordes' × 'Peon'
Halbgefüllte karminrote Blüten sind anfangs schalenförmig und erscheinen auch einzeln. Laub dunkelgrün und glänzend; Wuchs aufrecht und schlank.
[D d* T] 30cm

Kletterrosen und Rambler

Seit 1900 wurden viele Hunderte, vielleicht sogar Tausende von Kletterrosen und Ramblern gezüchtet. Die meisten verdienen ihren Platz im Garten. Es war nicht leicht, daraus die etwa hundert besten Sorten auszuwählen. Ich bin sogar ein bißchen verärgert, daß ich mindestens weitere hundert Sorten habe weglassen müssen. Trotzdem ist es mir gelungen, einige meiner persönlichen Lieblinge zu berücksichtigen.

Sowohl bei den Kletterrosen als auch bei den Ramblern gibt es große Unterschiede in Größe und Blüte. Bei meiner Auswahl habe ich vor allem darauf geachtet, die gesamte Spannweite an Größen zu berücksichtigen und das größtmögliche Farbspektrum vorzustellen. Neben den klassischen Verwendungsmöglichkeiten, nämlich zum Schmücken von Wänden, Zäunen, Bögen und Pergolen, eignen sich Kletterrosen und Rambler auch noch für andere Vorhaben: Man kann sie u.a. in Bäume klettern lassen und als Bodendecker nutzen. Die Möglichkeiten, mit ihnen dem modernen Garten eine zusätzliche Note zu verleihen, können gar nicht hoch genug eingeschätzt werden – den Unterschied zwischen Kletterrosen und Ramblern habe ich auf den Seiten 82-91 dieses Buches erklärt.

'Albéric Barbier' [*Wichuraiana*-Rambler]

Barbier FRANKREICH 1900
R. wichuraiana × 'Shirley Hibberd'
Gelbliche Knospen öffnen sich zu großen, gefüllten bis halbgefüllten crèmeweißen Blüten mit zitronengelber Schattierung. Das Laub ist satt dunkelgrün und sehr glänzend; die Triebe sind geschmeidig und dunkelgrün, mit nur wenigen Stacheln.
[aB Ra N S d**] 4,50 × 3m

'Albertine' [*Wichuraiana*-Rambler]

Barbier FRANKREICH 1921
R. wichuraiana × 'Mrs Arthur Robert Waddell'
Die Blüten wachsen in kleinen Büscheln. Die schön geformten Knospen öffnen sich zu etwas zerzaust wirkenden gefüllten Blüten in Hummerrosa mit einem Goldton an der Basis. Das Laub ist glänzend dunkelgrün, kupferrot brüniert; die Triebe sind mit hakigen Stacheln bewehrt; Wuchs ungeordnet und stark.
[aB Ra S d*** MT] 4,50 × 3m

'Alchymist', 'Alchemist' [Moderne Kletterrose]

Kordes DEUTSCHLAND 1956
'Golden Glow' × *R. rubiginosa*
Die Blüten sind groß und öffnen sich flach, oft geviertelt im Stil alter Rosen. Die Blütenfarbe ist eine gefällige, variantenreiche Mischung aus zartem Gelb und Gelborange. Das Laub ist sattgrün, halbmatt und lederig, die Triebe wachsen schön überhängend; starker, etwas steifer Wuchs.
[aB S Ra d***] 3,50 × 2,50m

'Alexandre Girault', 'Alexander Girault' [*Wichuraiana*-Rambler]

Barbier FRANKREICH 1909
R. wichuraiana × 'Papa Gontier'
Dichte Blüten öffnen sich flach mit etwas zerzauster Mitte, dunkelrosarot und kupferfarben mit Gelb, in Büscheln. Dunkelgrünes, glänzendes Laub an einer starkwüchsigen Pflanze; Wuchs flach ohne Stütze.
[R aB d* V] 3,50 × 3,50m

Oben: 'Albéric Barbier'
Unten: 'Albertine'

'Alchymist' (siehe Text Seite 278)

'Alida Lovett' [*Wichuraiana*-Rambler]

Van Fleet USA 1905
'Souvenir du Président Carnot' × *R. wichuraiana*
Sehr große, schön geformte Blüten in zartem Muschelrosa, tief unten an der Basis gelb. Sie werden manchmal in Büscheln, manchmal einzeln hervorgebracht. Laub dunkelgrün und glänzend, Triebe fast ohne Stacheln; Wuchs locker und kräftig.
[aB Ra S d** V] 3,50 × 3m

'Allen Chandler' [Kletternde Teehybride]

Chandler USA 1923
'Hugh Dickson' × unbenannter Sämling
Die großen, leuchtend roten, halbgefüllten Blüten zeigen auffallende goldene Staubgefäße. Üppiges dunkelgrünes, mattes Laub; Wuchs aufrecht und kräftig.
[aB R d* V] 3,50 × 2,50m

'Allgold' [Kletternde Floribundarose]

Kletterform: Gandy GROSSBRITANNIEN 1961
Abart von 'Allgold'
Buschform: LeGrice GROSSBRITANNIEN 1956
'Goldilocks' × 'Ellinor LeGrice'
Schön geformte Knospen öffnen sich zu fast gefüllten Blüten in reinem, nicht verblassendem Gelb. Sie erscheinen in Büscheln an einer Pflanze von kräftigem, aufrechtem Wuchs mit tief dunkelgrünem Laub.
[S aB d** ✂ V] 4,50 × 3m

'Aloha' [Moderne Kletterrose]

Boerner USA 1949
'Mercedes Gallart' × 'New Dawn'
Reichblühend; sehr große, schön geformte Blüten, dicht gefüllt mit Blütenblättern, rosarot mit dunklerer Rückseite, mit Schattierungen in Magenta und mit lachsfarbenen Glanzlichtern. Sie haben einen lieblichen Duft. Laub frisch dunkelgrün, bronzefarben überzogen und glänzend; Wuchs aufrecht.
[D aB d*** ✂ ⛉] 3 × 1,80m

'Altissimo' (Delmur) [Moderne Kletterrose]

Delbard-Chabert FRANKREICH 1966
'Ténor' × unbekannt
Sehr große, einfache, leuchtend rote Blüten erscheinen in Büscheln oder einzeln. Sie zeigen auffallende Staubgefäße. Das Laub ist dunkelgrün und leicht glänzend, der Wuchs ungeordnet und aufrecht.
[D d*] 3 × 1,80m

'American Pillar' [*Wichuraiana*-Rambler]

Van Vleet USA 1902
(*R. wichuraiana* × *R. setigera*) × 'Red Letter Day'

'Aloha'

'Alexandre Girault' (siehe Text Seite 278)

Blüten in Büscheln, rötlichrosa mit fast weißer Mitte, mit der Zeit zu Rosarot verblassend. Die Blüten sind regenempfindlich. Das Laub ist üppig, dunkelgrün und glänzend, der Wuchs derb und robust.
[aB S Ra] 4,50 × 3m

'Arthur Bell Climbing'

[Kletternde Floribundarose]

Kletterform: Pearce GROSSBRITANNIEN 1979
Abart von 'Arthur Bell'
Buschform: McGredy GROSSBRITANNIEN 1965
'Cläre Grammerstorf' × 'Piccadilly'
Gefüllte Blüten in Büscheln, dunkelgelb, mit der Zeit verblassend, an einer hohen, aufrecht wachsenden Pflanze mit außergewöhnlich glänzendem, dunkelgrünem Laub.
[S aB d*** ✂ V] 3,50 × 2,50m

'Auguste Roussel' [*Macrophylla*-Hybride]

Barbier FRANKREICH 1913
R. macrophylla × 'Papa Gontier'
Die halbgefüllten Blüten in leuchtendem Rosa stehen locker in Büscheln zusammen. Laub dunkelgraugrün; Wuchs ungeordnet, breit und stark.
[aB S V] 4,50 × 2,50m

'Autumn Sunlight' [Moderne Kletterrose]

Gregory GROSSBRITANNIEN 1965
'Danse du Feu' × 'Goldilocks'
Große Büschel dicht gefüllter Blüten in Orange-Zinnoberrot. Das Laub ist intensiv mittelgrün, der Wuchs aufrecht und hoch.
[D aB d* V] 3,50 × 2,50m

'Aviateur Blériot' [*Wichuraiana*-Rambler]

Fauque FRANKREICH 1910
R. wichuraiana × 'William Allen Richardson'
Große Büschel stark duftender, gefüllter, goldgelber Blüten, die mit der Zeit zu Crèmegelb verblassen. Das Laub ist dunkelgrün und glänzend. Verhältnismäßig wenige Stacheln; Wuchs aufrecht.
[aB S Ra d** V] 3,50 × 1,80m

'Bantry Bay' [Moderne Kletterrose]

McGredy GROSSBRITANNIEN 1967
'New Dawn' × 'Korona'
Aus schön geformten Knospen entwickeln sich große, locker halbgefüllte Blüten, dunkelrosa mit zarteren Spiegelungen und mit goldgelben Staubgefäßen; das Laub ist dunkelgrün und glänzend. Eine Kletterrose mit außergewöhnlich langer Blütezeit.
[aB D d** ✂] 3,50 × 2,50m

'Bleu Magenta' [*Multiflora*-Rambler]

Herkunft unbekannt (ca. 1900)
Elternsorten unbekannt
Blüten in sattem Purpurrot mit ungeordneten Blütenblättern und goldfarbenen Staubgefäßen erscheinen in Büscheln. Das Laub ist mittelgrün und glänzend, der Wuchs locker und hoch.
[S aB N MT V] 3,50 × 3m

'Bobby James' [Rambler]

Sunningdale GROSSBRITANNIEN 1961
Vermutlich mit *R. multiflora* verwandt
Schalenförmige Blüten in zartem Crèmeweiß erscheinen in sehr großen, kaskadenförmig herabhängenden Büscheln. Die ausgewachsene Pflanze ist sehr reichblühend, das Laub frisch mittelgrün, glänzend und groß; der Wuchs erstaunlich stark.
[S aB Ra N] 9 × 6m

'Breath of Life' (Harquanne)

[Moderne Kletterrose]

Harkness GROSSBRITANNIEN 1982
'Red Dandy' × 'Alexander'
Gefüllte, schön geformte Blüten in Rosaapricot in

'Auguste Roussel'

Büscheln. Mittelgrünes, glänzendes Laub an einer aufrecht wachsenden, starkwüchsigen Pflanze.
[D aB d** ✂ V] 3 × 1,80m

'Casino', 'Gerbe d'Or' (Macca)

[Moderne Kletterrose]

McGredy GROSSBRITANNIEN 1963
'Coral Dawn' × 'Buccaneer'
Gefüllte, rein gelbe Blüten erscheinen einzeln oder in Büscheln. Laub groß, dunkelgrün und glänzend; Wuchs aufrecht und breit, eignet sich gut für Säulen.
[R aB d**] 3 × 2,50m

'Chaplin's Pink', 'Chaplin's Pink Climber'

[*Wichuraiana*-Rambler]

Chaplin GROSSBRITANNIEN 1928
'Paul's Scarlet' × 'American Pillar'
Die großen Büschel halbgefüllter, reinrosa Blüten sind sehr auffallend. Das Laub ist mittel- bis dunkelgrün und glänzend, der Wuchs stark und breit.
[S aB Ra d* V] 4,50 × 3m

'Clair Matin' (Meimont)

[Moderne Kletterrose]

Meilland FRANKREICH 1960
'Fashion' × [('Kordes Sondermeldung' × 'Orange Triumph') × 'Phyllis Bide']
Große Büschel feiner, mittelgroßer, hellrosa Blüten mit dunkleren, manchmal bronzefarbenen Glanzlichtern. Laub dunkelgrün und glänzend; Wuchs locker und aufrecht. Die Zweige hängen manchmal über.
[R aB H d** K V] 2,50 × 1,20m

'Bantry Bay'

Oben: 'Compassion'; *unten:* 'Coral Dawn'

'Compassion', 'Belle de Londres'

[Moderne Kletterrose]

Harkness GROSSBRITANNIEN 1973
'White Cockade' × 'Primaballerina'
Schöne, hochgebaute Blüten in kupfrigem Apricot und Crème mit gelben Glanzlichtern. Laub dunkelgrün und glänzend; Wuchs aufrecht, ungeordnet.
[R d*** ✂ ST] 3 × 1,80m

'Comtesse Vandal, Climbing'

[Kletternde Teehybride]

Kletterform: Jackson & Perkins USA 1936
Buschform: Leenders NIEDERLANDE 1932
('Ophelia' × 'Mrs Aaron Ward') × 'Souvenir de Claudius Pernet'
Eine wunderschöne, elegante Rose mit der klassischen, hochgebauten Blütenform. Spitze, leicht orangefarbene Knospen öffnen sich zu locker geformten Blüten in Rosa-Apricot mit dunklerer Schattierung in der Mitte. Üppiges, dunkelgrünes Laub, kupfrig getönt und leicht glänzend. Die Pflanze ist starkwüchsig. Eine außergewöhnliche gute alte Sorte.
[S d** aB Au V] 4,50 × 2,50m

'Constance Spry' [Moderne Kletterrose]

Austin GROSSBRITANNIEN 1961
'Belle Isis' × 'Dainty Maid'
Auf dem Höhepunkt ihrer Blüte ist diese Rose von atemberaubender Schönheit. Große, gefüllte, schalenförmige Blüten in sattem Rosa im Stil alter Rosen mit einem intensiven, myrrheähnlichen Duft. Das Laub ist ziemlich derb, lederig und mittelgrün, die Pflanze starkwüchsig, aber wuchernd und braucht eine Stütze, wenn sie als Strauch gezogen werden soll.
[S K d***] 6 × 3m

'Coral Dawn' [Moderne Kletterrose]

Boerner USA 1952
'New Dawn' × eine unbenannte gelbe Teehybride
Dicke Knospen öffnen sich zu großen, gefüllten, korallenrosa Blüten in kleinen Büscheln. Laub dunkelgrün und glänzend; Wuchs aufrecht und breit.
[R d** ✂] 3,50 × 2,50m

'Crépuscule' [Noisetterose]

Dubreuil FRANKREICH 1904
Elternsorten unbekannt
Reizvoll zerzauste Blüten in sattem Apricot erscheinen in Büscheln; der Wuchs ist aufrecht. Braucht in ungünstigeren Lagen einen Winterschutz.
[R Gh d** ⁘ V] 3,50 × 2,50m

'Crimson Conquest' [Kletternde Teehybride]

Kletterform: Chaplin GROSSBRITANNIEN 1931
Abart von 'Red Letter Day'
Buschform: Dickson GROSSBRITANNIEN 1914
Elternsorten unbekannt

'Danse du Feu'; *rechts:* 'Dublin Bay'

Halbgefüllte, fast einfache Blüten in sattem Karmesinrot mit goldfarbenen Staubgefäßen. Laub glänzend und dunkelgrün; Wuchs aufrecht, ungeordnet.
[S aB V] 4,50 × 2,50m

'Crimson Glory, Climbing'

[Kletternde Teehybride]

Kletterform: Jackson & Perkins USA 1946
Abart von 'Crimson Glory'
Buschform: Kordes DEUTSCHLAND 1935
'Cathrine Kordes'-Sämling × 'W. E. Chaplin'
Herrlich geformte Blüten in samtigem Karmesinrot erscheinen in kleinen Büscheln. Sie sind stark duftend. Das Laub ist dunkelgrün und leicht glänzend, der Wuchs steif, aufrecht und kräftig.
[S aB d*** MT V] 4,50 × 2,50m

'Cupid' [Kletternde Teehybride]

Cant GROSSBRITANNIEN 1915
Elternsorten unbekannt
Schöne, große, einfache Blüten in einem zarten Pfirsichrosa mit auffallenden Staubgefäßen. Blüht manchmal etwas zögerlich. Laub groß, graugrün und matt; Wuchs aufrecht, etwas steif.
[R aB d* V] 3,50 × 1,80m

'Danse du Feu', 'Spectacular'

[Moderne Kletterrose]

Mallerin FRANKREICH 1953
'Paul's Scarlet' × ein *R. multiflora*-Sämling
Die intensivleuchtend orangeroten, manchmal ziegelroten Blüten sind schön geformt, hochgebaut und gefüllt. Sie erscheinen in Büscheln. Das Laub ist mittelgrün und leicht glänzend.
[D ST] 3,50 × 2,50m

'Dorothy Perkins' [*Wichuraiana*-Rambler]

Jackson & Perkins USA 1901
R. wichuraiana × 'Mme Gabriel Luizet'
Büschel gefüllter, kleiner Blüten in Rosa sind in großer Fülle an einer starkwüchsigen, biegsamen Pflanze mit glänzendem, dunkel- bis mittelgrünem Laub.
[S aB Bd d* MT] 3 × 2,50m

'Dublin Bay' (Macdub) [Moderne Kletterrose]

McGredy NEUSEELAND 1975
'Bantry Bay × 'Altissimo'
Dicht gefüllte, mittelgroße Blüten in intensivem Blutrot erscheinen in Büscheln. Laub groß, dunkel und glänzend; Wuchs aufrecht. Eignet sich gut für Säulen.
[D aB d* ✂ V] 2 × 1,50m

'Emily Gray'

'Excelsa' (siehe Text Seite 288)

'François Juranville' (siehe Text Seite 289)

'Duftwolke, Kletternd', 'Fragrant Cloud, Climbing' [Kletternde Teehybride]

Kletterform: Collin GROSSBRITANNIEN 1973
Abart von 'Duftwolke'
Buschform: Tantau DEUTSCHLAND 1963
Sämling × 'Primaballerina'
Schön geformte Blüten in Korallenrot, die Blütenfarbe variiert allerdings. Das Laub ist dunkel rötlichgrün, der Wuchs aufrecht und kräftig.
[S d*** ✂ ST V] 3,50 × 2,50m

'Easlea's Golden Rambler', 'Golden Rambler' [Rambler]

Easlea GROSSBRITANNIEN 1932
Elternsorten unbekannt
Große, gefüllte, schöne goldgelbe Blüten erscheinen in kleinen Büscheln an kräftigen, langen Trieben. Laub dunkelgrün und glänzend; der Wuchs kräftig.
[S aB Ra N d** ✂] 6 × 4,50m

'Eden Rose 88' (Meiviolin) [Moderne Kletterrose]

Meilland FRANKREICH 1987
Elternsorten unbekannt
Gefüllte Blüten im Stil alter Rosen, Crèmeweiß, an der Basis der Blütenblätter lavendelrosa. Laub dunkelgrün und glänzend; Wuchs aufrecht und buschig.
[D d* V] 2,50 × 2m

'Elegance' [*Wichuraiana*-Rambler]

Brownell USA 1937
'Glen Dale' × ('Mary Wallace' × 'Miss Lolita Amour')
Schön geformte, anfangs hochgebaute Blüten in reinem Gelb, das mit der Zeit zu zartem Gelb verblaßt. Üppiges Laub, mittel- bis dunkelgrün und leicht glänzend; Wuchs ziemlich breit und aufrecht.
[R aB N ✂ V] 3 × 2,50m

'Emily Gray' [*Wichuraiana*-Rambler]

Williams GROSSBRITANNIEN 1918
'Jersey Beauty' × 'Comtesse du Cayla'
Eine wunderschöne, halbgefüllte Rose in sattem Gelb

'François Juranville' (siehe Text Seite 289) in Leeds Castle

mit goldgelben Staubgefäßen. Das Laub ist dunkelgrün und sehr glänzend, der Wuchs breit und fast ohne Stacheln.
[S aB Ra d* N] 4,50 × 3m

'Ena Harkness, Climbing'

[Kletternde Teehybride]

Kletterform: Murrell GROSSBRITANNIEN 1954
Abart von 'Ena Harkness'
Buschform: Norman GROSSBRITANNIEN 1946
'Crimson Glory' × 'Southport'
Diese reichblühende Rose ist mit ihren sehr schön geformten Blüten in leuchtendem, samtigem Karmesinrot eine außergewöhnliche Kletterrose, die ihren Platz im Garten wohl verdient. Das Laub ist dunkelgrün und matt an einer aufrecht wachsenden Pflanze.
[S aB d*** ✂ ☺] 4,50 × 2,50m

'Ethel' [*Wichuraiana*-Rambler]

Turner GROSSBRITANNIEN 1912
Sämling von 'Dorothy Perkins'
Große, kaskadenartige Büschel dicht gefüllter, schalenförmiger Blüten in Malvenrosa. Das Laub mittelgrün und glänzend, die Triebe recht stachelig; der Wuchs kriechend und in die Breite.
[S aB Ra N d* Bd V] 6 × 4,50m

'Etoile de Hollande, Climbing'

[Kletternde Teehybride]

Kletterform: Leenders NIEDERLANDE 1931
Abart von 'Etoile de Hollande'
Buschform: Verschuren NIEDERLANDE 1919
'General MacArthur' × 'Hadley'
Schöne Blüten in einem dunklen Rot. Sie sind von samtiger Beschaffenheit und intensiv duftend. Laub dunkelgrün und matt. Wuchs aufrecht und kräftig.
[S d*** MT ✂ V] 3,50 × 2,50m

'Excelsa', 'Red Dorothy Perkins'

[*Wichuraiana*-Rambler]

Walsh USA 1909
Elternsorten unbekannt
Große Büschel kleiner, gefüllter, karmesinroter Blüten erscheinen im Hochsommer in Fülle. Laub dunkelgrün und matt; Wuchs biegsam und locker.
[S aB Bd N Ra MT] 4,50 × 3,50m

'Fragrant Cloud, Climbing' *siehe* 'Duftwolke, Kletternd'

'Francis E. Lester' [*Multiflora*-Rambler]

Lester USA 1946

'Gardenia'

'Goldfinch' (siehe Text Seite 290)

'Kathleen' × ein Sämling
Große Büschel schön geformter, einfacher Blüten, weiß mit rosa Spritzern an den Rändern der Blütenblätter. Laub kupferfarben, aber dunkelgrün schattiert; Wuchs stark und strauchförmig.
[S aB d*** Ra N V] 4,50 × 3m

'François Juranville' [*Wichuraiana*-Rambler]

Barbier FRANKREICH 1906
R. wichuraiana × 'Mme Laurette Messimy'
Wunderschöne Blüten, die sich aus einem Gewirr gut proportionierter Blütenblätter in reinem Silberrosa zusammensetzen. Meist erscheinen sie in kleinen Büscheln; ist eine besonders schöne Form von 'Albertine'. Laub dunkelgrün, bronzefarben brüniert und glänzend; Wuchs biegsam und dicht; wenige Stacheln.
[S aB Bd d* N V] 4,50 × 3m

'Galway Bay' (Macba) [Moderne Kletterrose]

McGredy GROSSBRITANNIEN 1966
'Gruß an Heidelberg' × 'Queen Elizabeth'
Große, schöne, dicht gefüllte Blüten in Lachsrosa in Büscheln. Laub dunkelgrün und glänzend an einer starken, aufrechten Pflanze; eignet sich für Säulen.
[D aB N ✂ V] 3,50 × 2,50m

'Gardenia' [*Wichuraiana*-Rambler]

Manda USA 1899
R. wichuraiana × 'Perle des Jardins'
Obwohl sie noch im 19. Jahrhundert eingeführt wurde, konnte ich nicht widerstehen, sie hier aufzunehmen. Die Blüten sind wunderschön, dicht gefüllt und crèmeweiß, das Laub ist satt dunkelgrün und glänzend; Wuchs locker und stark, wenige Stacheln.
[S aB Ra Bd d** V] 6 × 4,50m

'Ghislaine de Féligonde' [*Multiflora*-Rambler]

Turbat FRANKREICH 1916
'Goldfinch' × unbekannt
Große Büschel dicht gefüllter, orangegelber Blüten werden den ganzen Sommer in Fülle hervorgebracht. Üppiges Laub, mittel- bis hellgrün, glänzend; Wuchs buschig und aufrecht. Eine ausgezeichnete, wenig bekannte Sorte, die sich auch gut als Strauchrose eignet.
[D aB N d* V] 2,50 × 2,50m

'Golden Glow' [*Wichuraiana*-Rambler]

Brownell USA 1937
'Glen Dale' × ('Mary Wallace' × eine Teehybride)
Büschel schöngeformter, schalenförmiger, gefüllter Blüten in reinem Goldgelb. Üppiges, knackiges, dun-

‘Guinée’; *unten:* ‘Händel’

kelgrünes Laub an einer kräftigen, breitwüchsigen Pflanze.
[S aB N d* ✂ V] 3 × 2,50m

‘Golden Showers’ [Moderne Kletterrose]

Lammerts USA 1957
‘Charlotte Armstrong’ × ‘Captain Thomas’
Büschel großer, locker geformter, ziemlich zerzauster Blüten in dunklem Goldgelb, das schnell zu Crème verblaßt. Laub dunkelgrün und glänzend; Wuchs aufrecht. Eignet sich auch gut als Strauchrose.
[D aB d*] 3 × 1,80m

‘Goldfinch’ [*Multiflora*-Rambler]

Paul GROSSBRITANNIEN 1907
‘Hélène’ × unbekannt
Kleine, schalenförmige, halbgefüllte Blüten, goldgelb, zu Crème verblassend, erscheinen in großen, kompakten Büscheln. Laub mittelgrün und glänzend, fast keine Stacheln; der Wuchs buschig, aufrecht, mittelhoch.
[S aB N d* V] 2,50 × 1,20m

‘Grand Hotel’ (Mactel) [Moderne Kletterrose]

McGredy GROSSBRITANNIEN 1972
‘Schlössers Brillant’ × ‘Gruß an Heidelberg’
Halbgefüllte Blüten von ansehnlicher Größe in sattem Scharlachrot in Büscheln. Das Laub ist dunkelgrün und leicht glänzend, der Wuchs aufrecht und buschig.
[D aB d* V] 2,50 × 1,20m

‘Grandmère Jenny, Climbing’

[Kletternde Teehybride]
Kletterform: Meilland FRANKREICH 1958
Abart von ‘Grandmère Jenny’
Buschform: Meilland FRANKREICH 1950
‘Gloria Dei’ × (‘Julien Potin’ × ‘Sensation’)
Lange, spitze Knospen öffnen sich zu ansehnlich großen, hochgebauten Blüten in zartem Gelb mit

‘Kathleen Harrop’ (siehe Text Seite 292); *unten:* ‘Lawrence Johnston’ (siehe Text Seite 293)

Rosa, manchmal mit dunklerer Schattierung in brüniertem Orange. Das Laub leicht glänzend, lederig und dunkelgrün; der Wuchs kräftig und aufrecht.
[S aB d** ✂ V] 5,50 × 3m

‘Guinée’ [Kletternde Teehybride]

Mallerin FRANKREICH 1938
‘Souvenir de Claudius Denoyel’ × ‘Ami Quinard’
Gefüllte Blüten in dunklem Karmesinrot sind samtartig beschaffen. Sie öffnen sich flach sowie zerzaust und zeigen goldbraune Staubbeutel; Laub dunkelgrün, kastanienbraun überzogen; der Wuchs ist ungeordnet.
[R aB d*** ✂ V] 4,50 × 2,50m

‘Händel’, ‘Handel’ (Macha)

[Moderne Kletterrose]

McGredy GROSSBRITANNIEN 1965
‘Columbine’ × ‘Gruß an Heidelberg’
Halbgefüllte Blüten, silberweiß mit rosafarbenen bis rötlichen Markierungen am Rand. Das Laub groß und dunkelgrün, purpurn überhaucht; Wuchs aufrecht.
[D aB d* ✂] 3,50 × 2,50m

‘Hiawatha’ [*Multiflora*-Rambler]

Walsh USA 1904

‘Crimson Rambler’ × ‘Paul’s Carmine Pillar’
Dunkelrosa bis karmesinrote Blüten mit weißer Mitte. Laub dunkelgrün, glänzend; Wuchs buschig und breit.
[S aB Ra N V] 4,50 × 3,50m

‘Iceberg, Climbing’ *siehe* ‘Schneewittchen, Kletternd’

'Josephine Bruce, Climbing'

[Kletternde Teehybride]

Kletterform: Bees GROSSBRITANNIEN 1952
Abart von 'Josephine Bruce'
Buschform: Bees GROSSBRITANNIEN 1949
'Crimson Glory' × 'Madge Whipp'
Die schön geformten, hochgebauten Blüten sind dunkel samtig-karmesinrot. Das Laub ist dunkelgrün und matt. Wuchs steif, ungeordnet und ziemlich sperrig.
[S aB d*** MT V] 4,50 × 3m

'Kathleen Harrop' [Bourbonrose]

Kletterform: Dickson GROSSBRITANNIEN 1919
Abart von 'Zéphirine Drouhin'
Buschform: Bizot FRANKREICH 1868
Elternsorten unbekannt
Zart rosafarbene, halbgefüllte Blüten, die den ganzen Sommer erscheinen. Laub ist matt, graugrün und glatt, Triebe stachellos; Wuchs aufrecht und buschig.
[D N aB d*** MT V] 3 × 1,80m

'Kiftsgate', *R. filipes* 'Kiftsgate' [Rambler]

Murrell GROSSBRITANNIEN 1954
Abart von *R. filipes*
Gefunden in Kiftsgate Court, England
Duftende, einfache, crèmeweiße Blüten erscheinen in riesigen Büscheln. Sattgrünes, glänzendes Laub; außergewöhnlich starkwüchsig. Hervorragend geeignet, um in Bäume zu klettern oder unansehnliche Gebäude oder Flächen jeglicher Größe zu überwachsen; mit reizvoller Herbstfärbung und mit Hagebutten.
[S aB Bd Ra d* N] 9 × 6m

'Korizont' *siehe* 'Summer Wine'

'Korona, Kletternd'

[Kletternde Floribundarose]

Kletterform: Kordes DEUTSCHLAND 1957
Abart von 'Korona'
Buschform: Kordes DEUTSCHLAND 1955
'Obergärtner Wiebicke' × 'Kordes Sondermeldung'
Büschel halbgefüllter, scharlachorangefarbener Blüten, die sich etwas unvollkommen öffnen. Laub dunkelgrün und matt; Wuchs dicht und aufrecht.
[S aB N V] 4,50 × 3m

'Lady Hillingdon, Climbing'

[Kletternde Teehybride]

Kletterform: Hicks GROSSBRITANNIEN 1917
Abart von 'Lady Hillingdon'
Buschform: Lowe GROSSBRITANNIEN 1910
'Papa Gontier' × 'Mme Hoste'

'Madeleine Selzer' (siehe Text Seite 293)

Halbgefüllte Blüten in sattem Dottergelb und dunkles, graugrünes Laub mit bläulicher Schattierung. Triebe pflaumenfarben, wenige Stacheln; Wuchs aufrecht.
[R aB Gh d*** ✂ ⁘ V] 4,50 × 2,50m

'Lady Sylvia, Climbing' [Kletternde Teehybride]

Kletterform: Stevens GROSSBRITANNIEN 1933

'Maigold'

'Malaga' (siehe Text Seite 294)

Abart von 'Mme Butterfly'
Buschform: Stevens GROSSBRITANNIEN 1926
Schön geformte Knospen öffnen sich zu hochgebauten Blüten in zartem Fleischrosa mit dunklerer Schattierung. Eine ausgezeichnete Kletterrose mit graugrünem Laub; Wuchs stark, aufrecht und verzweigt.
[S aB Gh d*** ✂] 4,50 × 3m

'Lawrence Johnston', 'Hidcote Yellow'

[*R. foetida*-Kletterrose]

Pernet-Ducher FRANKREICH 1923
'Mme Eugène Verdier' × *R. foetida persiana*
Frühblühend; Büschel großer, halbgefüllter, reingelber Blüten mit auffallenden Staubgefäßen. Das Laub ist lindgrün und leicht glänzend; der Wuchs ungeordnet.
[R aB N d* V] 7,50 × 6m

'Leverkusen' [*Kordesii*-Hybride]

Kordes DEUTSCHLAND 1954
R. × *kordesii* × 'Golden Glow'
Fast gefüllte, zitronengelbe Blüten erscheinen in Fülle. Bei den geöffneten Blüten sind die Ränder reizvoll ausgefranst. Das Laub ist glänzend, gesägt und hellgrün, der Wuchs buschig und breit; einige Stacheln. Außergewöhnlich winterhart und gesund.
[D aB N d* V] 3 × 2,50m

'Lykkefund' [*Helenae*-Hybride]

Olsen DÄNEMARK 1930
R. helenae-Sämling
Riesige Büschel duftender, crèmeweißer Blüten mit rosafarbener Schattierung. Saftiges Laub, hellgrün mit einer bronzefarbenen Tönung. Triebe ohne Stacheln; Wuchsform kräftig und buschig. Eine sehr gute Sorte, allerdings ist nicht bekannt, daß sie sich gut eignet, um in kleine Bäume zu klettern.
[S aB Ra d*** V] 7,50 × 4,50m

'Madeleine Selzer' [*Multiflora*-Rambler]

Walter FRANKREICH 1926
'Tausendschön' × 'Mrs Aaron Ward'
Kompakte Büschel schön geformter, dicht gefüllter Blüten in zartem Zitronengelb bis Weiß erscheinen in großer Fülle. Laub bronzefarben mittelgrün; Triebe fast ohne Stacheln, Wuchs buschig und aufrecht. Eine sehr gut verwendbare Rose.
[S aB d** V] 3 × 1,80m

'Maigold' [*Pimpinellifolia*-Hybride]

Kordes DEUTSCHLAND 1953
'Poulsen's Pink' × 'Frühlingstag'

Oben links: 'Minnehaha'; *oben rechts:* 'New Dawn' (siehe Text Seite 296)

Sie ist eine der ersten Kletterrosen, die zu blühen anfangen. Die Blüten sind satt goldgelb mit orangefarbener Schattierung und erscheinen in Büscheln. Das Laub ist intensiv mittelgrün und sehr glänzend. Die Triebe sind sehr stachelig, die Stacheln rötlich, der Wuchs ungeordnet und aufrecht.
[S aB N d*] 3,50 × 2,50m

'Malaga' [Moderne Kletterrose]

McGredy GROSSBRITANNIEN 1971
('Hamburger Phoenix' × 'Danse du Feu') × 'Copenhagen'
Große, dunkel rosarote Blüten erscheinen in Büscheln von ansehnlicher Größe. Dunkelgrünes, leicht glänzendes Laub an einer Pflanze von aufrechtem, buschigem Wuchs.
[R aB d** ✂ V] 2,50 × 1,20m

'Masquerade, Climbing'

[Kletternde Floribundarose]

Kletterform: Gregory GROSSBRITANNIEN 1958
Abart von 'Masquerade'
Buschform: Boerner USA 1949
'Goldilocks' × 'Holiday'
Büschel halbgefüllter Blüten in zartem Primelgelb, das sich mit der Zeit in ein dunkles, rötliches Karmesin verändert. Das Laub ist dunkelgrün und lederig, der Wuchs aufrecht und verzweigt.
[S aB] 5,50 × 3m

'Meg' [Moderne Kletterrose]

Gosset GROSSBRITANNIEN 1954
Vermutlich 'Paul's Lemon Pillar' × 'Mme Butterfly'
Große, fast einfache Blüten in bräunlichem Gelb mit Schattierungen in Apricot und mit pfirsichfarbenen Glanzlichtern. Auffallende Staubbeutel; Laub dunkelgrün und leicht glänzend. Eine großartige Rose.
[R aB d*] 2,50 × 1,20m

'Mermaid' [*Bracteata*-Hybride]

Paul GROSSBRITANNIEN 1918
R. bracteata × eine gefüllte, gelbe Teerose
Ein sehr gut verwendbarer, wunderschöner Rambler. Die duftenden Blüten sind groß und einfach, zitronengelb mit auffallenden goldbraunen Staubgefäßen. Das Laub, intensiv glänzend dunkelgrün, ist fast immergrün. Die Triebe tragen viele bösartige Stacheln; Wuchs kräftig, breit und verzweigt.
[D N d** Ra] 9 × 6m

'Minnehaha' [*Wichuraiana*-Rambler]

Walsh USA 1905
R. wichuraiana × 'Paul Neyron'
Kaskadenartige Büschel duftender rosafarbener Blüten erscheinen im Hochsommer in großer Fülle. Laub klein, matt und graugrün; Wuchs locker und stark.
[S aB N Bd Ra d** MT V] 4,50 × 2,50m

'Mme Butterfly, Climbing'

[Kletternde Teehybride]

Kletterform: Smith GROSSBRITANNIEN 1926
Abart von 'Mme Butterfly'

Buschform: Hill USA 1918
Abart von 'Ophelia'
Schön geformte, hochgebaute Blüten in ganz zartem Rosa, zur Mitte hin etwas dunkler und mit etwas Gelb tief unten an der Basis. Das Laub ist graugrün und matt; der Wuchs aufrecht und verzweigt.
[S aB Gh d*** ✂] 4,50 × 3m

'Mme Grégoire Staechelin', 'Spanish Beauty' [Kletternde Teehybride]

Dot SPANIEN 1927
'Frau Karl Druschki' × 'Château de Clos Vougeot'
Die Blüten sind sehr groß und fast gefüllt, zartrosa mit dunklerer Rückseite, auch die Ränder der Blütenblätter etwas dunkler. Wenn man die verwelkten Blüten stehen läßt, bringt die Rose im Herbst herrliche urnenförmige Hagebutten hervor. Laub dunkelgrün und matt; der Wuchs kräftig und breit.
[R N aB d***] 4,50 × 3m

'Mrs Herbert Stevens, Climbing'

[Kletternde Teehybride]
Kletterform: Pernet-Ducher FRANKREICH 1922
Abart von 'Mrs Herbert Stevens'
Buschform: McGredy GROSSBRITANNIEN 1910
'Frau Karl Druschki' × 'Niphetos'
Schön geformte, hochgebaute, reinweiße Blüten erscheinen einzeln und in großer Fülle. Das Laub ist mittelgrün und matt, der Wuchs kräftig, aufrecht, verzweigt und in guter Anordnung.
[R aB N d** ✂] 3,50 × 2,50m

'Mrs Sam McGredy, Climbing'

[Kletternde Teehybride]
Kletterform: Buisman NIEDERLANDE 1937
Abart von 'Mrs Sam McGredy'
Buschform: McGredy GROSSBRITANNIEN 1929
('Donald McDonald' × 'Golden Emblem') × (Sämling × 'The Queen Alexandra Rose')

Oben: 'Parkdirektor Riggers' (siehe Text Seite 298); *unten:* 'Paul Lédé' (siehe Text Seite 298)

Große, zerzauste Blüten entwickeln sich aus schön geformten Knospen; feuriges Kupferorange mit goldfarbener Mitte. Laub tief dunkelgrün, kupfrig überzogen, die jungen Blätter sind rötlich-kastanienfarben; Wuchs stark, verzweigt, aber ungleichmäßig.
[R aB N d* ✂ V] 6 × 4,50m

'New Dawn' [*Wichuraiana*-Rambler]

Kletterform: Somerset USA 1930
Abart von 'Dr W. Van Fleet'
Buschform: Van Fleet USA 1910
(*R. wichuraiana* × 'Saffrano') × 'Souvenir du Président Carnot'

Dickliche Knospen öffnen sich zu halbgefüllten Blüten in zartem Rosa, meist in Büscheln. Üppiges Laub, graugrün und leicht glänzend an einer breiten, buschigen Pflanze. Eine außergewöhnliche Rose, vielleicht die beste Abart, die jemals entdeckt wurde, bedeutend als Elternsorte vieler moderner Kletterrosen.
[D aB N d** ✂] 3 × 2,50m

'Night Light' (Poullight) [Moderne Kletterrose]

Poulsen DÄNEMARK 1982
'Westerland' × 'Pastorale'
Lockere, bemerkenswerte Büschel großer, gefüllter, dunkelgelber Blüten. Das Laub ist von dunklem Grün und glänzend, der Wuchs aufrecht.
[D d* V] 3 × 2,50m

'Ophelia, Climbing' [Kletternde Teehybride]

Kletterform: Dickson GROSSBRITANNIEN 1920
Abart von 'Ophelia'
Buschform: Paul GROSSBRITANNIEN 1912
Gilt als Zufallssämling von 'Antoine Rivoire'
Schön geformte, hochgebaute Blüten in Fleischrosa mit dunkleren Schattierungen und gelb getönt an der Basis. Das Laub ist graugrün und matt; der Wuchs aufrecht und verzweigt.
[S aB Gh d*** ✂ V] 4,50 × 3m

Oben: 'Paul's Scarlet' (siehe Text Seite 299); *unten:* 'Paul Transon' (siehe Text Seite 299)

Oben: 'Phyllis Bide' (siehe Text Seite 301)
Unten: 'Pink Perpétue' (an einer Säule in der Bildmitte; siehe Text Seite 301)

'Parade' [Moderne Kletterrose]

Boerner USA 1953
'New Dawn'-Sämling × 'Minna Kordes'
Dicht gefüllte, kirschrote bis karmesinrote Blüten in Büscheln. Üppiges glänzendes, mittelgrünes Laub an einer Pflanze von aufrechtem, buschigem Wuchs.
[D aB N ✂] 3 × 2,50m

'Parkdirektor Riggers' [*Kordesii*-Hybride]

Kordes DEUTSCHLAND 1957
R. kordesii × 'Our Princess'
Große Büschel dunkelroter bis karmesinroter Blüten und dunkelgrünes, glänzendes, lederiges Laub; Wuchs verzweigt, aufrecht und kräftig, sehr winterhart.
[D aB N] 3 × 1,80m

'Paul Lédé, Climbing' [Kletternde Teehybride]

Kletterform: Lowe GROSSBRITANNIEN 1902
Abart von 'Paul Lédé'
Buschform: Pernet-Ducher FRANKREICH 1902
Elternsorten unbekannt
Sehr große, gefüllte Blüten in zartem Rosa mit pfirsichfarbenen Glanzlichtern und gelber Basis. Üppiges mittelgrünes Laub; Wuchs aufrecht und verzweigt. Eine gute, reichblühende ältere Sorte.
[R aB d*** ☺ V] 3,50 × 2,50m

'Paul's Himalayan Musk' [*Moschata*-Hybride]

Paul GROSSBRITANNIEN
Einführungsjahr und Elternsorten unbekannt
Hängende Büschel mit rosa-lavendelfarbenen, kleinen, halbgefüllten, schalenförmigen Blüten erscheinen Mitte Juli in Fülle. Üppiges Laub, leicht glänzend, dunkelgrün; Wuchs sehr stark, in Bäume kletternd.
[S aB Ra N d** V] 6 × 3,50m

'Paul's Lemon Pillar' [Kletternde Teehybride]

Paul GROSSBRITANNIEN 1915

Oben: 'Réveil Dijonnais' (siehe Text Seite 301); *unten:* 'Rosy Mantle' (siehe Text Seite 301)

'Royal Gold' (siehe Text Seite 301)

'Frau Karl Druschki' × 'Maréchal Niel'
Massige, schön geformte Blüten, crèmeweiß mit Zitronengelb durchzogen. Die Blüten sind gut wetterbeständig. Laub groß, grau- bis hellgrün; der Wuchs ist kräftig, aufrecht und verzweigt. Reichlich mit kurzen, dicken Stacheln bewehrt.
[S N d** ✂] 4,50 × 3m

'Paul's Scarlet', 'Paul's Scarlet Climber'

[Kletterrose]

Paul GROSSBRITANNIEN 1916
'Paul's Carmine Pillar' × 'Rêve d'Or'
Diese Rose läßt sich nur schwer einer Gruppe zuordnen, vermutlich ist sie eine entfernte *Multiflora*-Hybride. Die halbgefüllten, anfangs schalenförmigen Blüten in leuchtendem, warmem Scharlachrot erscheinen in Büscheln. Das Laub ist dunkelgrün und matt, der Wuchs aufrecht sowie breit; wenige Stacheln.
[S aB N V] 3 × 2,50m

'Paul Transon' [*Wichuraiana*-Rambler]

Barbier FRANKREICH 1900
R. wichuraiana × 'L'Ideal'
Büschel flacher, dicht gefüllter Blüten, lachsfarben mit kupfriger Schattierung und einem Crèmegelb an

'Sander's White' (siehe Text Seite 301)

'Sénateur Amic' (siehe Text Seite 302)

der Basis. Mittelgrünes, kupfrig getöntes Laub an einer locker wachsenden Pflanze.
[R aB d* V] 3 × 2,50m

'Phyllis Bide' [*Chinensis*-Kletterrose]

Bide GROSSBRITANNIEN 1923

'School Girl' (siehe Text Seite 302)

'Perle d'Or' × 'Gloire de Dijon'
Pyramidenförmige Büschel halbgefüllter Blüten in Gelb, Crème, Rosa und Orange, mit der Zeit dunkler werdend. Üppiges Laub, klein und hellgrün; Wuchs stark und aufrecht, aber verzweigt.
[R aB N d*] 3 × 1,80m

'Pink Perpétue' [Moderne Kletterrose]

Gregory GROSSBRITANNIEN 1965
'Danse du Feu' × 'New Dawn'
Büschel halbgefüllter, schalenförmiger Blüten in dunklem Rosa werden kontinuierlich den ganzen Sommer über hervorgebracht. Das Laub ist dunkelgrün, purpurgetönt, der Wuchs aufrecht und breit.
[D aB N d* ST] 3,50 × 2,50m

'Réveil Dijonnais' [Moderne Kletterrose]

Buatois FRANKREICH 1931
'Eugène Fürst' × 'Constance'
Große, halbgefüllte Blüten in lebhaftem Orange, Gelb sowie Rot und üppiges, mittelgrünes Laub. Die Triebe sind stachelig; buschiger Wuchs.
[R aB N d** ST V] 3 × 1,80m

'Rose-Marie Viaud' [*Multiflora*-Rambler]

Igoult FRANKREICH 1924
'Veilchenblau'-Sämling
Büschel dicht gefüllter Blüten in Lavendelpurpur. Hellgrünes Laub an einer stark- und auch breitwüchsigen Pflanze.
[S aB N d* MT] 3,50 × 1,80m

'Rosy Mantle' [Moderne Kletterrose]

Cocker GROSSBRITANNIEN 1968
'New Dawn' × 'Primaballerina'
Dicke, hochgebaute Blüten in silbrigem Dunkelrosa in Büscheln, reichblühend. Das Laub ist groß, glänzend und dunkelgrün, der Wuchs breit und dicht.
[D N d** ✂ V] 2,50 × 2,50m

'Royal Gold' [Moderne Kletterrose]

Morey USA 1957
'Goldilocks' × 'Lydia'
Schön geformte, hochgebaute Blüten in dunklem Goldgelb öffnen sich aufgeplustert. Dunkelgrünes, glänzendes Laub an einer Pflanze von aufrechtem, ungeordnetem und breitem Wuchs. Benötigt in ungünstigen Lagen einen Winterschutz.
[D d*** ✂ V] 2,50 × 2,50m

'Sander's White', 'Sander's White Rambler' [*Wichuraiana*-Rambler]

'Sir Cedric Morris' (siehe Text Seite 303)

'Schwanensee'

Sander GROSSBRITANNIEN 1912
Elternsorten unbekannt
Eine Fülle rosettenförmiger, reinweißer Blüten in kaskadenartig herabhängenden Büscheln. Üppiges Laub, mittelgrün und leicht glänzend. Der Wuchs ist stark und locker.
[S aB Ra Bd N] 3,50 × 2,50m

'Schneewittchen, Kletternd', 'Iceberg, Climbing', 'Fée de Neiges, Climbing'

[Kletternde Floribundarose]

Kletterform: Cant GROSSBRITANNIEN 1968
Abart von 'Schneewittchen'
Buschform: Kordes DEUTSCHLAND 1958
'Robin Hood' × 'Virgo'
Büschel schön geformter, weißer Blüten in Fülle und üppiges, leuchtend grünes Laub an einer starkwüchsigen, aufrecht und buschig wachsenden Pflanze.
[S aB N Ra ✂] 5,50 × 3m

'Schoolgirl' [Moderne Kletterrose]

McGredy GROSSBRITANNIEN 1964
'Coral Dawn' × 'Belle Blonde'
Teehybridenähnliche Blüten in sattem Kupferorange öffnen sich locker und halbgefüllt. Laub groß, dunkelgrün und mattschimmernd, aber nicht besonders üppig; der Wuchs aufrecht und verzweigt.
[D d** ✂ ST] 3 × 2,50m

'Schwanensee', 'Swan Lake'

[Moderne Kletterrose]

McGredy GROSSBRITANNIEN 1968
'Memoriam' × 'Gruß an Heidelberg'
Schön geformte Knospen öffnen sich zu großen, dicht gefüllten Blüten, weiß, zartrosa überhaucht, besonders in der Mitte. Das Laub rundlich, dunkelgrün und glänzend; der Wuchs aufrecht und buschig.
[D aB d** ✂ V] 3 × 2,50m

'Seagull' [*Multiflora*-Rambler]

Pritchard GROSSBRITANNIEN 1907
R. multiflora × 'Général Jacqueminot'
Leuchtend gelbe Staubgefäße, umrandet von zwei Reihen weißer Blütenblätter, geben dieser Rose ihren Charakter; die Blüten werden in ziemlicher Fülle in großen kompakten Büscheln hervorgebracht. Üppiges Laub, graugrün, sich weich anfühlend. Der Wuchs ist stark, dicht und breit.
[S aB Ra d*** Bd V] 7,50 × 4,50m

'Sénateur Amic' [Kletternde Teehybride]

Nabonnand FRANKREICH 1924
R. gigantea × 'Général MacArthur'
Schön geformte, hochgebaute Blüten öffnen sich locker und halbgefüllt in sattem, silbrigem Dunkelrosa mit Spuren von Gelb an der Basis. Das Laub ist groß, mittelgrün und leicht glänzend; der Wuchs aufrecht, verzweigt und buschig.
[R ☺ ✂ V] 3,50 × 2,50m

'Shot Silk, Climbing' [Kletternde Teehybride]

Kletterform: Knight AUSTRALIEN 1931
Abart von 'Shot Silk'
Buschform: Dickson GROSSBRITANNIEN 1924
'Hugh Dickson'-Sämling × 'Sunstar'
Dicht gefüllte, schalenförmige Blüten in zartem Kirschrot mit gelber Basis. Die Blütenblätter haben eine seidige Beschaffenheit. Laub saftig dunkelgrün und glänzend; Wuchs aufrecht und verzweigt.
[R aB N d*** ✂ V] 5,50 × 3m

'Silver Moon' [*R. laevigata*-Hybride]

Van Fleet USA 1910
(*R. wichuraiana* × 'Devoniensis') × *R. laevigata*
Wunderschöne, sehr große, reinweiße, einfache Blüten mit goldfarbenen Staubgefäßen erscheinen ein-

zeln, manchmal etwas zögerlich. Laub groß, dunkelgrün und leicht glänzend; Wuchs breit und verzweigt.
[R Ra N d** V] 4,50 × 2,50m

'Sir Cedric Morris' [Starkwüchsiger Rambler]

Morris GROSSBRITANNIEN
Eingeführt von Beales GROSSBRITANNIEN 1979
Vermutlich *R. glauca* × *R. mulliganii*
Große, kompakte Büschel kleiner, sternenförmiger Blüten, reinweiß mit einem Anflug von Crème und mit Staubgefäßen in Goldgelb. Im Herbst folgen kleine orangefarbene Hagebutten. Laub bläulich, Triebe sehr stachelig; Wuchs sehr stark, verzweigt und dicht.
[S Ra aB d*** V] 9 × 6m

'Sparkling Scarlet', 'Iskra' (Meihaiti)

[Moderne Kletterrose]

Meilland FRANKREICH 1970
'Danse des Sylphes' × 'Zambra'
Büschel halbgefüllter Blüten in leuchtendem Scharlachrot; großes, mittelgrünes, glänzendes Laub an einer Pflanze von aufrechtem, verzweigtem Wuchs.
[D aB d*** V] 3 × 2,50m

'Spectacular' *siehe* 'Danse du Feu'

'Summer Wine', 'Korizont'

[Moderne Kletterrose]

Kordes DEUTSCHLAND 1985
Elternsorten unbekannt
Große, halbgefüllte, dunkelrosa Blüten in Büscheln mit roten Staubgefäßen. Das Laub ist mittelgrün und leicht glänzend, der Wuchs aufrecht und buschig.
[D aB d** V] 3 × 1,80m

'Super Star, Climbing', 'Tropicana, Climbing' [Kletternde Teehybride]

Kletterform: Blaby GROSSBRITANNIEN 1965
und Boerner USA 1971
Abart von 'Super Star' ('Tropicana')
Buschform: Tantau DEUTSCHLAND 1960
(Sämling × 'Gloria Dei') × (Sämling × 'Alpenglühen')
Aus hochgebauten Knospen entwickeln sich große, gefüllte, schöne Blüten in Korallenzinnoberrot. Laub matt und graugrün; Wuchs aufrecht und verzweigt.
[S aB d** MT] 3,50 × 2,50m

'Sutter's Gold, Climbing'

[Kletternde Teehybride]

Kletterform: Weeks USA 1950
Abart von 'Sutter's Gold'

'Violette' (siehe Text Seite 304)

'White Cockade'

Buschform: Swim USA 1950
'Charlotte Armstrong' × 'Signora'
Schlanke Knospen an langen Stielen öffnen sich zu Blüten in dunklem Gelb, das orangefarben und rosa überzogen ist. Laub mittelgrün und leicht glänzend.
[S aB d***] 3,50 × 2,50m

'Swan Lake' *siehe* 'Schwanensee'

'Veilchenblau', 'Violet Blue', 'Blue Rambler', 'Blue Rosalie' [*Multiflora*-Rambler]

Schmidt DEUTSCHLAND 1909
'Crimson Rambler' × 'Erinnerung an Brod'
Büschel halbgefüllter Blüten, Lavendelpurpur, manchmal weiß gefleckt, zu Lilagrau verblassend. Laub glänzend und mittelgrün; Wuchs buschig und verzweigt.
[S Ra N d*] 4,50 × 3,50m

'Violette' [*Multiflora*-Rambler]

Turbat FRANKREICH 1921
Elternsorten unbekannt
Büschel gefüllter Blüten in sattem Violettpurpur. Die ganz geöffneten Blüten zeigen goldfarbene Staubgefäße. Dunkelgrünes Laub; Wuchs buschig und breit.
[S Ra d* ✂ V] 4,50 × 3m

'Wedding Day' [*Sinowilsonii*-Hybride]

Stern GROSSBRITANNIEN 1950
R. sinowilsonii × unbekannt
Weiße Blüten mit gelben Staubgefäßen in Büscheln. Laub hellgrün glänzend; Wuchs stark und breit.
[S N Ra Bd d** V] 9 × 4,50m

'Whisky, Climbing', 'Whisky Mac, Climbing' [Kletternde Teehybride]

Kletterform: Anderson GROSSBRITANNIEN 1985
Abart von 'Whisky'
Buschform: Tantau DEUTSCHLAND 1967
Elternsorten unbekannt
Schöne Blüten in einer intensiven Goldfarbe und dunkelgrünes, glänzendes Laub an einer aufrechten Pflanze.
[S d*** ✂ V] 3,50 × 2,50m

'White Cockade' [Moderne Kletterrose]

Cocker GROSSBRITANNIEN 1969
'New Dawn' × 'Circus'
Reinweiße, gefüllte Blüten, manchmal in der Form von Dreiecken; das Laub ist dunkelgrün und matt.
[D d* ✂] 3 × 2m

'Veilchenblau'

Anhang A

Weltklimakarte

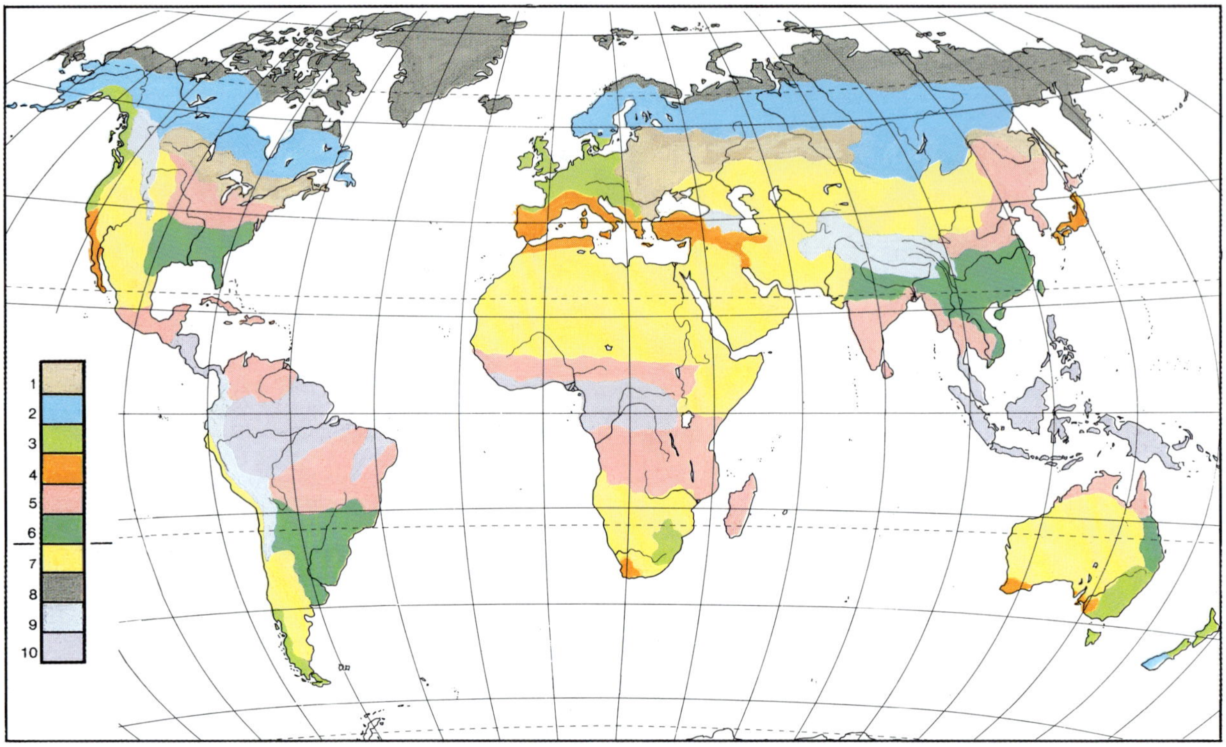

Nachstehend einige Hinweise zu den Hauptklimazonen, in denen Rosen kultiviert werden können. Die Angaben über Temperaturbandbreiten sind nur Durchschnittswerte. Wildrosen kommen fast überall in Zentralasien vor, hauptsächlich aber in den weniger trockenen und weniger gebirgigen Gebieten. Wüsten, arktische Zonen und Regenwälder – die Bereiche 7 bis 10 auf der Klimakarte – eignen sich für die Kultur von Rosen nicht.

1 Temperaturen zwischen -3° C (im Winter) und +22° C (im Sommer)
Fast alle Rosen benötigen einen Winterschutz, ausgenommen *Pimpinellifolia*-Hybriden, *R.* × *kordesii*-Hybriden und ganz winterharte Wildrosen. Von den anderen Rosengruppen gedeihen die meisten im Sommer zwar durchaus gut, weniger winterharte Rambler und Kletterrosen erreichen aber selten ihre volle Schönheit.

2 Temperaturen zwischen -25° C (im Winter) und +16° C (im Sommer)
Alle Rosen benötigen Winterschutz. Verzichten Sie auf alle Tee-, China- und Noisetterosen sowie auf weniger winterharte Sorten von Teehybriden und Floribundarosen.

3 Temperaturen zwischen 0° C (im Winter) und +23° C (im Sommer)
Alle Rosen gedeihen unter solchen Bedingungen gut, allerdings können Tee-, China- und Noisetterosen sowie weniger winterharte Teehybriden und Floribundarosen in strengen Wintern Schaden nehmen.

4 Temperaturen zwischen +10° C (im Winter) und +23° C (im Sommer)
Alle Rosen gedeihen unter diesen Bedingungen, einige allerdings – insbesondere *Rugosa*-, *Centifolia*-, *Gallica*- und *Pimpinellifolia*-Hybriden – vertragen die Sommerhitze nicht gut und können leiden, vor allem in trockenen Regionen.

5 Temperaturen zwischen +10° C (im Winter) und mehr als +30° C (im Sommer)
Wenn ausreichend Niederschläge fallen, gedeihen fast alle Rosen einigermaßen gut. *Rugosa*-, *Pimpinellifolia*- und *R.* × *kordesii*-Hybriden können unter starker Sommerhitze Schaden nehmen, ebenso Remontant- und Bourbonrosen sowie alte Rosen wie Zentifolien, Damaszener- und *Gallica*-Rosen.

6 Temperaturen zwischen +5° C (im Winter) und +25° C (im Sommer)
Die meisten Rosen gedeihen gut, insbesondere Tee-, China- und Noisetterosen. *Rugosa*- und *Pimpinellifolia*-Hybriden mögen die Sommerhitze nicht. Das gilt auch für alte Rosen wie Zentifolien, Damaszener- und *Gallica*-Rosen.

Anhang B

Rosengesellschaften weltweit

In vielen Ländern können Rosenfreunde sich Gesellschaften und Vereinen anschließen, die sich zum Ziel gesetzt haben, die Kultur der Rosen und die Freude daran zu fördern. Die meisten dieser Organisationen unterhalten Schaugärten mit umfangreichen Sammlungen von Rosen und haben Prüffelder für neue Sorten angelegt. Sie geben außerdem Zeitschriften oder Jahrbücher heraus. Die meisten veranstalten mindestens zweimal jährlich Rosenausstellungen und organisieren Konferenzen oder andere Zusammenkünfte, um ihren Rosenfreunden Gelegenheit zu geben, sich über die neuesten Entwicklungen zu informieren und ihre Erfahrungen über die vielerlei Aspekte der Rosenkultur auszutauschen.

In der Welt der Rosenliebhaber wird nicht engstirnig gedacht. Die meisten nationalen Rosengesellschaften sind der Weltvereinigung der Rosengesellschaften („World Federation of Rose Societies") angeschlossen. Diese Organisation arbeitet weltweit und veranstaltet u.a. alle drei Jahre eine Weltrosenkonferenz, jeweils in einem anderen Land – zuletzt in Kanada (1985), Australien (1988), Nord-Irland (1991) und Neuseeland (1994). Die nächsten sollen in Benelux (1997) und den USA (2000) stattfinden.

ROSENGESELLSCHAFTEN WELTWEIT

ARGENTINIEN
ROSENGESELLSCHAFT VON ARGENTINIEN
Solis, 1348 Hurlingham, Buenos Aires (Argentinien)

AUSTRALIEN
THE NATIONAL ROSE SOCIETY OF AUSTRALIA
271 Belmore Road, North Balwyn, Victoria 3104 (Australien)

AUSTRALIEN – einzelne Staaten
NEW SOUTH WALES
279 North Rocks Road, North Rocks (New South Wales 2151)

QUEENSLAND
Box 1866, GPO Brisbane (Queensland 4001)

SOUTH AUSTRALIA
18 Windybanks Road, Happy Valley (South Australia 5159)

TASMANIEN
263 Main Road, Austins Ferry (Tasmania 7011)

VICTORIA
40 Williams Road, Blackburn (Victoria 3130)

WESTERN AUSTRALIA
105 Hemsmans Street, South Perth (Western Australia 6151)

BELGIEN
LA SOCIÉTÉ ROYALE NATIONALE DES AMIS DE LA ROSE
Vrijheidslaan 28, B-9000 Gent (Belgien)

BERMUDA
THE BERMUDA ROSE SOCIETY
BOX PG162, Paget 6 (Bermuda)

CHINA
ROSENGESELLSCHAFT VON PEKING
97 Mu-nan Road, Tianjin (Volksrepublik China)

DÄNEMARK
ROSENGARTEN VON VALBY PARK
Kopenhagen (Dänemark)

DEUTSCHLAND
Verein deutscher Rosenfreunde
Waldseestraße 14, 76530 Baden-Baden

FRANKREICH
La Société Française des Roses
Parc de la Tête d'Or, 69459 Lyon (Frankreich)

GROSSBRITANNIEN
The Royal National Rose Society
Chiswell Green, St Albans, Hertfordshire AL2 3NR (England)

INDIEN
The Rose Society of India
1-267 Defense Colony, New Delhi 17 (Indien)

IRLAND
The Clontarf Horticultural Society
20 Chapel Street, Dublin 1 (Irland)

ISRAEL
Rosengesellschaft von Israel
Ganot-Hadar, PO Netanya (Israel)

ITALIEN
Associazione Italiana della Rose
Villa Reale, 20052 Monza, Milano (Italien)

JAPAN
Rosengesellschaft von Japan
4-12-6 Todoroki Setagaya-ku, Tokio (Japan)

KANADA
The Canadian Rose Society
20 Portico Drive, Scarborough (Ontario)

NEUSEELAND
The National Rose Society of New Zealand
PO Box 66, Bunnythorpe (Neuseeland)

NIEDERLANDE
Nederlandse Rosenvereniging
Mildestraat 47, 2596 SW, S'Gravenhage (Niederlande)

NORDIRLAND
The Rose Society of Northern Ireland
36A Myrtlefield Park, Belfast (Nordirland)

NORWEGEN
Rosengesellschaft von Norwegen
c/o Hageselskatet, PB 9008 Vaterland, N-0134 Oslo (Norwegen)

ÖSTERREICH
Österreich Geprüfte Rose
Baden bei Wien (Österreich)

POLEN
Polnische Gesellschaft der Rosenzüchter
Mrs Irena Goleblowska, Bromiewskiego 19/7, 01-780 Warschau (Polen)

RUMÄNIEN
Gesellschaft der Rosenfreunde Rumäniens
RO-3400 Cluy 1, C.P. 86 (Rumänien)

SCHWEDEN
Svenska Rosensällskapet
Martinvägen 33, 161 55 Bromma (Schweden)

SCHWEIZ
Gesellschaft Schweizerischer Rosenfreunde
Haus Engelfried, 8158 Regensberg (Schweiz)

SÜDAFRIKA
Bund der Rosengesellschaften von Südafrika
R.O.S.A.
PO Box 65217, Bensmore, Transvaal 2010 (Südafrika)

TSCHECHIEN
Rosa Klub Praha
Hradec Kralove (Tschechische Republik)

URUGUAY
Rosengesellschaft von Uruguay
Blanes Viale 6151, Montevideo (Uruguay)

USA
The American Rose Society
PO Box 30,000, Shreveport, Louisiana (USA)

Anhang C

Rosengärten weltweit

Zusätzlich zu den Rosarien der verschiedenen Rosengesellschaften in aller Welt gibt es Schaugärten und Sammlungen von Rosen in vielen Parks, Privatgärten und Baumschulen. Diese sind entweder das ganze Jahr über oder während der Blütezeit für die Öffentlichkeit zugänglich. Die nachstehende Liste nennt die bedeutendsten und bekanntesten. Die meisten Gärten zeigen sowohl alte als auch moderne Rosen.

AUSTRALIEN

NEW SOUTH WALES (Sydney): The Botanic Gardens; (Sydney): Rumsey Nurseries; (Sydney): Swanes Nurseries

SOUTH AUSTRALIA (Adelaide): The Botanic Garden; (Renmark): The Ruston Rose Garden; (Springfield): Carrick Hill Gardens; (Watervale): The Duncan's Rose Garden; (Willunga): The Ross Rose Gardens and Nursery

VICTORIA (Benalla): The Benalla Rose Gardens; (Melbourne): The Rose Gardens; (Canberra): The Rose Gardens

WESTERN AUSTRALIA (Nedlands): The Peace Memorial Gardens

BELGIEN

HAINAULT: Rosarium du Roeulx

LIMBURG (Gent): Rozentium Koningin Astridpark

MELLE: Rosarium de Rijksstation

STEENWEG: International Rozentium

BERMUDA

Camden House; außerdem viele andere kleine, aber interessante Sammlungen, besonders in Privatgärten, die zeitweise geöffnet sind

DÄNEMARK

KOPENHAGEN: Rosengarten von Valby Park

HØNG: Rosenplantenskolen I Løve, V. Petersens (Rosenschule)

DEUTSCHLAND

03149 FORST/Neiße, Lausitz: „Ostdeutscher Rosengarten"

04860 TORGAU: Schloß-Rosengarten

06526 SANGERHAUSEN („Rosenstadt"): Rosarium

20355 HAMBURG: Planten un Blomen

24960 GLÜCKSBURG: Ingwer J. Jensen (Rosenschule und Schaugarten)

25365 KLEIN-OFFENSETH-SPARRIESHOOP: W. Kordes' Söhne (Rosenschule und Schaugarten)

25421 PINNEBERG: Strobel & Co. (Rosenschule)

25436 UETERSEN („Rosenstadt"): Rosarium

25436 UETERSEN: Rosen-Tantau (Rosenschule)

33343 GÜTERSLOH: Noack's Rosen (Rosenschule)

34131 KASSEL: Schloßpark Wilhelmshöhe

34246 VELLMAR: Karl Zundel (Rosenschule)

44139 DORTMUND („Rosenstadt"): Deutsches Rosarium VDR, Westfalenpark

59348 SEPPENRADE („Rosendorf")

60323 FRANKFURT/MAIN: Rosengarten im Palmengarten

61231 BAD NAUHEIM-STEINFURTH („Rosendorf"): Rosenhof Schultheis (Rosenschule und Schaugarten)

63303 DREIEICH: Burggarten

65343 ELTVILLE/RHEIN („Rosenstadt")

66130 SAARBRÜCKEN: Rosengarten

66482 ZWEIBRÜCKEN („Rosenstadt"): Rosengarten

66484 SCHMITSHAUSEN („Rosendorf")

66564 OTTWEILER/NEUNKIRCHEN/SAAR („Rosenkreis")

68759 HOCKENHEIM: Lacon (Rosenschule)

69168 WIESLOCH-BAIERTHAL (bei Heidelberg): Baumschule Goos (Rosenschule)

76228 KARLSRUHE: Rosengarten

76530 BADEN-BADEN („Rosenstadt"): Gönner-Anlage; Sichtungsgarten „Im Beutig"

77933 LAHR (Schwarzwald): Rosengarten im Stadtpark

78465 INSEL MAINAU/BODENSEE: Rosengarten

79809 NÖGGENSCHWIEL/Schwarzwald („Rosendorf")

85354 FREISING-WEIHENSTEPHAN: Sichtungsgarten Weihenstephan

FRANKREICH

ELSASS: Roseraie de Savergne

LYON: Roseraie du Parc de la Tête d'Or

ORLÉANS: Roseraie du Parc Floréal de la Source

PARIS: Roseraie de l'Hay-les-Roses

PARIS: Roseraie du Parc de Bagatelle

POITIERS: Roseraie du Poitiers Parc Floral

GROSSBRITANNIEN

BERKSHIRE: Saville Gardens, Windsor

BUCKINGHAMSHIRE: Cliveden (National Trust), Maidenhead

CAMBRIDGESHIRE (Cambridge): The Botanic Gardens; (Lode): Anglesey Abbey Garden

CHESHIRE (Chester): C. and K. Jones (Rosenschule); (Knutsford): Fryer's Nursery; (Sealand): Sealand Nurseries

CLEVELAND: Borough Park, Redcar

DEVON (Drewsteignton): Castle Drogo; (Torrington): Rosemore Gardens (Royal Horticultural Society Garden)

EAST SUSSEX: Great Dixter, Northiam

ESSEX: Hyde Hall (Royal Horticultural Society Garden), Rettendon, nahe Chelmsford

GLOUCESTERSHIRE (Chipping Campden): Hidcote Manor (National Trust); (Chipping Campden): Kiftsgate Court

HAMPSHIRE (Bentley): Jenkyn Place; (Bentley): Broadhatch House; (Romsey): Mottisfont Abbey (National Trust Historic Collection)

HERTFORDSHIRE (Hitchin): Harkness Rose Gardens (Rosenschule und Schaugärten); (St Albans): The Gardens of the Rose (Royal National Rose Society Garden)

KENT: Sissinghurst Castle, Maidstone

LEICESTERSHIRE (Lutterworth): Gandy's Roses (Rosenschule); (Rearsby): Rearsby Roses (Rosenschule)

LONDON: The Queen Mary Rose Gardens, Regent's Park

NORDIRLAND (Belfast): Lady Dixon Park; (Newtownards): Dickson Roses (Rosenschule)

NORFOLK (Attleborough): Peter Beales Roses (Rosenschule und Schaugärten); (North Walsham): LeGrice Roses (Rosenschule und Schaugärten); (Norwich): Heigham Park Rose Gardens;

NOTTINGHAMSHIRE (nahe Nottingham): Gregory Roses (Rosenschule); Rosemary Roses (Rosenschule); The Arboretum (Rosengarten)

SCHOTTLAND (Aberdeen): 23 Don Street; (Aberdeen): Grandhome; (Aberdeen): Haddo House; (Aberdeen): Cocker Roses (Rosenschule und Schaugärten); (Ballerno, nahe Edinburgh): Malleny House; (Branchory): Craithes Castle Gardens; (East Lothian): Tyninghame Rose Gardens; (Edinburgh): The Botanic Gardens; (Isle of Arran): Brodick Castle

SHROPSHIRE: David Austin Roses, Albrighton (Rosenschule und Schaugärten)

SOMERSET (Merriott): Scott Nurseries; (Taunton): Vivary Park Rose Gardens

STAFFORDSHIRE (Stafford/Rugeley): Wolseley Garden Park

SUFFOLK (Claydon): Lime Kiln Rose Gardens; (Woodbridge): Notcutts' Nurseries

SURREY (Wisley, nahe Woking): The Royal Horticultural Society Gardens; (Wisley, nahe Woking): Henry Street Nurseries

WALES (Gwynedd): Bodnant Gardens; (Colwyn Bay): Queen Park Gardens; (Cardiff): Roath Park Gardens

WARWICKSHIRE: Warwick Castle Gardens, Warwick

WEST SUSSEX (West Dean): Charleston Manor; (Handcross): Nyman's Gardens (National Trust)

WILTSHIRE Sheldon Manor, Chippenham

YORKSHIRE (York): Castle Howard Gardens; (Harrogate): Harlow Court Gardens (Gardens of the Northern Horticultural Society)

INDIEN

NEU-DELHI: The Rose Society of India Gardens

PANDSCHAB: The Zakir Rose Gardens, Chandigarh

IRLAND

DUBLIN: The Parks Department, St Anne's

ISRAEL

JERUSALEM: Wohl Rosenpark

ITALIEN

ROM: Rosengarten

CABRIGLIA D'AREZZO: Prof. Fineschis Privatgarten

LA MORTOLA: La Mortola-Garten

JAPAN

CHOFU: Die botanischen Gärten

TOKIO: Yatsu-Yuen Rosengärten

KANADA

BRITISCH KOLUMBIEN (Rosedale): Minter Gardens; Vancouver: University of British Columbia

MONTREAL: The Floralies Rose Garden

ONTARIO (Hamilton): The Ontario Royal Botanic Gardens; Waterdown: Hortico, Inc.; (Pickering): Pickering Nurseries

OTTAWA: The Dominium Arboretum and Botanic Gardens

NEUSEELAND

AUCKLAND: The Parnell Rose Gardens

AUCKLAND: The Nancy Steen Gardens

AUCKLAND: Bell's Roses (Rosenschule)

CHRISTCHURCH: Mona Vale Rose Gardens

HAMILTON: Hamilton Gardens

HASTINGS: Frimley Rose Gardens

INVERCARGILL: The City Gardens

MOTUEKA: Tasman Bay Roses

NAPIER: The Kennedy Park Rose Gardens

OPOTIKI: The Rose Gardens

PALMERSTON NORTH: The Rose Trial Gardens

RANGIORA: Lyddington (Sally Allison's Garten)

ROTORUA: The Murray Linton Rose Gardens

TAUPO: The Rose Gardens

TE AWAMUTO: The Rose Gardens

TIMARU: Trevor Griffiths Roses

WAIKATO: The Rose Gardens

WELLINGTON: The Lady Norwood Rose Gardens

NIEDERLANDE

AMSTERDAM: Amstelpark Rosarium

DEN HAAG: Westbroekpark Rosarium

NORWEGEN

VOLLEBEKK: Landwirtschaftliches Kolleg

ÖSTERREICH

BADEN: Österreichisches Rosarium

LINZ: Rosengarten

WIEN: Donaupark

PAKISTAN

KWATTA: Abteilung für Landwirtschaft, Baluchistan

SCHWEDEN

NORRKÖPING: Gartenbau-Kolleg

GÖTEBORG: Ein neu angelegter Rosengarten

SCHWEIZ

DOTTIKON: Richard Huber AG (Rosenschule)

GENF: Parc de la Grange

ST. GALLEN: Rapperswill Gärten

SCHAFFHAUSEN: Neuhausen am Rheinfall, Garten

SPANIEN

MADRID: Parque de Oeste

SÜDAFRIKA

JOHANNESBURG: Die botanischen Gärten

USA

CONNECTICUT (Hartford): The Elizabeth Park Rose Gardens

INDIANA (Fort Wayne): The Lakeside Rose Garden

KALIFORNIEN (Berkley): The Rose Gardens; (Diamond Springs): The Rose Acres Nursery; (La Canada): Descanso Gardens; (Los Angeles): The Exposition Park Rose Gardens; (Oakland): The Municipal Rose Garden; (Pasadena): The Tournement House and Wrigley Gardens; (San José): Ligett's Rose Nursery; (San José): The Municipal Rose Garden; (San Marino): The Huntington Botanical Gardens; (Somis): Armstrong's Roses; (Visalia): Moore's Miniature Roses; (Whittier): The Pageant of Roses Garden

KANSAS (Topeka): The Rose and Trial Garden

LOUISIANA (Shreveport): The American Rose Center; Shreveport: Donovan's Nursery

MARYLAND: Rosehill Farm Nursery, Galena

MASSACHUSETTS (Boston): The Municipal Rose Gardens; (Jamaica Plain): The Arnold Arboretum; (Rowley): Nor-East Miniatures (Rosenschule)

MISSOURI (Cape Girardeau): The Capana Park Rose Display Gardens; (Kansas City): The Municipal Rose Gardens; (St. Louis): The Missouri Botanic Gardens

NEVADA (Reno): Idlewild Park

NEW HAMPSHIRE (Nashua): Lowe's Roses (Rosenschule)

NEW JERSEY (East Millstone): The Rudolf van der Groot Rose Gardens; Colonial Park Arboretum

NEW YORK (Brooklyn): The Botanic Gardens; (Dansville): Kelly Bros Nurseries; (Flushing): The Queens Botanic Gardens; (Rochester): The Maplewood Park Rose Gardens

OHIO (Columbus): The Park of Roses; (Wooster): The Michael H. Hovath Garden of Legend and Romance

OKLAHOMA (Tulsa): The Municipal Rose Garden

OREGON (Beaustrom): Oregon Miniature Roses (Rosenschule); (Medford): Jackson & Perkins (Rosenschule); (Portland): The International Rose Test Garden

PENNSYLVANIA (Hershey): The Rose Gardens; (Longwood): The Gardens, Kennett Square; (Philadelphia): The Marion W. Revinus Rose Garden (in dem Morris Arboretum)

TEXAS (Tyler): The Municipal Rose Garden

WASHINGTON (Spokane): The Manito Gardens

WEST VIRGINIA (Huntington): The Ritter Park Gardens

WISCONSIN (Hales Corner): The Boerner Botanical Gardens

Literaturverzeichnis

Wer sich gerne intensiver mit den Rosen befassen möchte, dem steht eine Fülle an Lesestoff zur Verfügung.

Ich brauche mir nur ein beliebiges Buch herauszugreifen, um etwas nachzuschlagen, oder auch nur, um es durchzublättern, und schon lerne ich etwas Neues oder stoße auf eine abweichende Ansicht, die mich zum Nachdenken anregt. Während ich dieses Buch geschrieben habe, mußte ich verständlicherweise viele Bücher heranziehen. Es wäre in der Tat schwierig gewesen, dieses Buch zu schreiben, ohne auf weiterführende Literatur zurückgreifen zu können. Viele der Bücher, die ich ständig um mich habe, sind inzwischen vergriffen.

Die folgenden Titel sollten aber im Buchhandel, in Bibliotheken oder beim Verlag erhältlich sein.

Ich kann hiermit empfehlen:

ADAC Ratgeber Garten: *Rosen.* ADAC-Verlag 1996

Austin, David: *Alte Rosen und Englische Rosen.* DuMont 1993

Ders.: *Englische Rosen.* DuMont 1994

Ders.: *Strauchrosen & Kletterrosen.* DuMont 1995

Baker, C. und Lacy, A.: *Die Welt der Rose.* DuMont 1991

BdB Handbuch, Teil IV: *Grün ist Leben.* 5. Aufl. 1990

Beales, Peter: *Klassische Rosen.* DuMont 1992

Becker, M.: *Wildrosen.* Mosaik-Verlag 1992

Bünemann, O. und Becker, J.: *Rosen.* Gräfe & Unzer 1993

Jacob, A., Grimm, H., Grimm, W., Müller, B.: *Alte Rosen und Wildrosen.* Ulmer, 2. Aufl. 1992

Hillier, Malcolm: *Rosen.* DuMont 1992

Höger-Orthner, Ilse: *Vom Zauber alter Rosen.* BLV, 2. Aufl. 1994

Jacobi, Karlheinz: *Rosen. Gärtnern leicht und richtig.* BLV, 2. Aufl. 1994

Markley, Robert: *Freude an Rosen.* Franckh, 1995

Nickig, Marion und Wagner, F.: *Gartenkultur.* Ellert & Richter 1993

Nissen, Gerda: *Alte Rosen.* Westholstein. Verl.-Anstalt Boyens. 8. Aufl. 1995

Noack, H.: *Schöne Gartenrosen.* Ulmer 1989

Pleikies, Jutta: *Rosen richtig schneiden.* Falken-Verlag 1995

Sala, O.: *Das große Buch der tausend Rosen.* Mosaik-Verlag 1992

Schultheis, Heinrich: *Rosen kennen und pflegen.* Ulmer 1996

Squire, D. und Newdick, J.: *Das Rosenbuch.* Christian-Verlag 1992

Steinhauer, H.: *Rosen.* Falken-Verlag 1993

Taylor, Patrick: *Die 200 schönsten Strauchrosen + Kletterrosen.* Ulmer 1995

Verein Deutscher Rosenfreunde: *Rosenjahrbuch* (seit 1990 jährlich)

Westrich, J. (Hrsg.): *Die Rose.* DuMont 1989

Wirth, Lore: *Der Burggarten. Burg Hayn in der Dreieich.* Hayner-Burg-Verlag 1991

Woessner, D.: *Das Schneiden der Rosen.* Ulmer Taschenbücher 57. Ulmer 1992

Ders.: *Rosenkrankheiten.* Ulmer, 3. Aufl. 1987

Worm, Gerhard: *Rosen erfolgreich pflegen.* Gräfe & Unzer 1995

Index

Hinweise zu den Indizes

ROSENINDEX
Dieser Index enthält in alphabetischer Reihenfolge die Namen der Rosen, der Sorten und der Hybriden. Bei den Synonymen und Handelsnamen wird auf den Namen verwiesen, unter dem die betreffende Rose am bekanntesten ist und unter dem sie im Lexikon aufgeführt wird.

PERSONEN- UND SACHINDEX
Dieser Index enthält Eigennamen und Begriffe, die nicht im Rosenindex aufgeführt sind.

Seitenzahlen in Fettdruck beziehen sich auf Illustrationen.

ROSENINDEX

PERSONEN- UND SACHINDEX